数学ガール
Mathematical Girls / Poincaré Conjecture
ポアンカレ予想

結城 浩
Hiroshi Yuki

●ホームページのお知らせ

本書に関する最新情報は、以下の URL から入手することができます。

http://www.hyuki.com/girl/

この URL は、著者が個人的に運営しているホームページの一部です。

© 2018　本書の内容は著作権法上の保護を受けております。著者・発行者の許諾を
得ず、無断で複製・複写することは禁じられております。

あなたへ

　この本の中には、小学生にもわかるものから、大学生にも難しいものまで、さまざまな問題が出てきます。

　登場人物たちの考える道すじは、言葉や図で示されることもありますが、数式を使って語られることもあります。

　もしも、数式の意味がよくわからないときには、数式はながめるだけにして、まずは物語を追ってください。テトラちゃんとユーリが、あなたと共に歩んでくれるでしょう。

　数学が得意な方は、物語だけではなく、ぜひ数式も合わせて追ってください。そうすれば、隠れた形が見えてくるかもしれませんよ。

C O N T E N T S

あなたへ　i
プロローグ　xi

第1章　ケーニヒスベルクの橋　　　　　1

1.1　ユーリ　……………………………………　1
1.2　一筆書き　…………………………………　2
1.3　簡単なグラフから　………………………　7
1.4　グラフと次数　……………………………　11
1.5　これって数学?　…………………………　16
1.6　《逆》の証明　……………………………　18

第2章　メビウスの帯、クラインの壺　　　37

2.1　屋上にて　…………………………………　37
　　2.1.1　テトラちゃん　………………………　37
　　2.1.2　メビウスの帯　………………………　38
2.2　教室にて　…………………………………　41
　　2.2.1　自習時間　……………………………　41
2.3　図書室にて　………………………………　42
　　2.3.1　ミルカさん　…………………………　42
　　2.3.2　分類　…………………………………　45
　　2.3.3　閉曲面の分類　………………………　46
　　2.3.4　向き付け可能な曲面　………………　47
　　2.3.5　向き付け不可能な曲面　……………　51
　　2.3.6　展開図　………………………………　53
　　2.3.7　連結和　………………………………　65
2.4　帰路にて　…………………………………　75
　　2.4.1　素数のように　………………………　75

第3章		テトラちゃんの近くで	77
	3.1	家族の近くで	77
		3.1.1 ユーリ	77
	3.2	0 の近くで	79
		3.2.1 問題演習	79
		3.2.2 合同と相似	82
		3.2.3 対応付け	86
	3.3	実数 a の近くで	87
		3.3.1 合同・相似・同相	87
		3.3.2 連続関数	89
	3.4	点 a の近くで	96
		3.4.1 別世界へ行く準備	96
		3.4.2 《距離の世界》実数 a の δ 近傍	97
		3.4.3 《距離の世界》開集合	98
		3.4.4 《距離の世界》開集合の性質	101
		3.4.5 《距離の世界》から《位相の世界》へ向かう旅の道	103
		3.4.6 《位相の世界》開集合の公理	105
		3.4.7 《位相の世界》開近傍	108
		3.4.8 《位相の世界》連続写像	110
		3.4.9 同相写像	118
		3.4.10 不変性	119
	3.5	テトラちゃんの近くで	120
第4章		非ユークリッド幾何学	125
	4.1	球面幾何学	125
		4.1.1 地球上の最短コース	125
	4.2	現在と未来の間で	132
		4.2.1 高校	132
	4.3	双曲幾何学	133
		4.3.1 学ぶということ	133
		4.3.2 非ユークリッド幾何学	134

		4.3.3	ボヤイとロバチェフスキー	139
		4.3.4	自宅	143
	4.4		ピタゴラスの定理をずらして	145
		4.4.1	リサ	145
		4.4.2	距離の定義	146
		4.4.3	ポアンカレ円板モデル	148
		4.4.4	上半平面モデル	155
	4.5		平行線公理を越えて	156
	4.6		自宅	159

第5章　多様体に飛び込んで　　161

	5.1		日常から飛び出る	161
		5.1.1	自分が試される番	161
		5.1.2	ドラゴンを倒しに	162
		5.1.3	ユーリの疑問	163
		5.1.4	低次元を考える	164
		5.1.5	どんなふうにゆがめるか	170
	5.2		非日常に飛び込む	176
		5.2.1	桜の木の下で	176
		5.2.2	裏返す	177
		5.2.3	展開図	179
		5.2.4	ポアンカレ予想	184
		5.2.5	2次元球面	185
		5.2.6	3次元球面	187
	5.3		飛び込むか、飛び出るか	190
		5.3.1	目覚めたときには	190
		5.3.2	オイレリアンズ	191

第6章　見えない形を捕まえる　　195

	6.1		形を捕まえる	195
		6.1.1	沈黙の形	195
		6.1.2	問題の形	197
		6.1.3	発見	199

6.2	形を群で捕まえる	201
	6.2.1　数を手がかりに	201
	6.2.2　何を手がかりに？	206
6.3	形をループで捕まえる	208
	6.3.1　ループ	208
	6.3.2　ループとしてホモトピック	212
	6.3.3　ホモトピー類	215
	6.3.4　ホモトピー群	218
6.4	球面を捕まえる	220
	6.4.1　自宅	220
	6.4.2　1 次元球面の基本群	221
	6.4.3　2 次元球面の基本群	222
	6.4.4　3 次元球面の基本群	223
	6.4.5　ポアンカレ予想	224
6.5	形に捕らわれて	226
	6.5.1　条件の確認	226
	6.5.2　見えない自分を捕まえる	227

第 7 章　微分方程式のぬくもり　231

7.1	微分方程式	231
	7.1.1　音楽室	231
	7.1.2　教室	232
	7.1.3　指数関数	237
	7.1.4　三角関数	244
	7.1.5　微分方程式の目的	246
	7.1.6　バネの振動	247
7.2	ニュートンの冷却法則	254
	7.2.1　午後の授業	254

第 8 章　驚異の定理　263

8.1	駅前	263
	8.1.1　ユーリ	263
	8.1.2　あっと驚く話	267

8.2	自宅	………………………………………………	268
	8.2.1	母 …………………………………………	268
	8.2.2	ありがたきもの …………………………	271
8.3	図書室	…………………………………………	273
	8.3.1	テトラちゃん ……………………………	273
	8.3.2	当たり前のこと …………………………	275
8.4	《がくら》	………………………………………	277
	8.4.1	ミルカさん ………………………………	277
	8.4.2	言葉を聞く ………………………………	278
	8.4.3	謎を解く …………………………………	279
	8.4.4	ガウス曲率 ………………………………	283
	8.4.5	驚異の定理 ………………………………	286
	8.4.6	等質性と等方性 …………………………	288
	8.4.7	おかえし …………………………………	289

第9章 ひらめきと腕力 291

9.1	三角関数トレーニング	………………………………	291
	9.1.1	ひらめきと腕力と ………………………	291
	9.1.2	単位円 ……………………………………	292
	9.1.3	サインカーブ ……………………………	296
	9.1.4	回転行列から加法定理へ ………………	297
	9.1.5	加法定理から積和公式へ ………………	298
	9.1.6	母親 ………………………………………	300
9.2	合格判定模擬試験	…………………………………	301
	9.2.1	焦らないために …………………………	301
	9.2.2	引っ掛からないために …………………	302
	9.2.3	ひらめきか腕力か ………………………	305
9.3	式の形を見抜く	……………………………………	310
	9.3.1	確率密度関数を読む ……………………	310
	9.3.2	ラプラス積分を読む ……………………	316
9.4	フーリエ展開	………………………………………	321
	9.4.1	ひらめき …………………………………	321
	9.4.2	フーリエ展開 ……………………………	323
	9.4.3	腕力を越えて ……………………………	328

viii CONTENTS

| | 9.4.4 | ひらめきを越えて | 330 |

第10章 ポアンカレ予想 335

10.1	オープンセミナー	335
10.1.1	講義を終えて	335
10.1.2	ランチタイム	336
10.2	ポアンカレ	337
10.2.1	形	337
10.2.2	ポアンカレ予想	339
10.2.3	サーストン幾何化予想	343
10.2.4	ハミルトンのリッチフロー方程式	345
10.3	数学者たち	346
10.3.1	年表	346
10.3.2	フィールズ賞	348
10.3.3	ミレニアム問題	350
10.4	ハミルトン	352
10.4.1	リッチフロー方程式	352
10.4.2	フーリエの熱方程式	353
10.4.3	発想の逆転	354
10.4.4	ハミルトンプログラム	356
10.5	ペレルマン	359
10.5.1	ペレルマンの論文	359
10.5.2	もう一歩踏み込んで	362
10.6	フーリエ	363
10.6.1	フーリエの時代	363
10.6.2	熱方程式	364
10.6.3	変数分離法	367
10.6.4	積分による解の重ね合わせ	369
10.6.5	フーリエ積分表示	370
10.6.6	類似物の観察	374
10.6.7	リッチフロー方程式に戻って	376
10.7	僕たち	377
10.7.1	過去から未来へ	377
10.7.2	冬来たりなば	377

10.7.3 春遠からじ ‥‥‥‥‥‥‥‥‥‥‥‥‥‥‥‥‥ 378

エピローグ ‥‥‥‥‥‥‥‥‥‥‥‥‥‥‥‥‥‥‥‥‥‥‥ 381

あとがき ‥‥‥‥‥‥‥‥‥‥‥‥‥‥‥‥‥‥‥‥‥‥‥‥ 385

参考文献と読書案内 ‥‥‥‥‥‥‥‥‥‥‥‥‥‥‥‥‥‥ 387

索引 ‥‥‥‥‥‥‥‥‥‥‥‥‥‥‥‥‥‥‥‥‥‥‥‥‥‥ 398

プロローグ

かたち、こころ、ありさますぐれ、
世に経るほど、いささかの疵なき。
——清少納言『枕草子』

形、形、形。
形なんて、すぐにわかる。
見た通りのもの、それが形。

——本当だろうか？

位置を変えれば形も変わる。
角度を変えれば形も変わる。
見た通りなんて、どうしていえる？
音の形、香りの形、温かさの形。
見えないものに、形はないの？

小さな鍵。
小さなものは手の中に入る。
大きな宇宙。
大きなものには自分が入る。

小さすぎて見えない形。
大きすぎて見えない形。
そもそも自分に形はあるの？

手の中の小さな鍵で、目の前の扉を開き、
大きな宇宙に飛び込もう。

それは、いつか、自分の形を見つけるため。
そして、いつか——君の形を見つけるため。

第1章
ケーニヒスベルクの橋

> 幾何学で、距離を扱う分野はずっと注目されてきた。
> しかし、これまでほとんど知られていなかった別の分野がある。
> その分野に初めて言及したライプニッツは、
> それを「位置の幾何学」と呼んだ。
> ──レオンハルト・オイラー [10]

1.1　ユーリ

「お兄ちゃんの雰囲気、変わったよね。最近」とユーリが言った。

今日は土曜日の午後、ここは僕の部屋。

従妹の中学三年生、ユーリが遊びに来ている。

小さい頃からいっしょに遊んできた彼女は、僕を《お兄ちゃん》と呼ぶ。

栗色のポニーテールにジーンズ姿の彼女は、僕の本棚から何冊か本を引っ張り出し、ごろごろしながら読んでいた。

「雰囲気が変わったって？」と僕は聞き返す。

「んー、何だかね、落ち着いちゃってつまんなくなったかにゃあ」

ユーリはページをぱらぱらめくりながら、猫語でそんなことを言う。

「そう？　高校三年生、受験生の貫禄というやつだな」

「違うね」と彼女は即答する。「お兄ちゃん、昔はいろいろ遊んでくれたじゃん？　最近──てか、夏休みが終わってから、ずっとつきあい悪い。も

う秋なのに！」

　ユーリはそう言って、読んでいた本をぱたんと閉じる。高校生向けの数学読み物だ。難しい内容も書いてあるんだけど、ユーリに読めるのかな。

　「もう秋なのに……いやいや、もう秋だからだよ。受験生だし。そもそも、ユーリだって受験生じゃないか」

　「中学三年生、受験生の貫禄というやつだにゃ」

　そんな軽口を言うユーリは来年、高校受験だ。成績はそんなに悪くないみたいだから、志望校——僕の高校——には入れるだろう。

　「学校はいまいちつまんないけど」とユーリはため息をつく。

　ははあ……《あいつ》はもう転校してしまったからな。

1.2　一筆書き

　「ねえ、ユーリは**ケーニヒスベルクの橋渡り**って知ってる？」

　「ケーニッ……何？」とユーリは聞き返す。

　「ケーニヒスベルク。これは町の名前なんだ。町には 7 本の橋があった」

　「何それ。ファンタジー小説みたい。『その町には聖なる 7 本の橋がある。勇者はそれを渡ってドラゴンを——』」

　「いやいや、そういうのじゃなくてね。ケーニヒスベルクの橋渡りというのは、歴史的に有名な数学の問題なんだよ」

　「ふーん」

　「いわゆる、**一筆書きの問題**だね」

　「一筆書きって、ぜんぶを通るようにする、アレ？」

　「そうだね。ちゃんといえば、こうだよ。ケーニヒスベルクの町にはこんなふうに川が流れていて、そこに 7 本の橋が架けられていた」

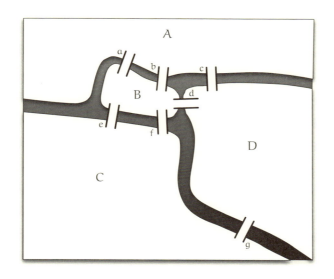

ケーニヒスベルクの橋

「橋、6本しかないじゃん。a, b, c, d, e, f」

「ずっと離れた右下の方に7本目の橋 g があるだろ？ 陸地は A, B, C, D の4箇所で、橋は a, b, c, d, e, f, g の7本」

「ふんふん、これで一筆書きするの？」

「そう。A, B, C, D どの陸地から始めてもいいから、**すべての橋を渡ることができるか**という問題だね。ただし、**同じ橋を 2 回以上渡ってはいけない**という条件が付く」

問題 1-1（ケーニヒスベルクの橋渡り）
ケーニヒスベルクの 7 本の橋すべてを渡ることはできるか。ただし、同じ橋を 2 回以上渡ってはいけない。

「ふーん。すべての橋を渡るけど、2 回以上はダメ。ってことは、ちょうど

1 回だけ渡るってことでしょ、要するに」

「そうだね。条件はそれだけだよ」

「違うね」ユーリはにやにやしながら言う。「『川を渡ってはいけない』という条件もあるじゃん。『勇者よ、ゆめゆめ川を渡るでないぞ』」

「そりゃそうだよ。橋を渡る問題なんだから、川をざぶざぶ渡っちゃだめ」

「それから『橋を渡るのは一人である』という条件もあるし！　その条件がないと、七人で手分けしてすぐに渡れちゃう」

「わかったわかった。橋を渡るのは一人だし、ヘリコプターもロケットもトンネルもなし。ワープもなし」と僕は首を振りながら言った。ユーリはこういう細かい条件に突っ込みを入れてくる。

「それとさ、最初の陸地に戻ってこなくちゃいけないの？」

「いや、スタートの陸地にぐるっと回って戻ってくる必要はないよ。もちろん、戻ってきてもいいけどね。ケーニヒスベルクの橋渡りでは、同じ橋を2 回以上渡ることなく、すべての橋を渡りさえすればいい」

「一筆書きできないのかにゃあ……んにゃ、できそうな気がする」

「じゃ、やってみたら」

ユーリは、シャープペンを持って少しの時間、一筆書きを試していた。

「……」

「どう、できた？」

「できない！　きっと無理なんだよ。だってね、たとえば A から始めると a → e → f → b → c → d までは渡れるんだけど、もうそこから動けなくなっちゃうもん。g が渡れない！」

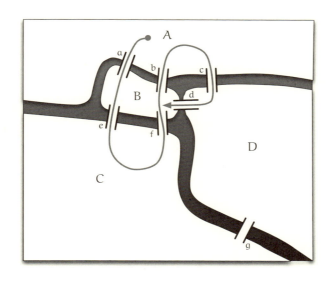

橋を $a \to e \to f \to b \to c \to d$ と渡った様子
（橋 g は渡れない）

「そうだね。橋 d を渡って陸地 B まで来たところで、陸地 B に架かっている 5 本の橋はすべて渡ってしまった。だから、陸地 B からはもう出られない。でも、橋 g はまだ渡っていない」
「そうそう」
「他の渡り方なら行けるかもしれないよ。別の陸地から始めてもいいし」
「いろいろ試したけど、無理なの！」
「いろいろ試したといっても、すべてを試したわけじゃないよね？」
「そーだけど……」とユーリは言う。「きっと無理だもん」
「じゃ、それは**ユーリの予想**だね？」
「え？」
「ユーリは、このケーニヒスベルクの橋渡りを解くため、何回か試行錯誤した。そしてこの一筆書きは不可能だと思った。でも、本当に不可能であることは、まだ数学的に証明していない。だから《ユーリの予想》」
「数学的に証明……って、そんなことできるの？ 一筆書きだよ？ お兄ちゃ

ん得意の数式も使えないよ？」

「**グラフ**が一筆書きできるかどうかは、数式を使わずに証明できるよ」

「ぐらふ？」

「うん。グラフといっても、折れ線グラフや円グラフのようなグラフじゃなくて、《頂点の集まりを辺で結んだもの》のこと。一筆書きできるグラフはどんな性質を持つかを調べていくのも数学になる」

「頂点の集まりを辺で結んだもの……どんなのか、わかんない」

「ケーニヒスベルクの橋渡りでいうと、陸地が頂点に相当して、橋が辺に相当するから、こんなグラフになるかな。グラフでは、頂点同士の《つながり方》がとても大切。ほら、橋の地図と同じようにつながってるだろ？」

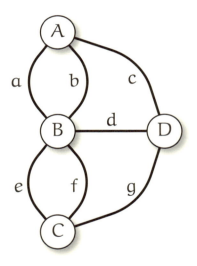

ケーニヒスベルクの橋のグラフ

「ぜんぜん違うじゃん」

「そんなことないよ。よく見てごらん。地図に出てきた A, B, C, D という陸地は、丸で描いた頂点に対応している。大きな土地をぎゅうっと変形して一つの頂点で表しているんだね。それから、a, b, c, d, e, f, g の橋は、辺に対応している」

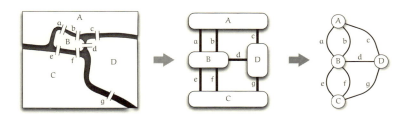

地図をぎゅうっと変形してグラフにする

「ぎゅうっと変形……なるほどねー」

「一筆書きでは、《陸地の広さ》や《橋の長さ》は気にしなくていい。《どの陸地をどの橋がつないでいるか》だけが大切なんだ」

「そりゃそっか」とユーリは頷いた。「ねねね、辺は曲がってもいーの？」

「グラフの辺は曲がってもいいよ。つながり方が同じなら、辺の長さや曲がり具合は気にしない。地図では橋 g が遠くに離れていたけれど、陸地と陸地のつながり方を変えないように注意すれば、近くに持ってくることもできる。グラフにすると形が整理されて証明しやすくなるんだよ」

「グラフはわかった。でも、証明——って、どうするの？」

「じゃあ、一筆書きについていっしょに考えていこうか」

「うん！」

1.3 簡単なグラフから

「簡単なグラフから考えよう。2 個の頂点が 1 本の辺で結ばれたグラフ①があったとしたら、これは一筆書きできるよね」

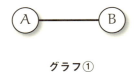

グラフ①

「そりゃそーだね。A から B に行って終わりだもん」
「こんなふうに矢印を書いて一筆書きしよう。A から始めて B で終わる。A を始まりの点で**始点**、B を終わりの点で**終点**と呼ぼうか」

グラフ①は一筆書きできる

「ふんふん」
「次に、もう少し複雑なグラフを考えよう。三角形のグラフ②」

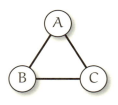

グラフ②

「ぜんぜん複雑じゃないじゃん！ 一回りすれば一筆書きできちゃう！」

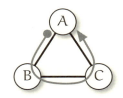

グラフ②は一筆書きできる

「そうだね。この場合は始点と終点がどちらも A だ」
「うん。ぐるりんと回ってきた」
「じゃ、このグラフ③は一筆書きできるだろうか」

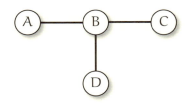

グラフ③は一筆書きできる？

「できない！」
「どうして？」
「だって、どこから始めても、ぜんぶは渡れないから」
「そうなるね。たとえば始点を A としたとき、次の頂点 B に行って、さらに次の頂点 C に行ける。頂点 D へ行く辺がまだ残っているからそれを渡りたい。でも、できない。どうして？」

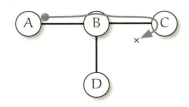

グラフ③は一筆書きできない（始点は A）

「だって、頂点 C から、もう動けないもん」
「そうだね。動けなくなった。それは頂点 C に辺が 1 本しかないからだよね。頂点 C にたどり着くためにその 1 本しかない辺を使ってしまった。だから、もう出られなくなった。A → B → C でも A → B → D でも同じだし、頂点 C や頂点 D から始めても同じこと」
「うん」
「そして、頂点 B から始めても一筆書きはできないよね。B → A と進んだら、もう動けなくなるから」

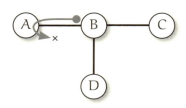

グラフ③は一筆書きできない（始点は B）

「そっか、辺が 1 本しかない頂点があっちゃまずいんだ！　だって、その辺を通って頂点に入ったら、もう出られなくなるから」
「いやいや、それはちょっと早合点だなあ。グラフ③では確かにそうだけど、一般的にはそんなことはないよ。だって、最初に試したグラフ①の場合、頂点 A と B には、辺が 1 本しかないよね。それでも一筆書きはできる」

グラフ①の頂点 A と B には辺が 1 本しかないが、
一筆書きはできる

「えー、だって、それは始点と終点だもん。その二つは 1 本でもいいの！」
「その通り！ いまのユーリの発見は大きいよ」
「発見って？」

1.4　グラフと次数

「いま、ユーリが言ったことは、グラフの一筆書きで重要な発見だよ」

- 頂点につながっている《辺の数》を考えること
- 《始点や終点》と《通過点》を分けて考えること

「うーん……？」
「一筆書きができるグラフがあるとしよう。そのとき、始点の近くはこんなふうに見えるはず。始点につながっている辺だけを見て、そこから先にある頂点は省略しているよ」

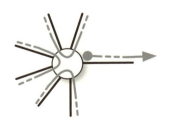

一筆書きができるグラフの始点

「これは……どゆこと？」

「グラフの始点につながっている辺に注目。たとえばこの図では 7 本の辺がある。ここは始点だから、《一筆書きを始めた辺》が 1 本ある。そして、残りの辺は必ず《入る辺》と《出る辺》の 2 本ずつ対になっているということ。この図では 3 対あるけど、何対あるかはグラフによる。もしかしたら 0 対かもしれない」

「ははあ……」

「《一筆書きを始めた辺》が 1 本あって、あとは 2 本ずつ対になっている。ということは、一筆書きができるグラフでは、グラフの始点につながっている辺の数は奇数になるよね。1, 3, 5, 7, . . . のどれかだ」

「お兄ちゃん、あったまいーね！」

「同じように、グラフが一筆書きできるなら、終点の近くはこんなふうに見える」

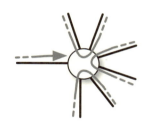

一筆書きができるグラフの終点

「終点も奇数なんだ」

「そうだね。対になる辺は必ず偶数になって、最後に入る辺が 1 本あるから、一筆書きができるグラフの終点につながっている辺の数は奇数だ」と僕は言う。「そして、通過点の近くはこうなる」

一筆書きができるグラフの通過点

「偶数！」

「そうだね。通過点なんだから、入る辺と出る辺が必ず対になるよね。だから偶数。頂点には、始点・終点・通過点の 3 種類しかないから、これですべてを考えたことになる」

「おもしろいにゃあ……」

「ここまでは、始点と終点が違う頂点のときを考えてきたけど、もしも始点と終点が同じ頂点のときはどうなると思う？ 始点からスタートして一筆書きが終わったら終点にくる場合だよ」

「お兄ちゃん！ ユーリわかるよ。始点と終点が同じときは、そこの頂点の辺の数は偶数だね！ 最初に出るのと、最後に入るの、その両方あるから」

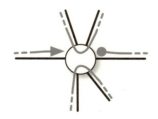

始点と終点が同じグラフの、始点と終点

「そうだね。始点と終点が同じ場合は、辺の数はどの点でも偶数。さっき見たように、始点と終点が違う場合は、辺の数は始点と終点だけが奇数。ここまで考えてきたことを整理してみよう」

- 一筆書きができるグラフで、始点と終点が**同じ**場合：
    - 始点：辺の数は偶数
    - 終点：辺の数は偶数
    - 通過点：辺の数は偶数
- 一筆書きができるグラフで、始点と終点が**違う**場合：
    - 始点：辺の数は<u>奇数</u>
    - 終点：辺の数は<u>奇数</u>
    - 通過点：辺の数は偶数

「なるほど……」とユーリは言った。
「ここで重要な問いに気づくよね」

　　グラフが一筆書きできるならば、
　　辺の数が奇数になる頂点は何個あるか。

「何個あるかって……辺の数が奇数になる頂点は、0個か2個じゃん。始点と終点が同じなら0個だし、違うなら2個だから——あ！」
「ひらめいたね？」
「ケーニヒスベルクの橋！　奇数になる頂点が4個もある！」
「そうだね。Aは3本、Bは5本、Cは3本、Dは3本だから、辺の数が奇数になる頂点が4個あることになる」

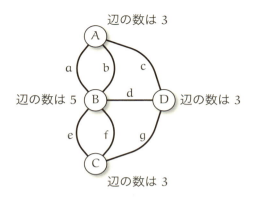

辺の数が奇数の頂点は 4 個

「4 個あったらダメじゃん！」

「そうなんだ。グラフが一筆書きができるならば、辺の数が奇数になる頂点は 0 個か 2 個になるはず。でも、ケーニヒスベルクの橋のグラフでは、4 個もある。だから——」

「一筆書きできない！」

「そうだね。ケーニヒスベルクの橋のグラフを一筆書きすることは絶対にできない。ということは、ケーニヒスベルクの橋渡りは不可能であるといえる。これで、証明ができたわけだ！」

解答 1-1（ケーニヒスベルクの橋渡り）

もしも、ケーニヒスベルクの橋のグラフが一筆書きできるならば、辺の数が奇数の頂点は 0 個または 2 個でなければならない。しかし、ケーニヒスベルクの橋のグラフでは、辺の数が奇数の頂点は 4 個ある。したがって、ケーニヒスベルクの橋渡りは不可能である。

「なるほどー！ 試さなくてもわかるんだ！」とユーリは目を輝かせた。

「ある頂点の《辺の数》のことを、その頂点の**次数**というんだ。だから、一筆書きについてわかったことを《次数》という言葉を使っていえばこうなる」

一筆書きについてわかったこと
グラフが一筆書きできるならば、
次数が奇数になる頂点は、0 個または 2 個である。

「子供たち！　お茶が入ったわよ！」と母の声が僕たちを呼んだ。

1.5　これって数学？

「ユーリちゃん、また背が伸びたのね」と母が言った。
「そうでしょうか」とユーリは頭に手を乗せて答えた。
「育ち盛り」と僕が言った。
　ここはリビング。僕とユーリは母が出してくれたハーブティを飲んでいる。少なくとも、ユーリは飲んでいる。
「どう、おいしい？」と母が訊く。
「これはカモミールですね。何だかほっとしますー」とユーリが答える。
「ユーリ、よく知ってるなあ」
「あなたは？　おいしい？」と母が僕を見る。
「感想は飲んでから言うよ。ところでユーリ、さっきのケーニヒスベルクの橋渡りの問題はわかった？」
「うん、わかったよん」とユーリは答えた。
「あらあら、勉強始まっちゃったの？」母はキッチンに引っ込んだ。
「ケーニヒスベルクの橋渡りは、数学者の**オイラー**が最初に証明したんだ。オイラーは初めのうち、この問題は数学とは無関係と思っていたらしい」
「ふむふむ、ユーリもオイラーと同じ意見だよ」
「偉そうだな……でも、結果的にオイラーはこの問題の中に数学を見つけ

出したんだね。橋渡りの問題を解決して論文に書いたんだよ」

「数学を見つけ出す──ってどゆこと？」

「ケーニヒスベルクの橋渡りは単なるクイズじゃなくて、深く研究する価値があるということだよ。この問題は幾何学に似ている。図形を扱う数学」

「正方形とか円とか」

「そう。でも、普通の幾何学とは違う。つながり方が変わらなければ、長さを自由に変えてもいい幾何学だね」

「あ、そーだね。さっき、ぎゅうっと変形した」

「そうそう。つながり方が同じなら──つながり方を保っていれば、広い陸地を一点までつぶしてもかまわないし、橋を辺として伸ばしたり縮めたり曲げたりしていい。ケーニヒスベルクの橋渡りの問題は、そういう《新しい幾何学の一分野》が生まれるきっかけになったんだよ」

「新しい幾何学……」

「でも、オイラーは論文にさっきみたいなグラフを描いたわけじゃない。オイラーが論文を書いたのは 18 世紀だけど、さっきのようなグラフが出てくるのは 19 世紀になってから」

「計算しなくても証明できるんだ」

「計算してないわけでもないよ。次数が奇数か偶数かを調べたよね。オイラーは、ライプニッツが使った《位置の幾何学》という表現を論文で引用していたそうだよ。 オイラーはこの数学のきっかけを作ったといえる。でも、この分野をしっかりと数学として立ち上げたのはポアンカレという数学者。この分野についてのポアンカレの論文では《位置解析》という表現を使っていた。最終的にこの分野は位相幾何学と呼ばれるようになる。トポロジーということもあるね」

「トポロジーって聞いたことある」

「トポロジーでは《つながり方》に注目するんだよ」と僕は言った。

◎　　◎　　◎

トポロジーでは《つながり方》に注目するんだよ。

僕たちが使う地図は、場所が正確に書かれていることが大切だよね。それに対して、一筆書きでは場所が正確に書かれていなくてもいい。頂点と辺の

つながり方さえ変えなければ、頂点を自由に動かすことができるし、辺を伸び縮みさせてもかまわない。頂点の場所や辺の長さは、一筆書きができるかどうかとは無関係だから。

一筆書きができるかどうかを調べるときには、長さは気にしない。

じゃあ、何が鍵なんだろう。

一筆書きの問題を解く鍵は、一つの頂点に集まる《辺の数》つまり《次数》なんだよ。ユーリも次数に気づいたよね。偉いなあ。

◎　　◎　　◎

「偉いなあ」と僕は言った。

「照れるじゃん！」

「一筆書きでは《次数が奇数である頂点の個数》が大事になる。そうだ、《次数が奇数である頂点》に**奇点**という名前を付けよう。そうすれば、一筆書きができるグラフの条件を簡潔に表現できる。《グラフが一筆書きできるならば、奇点は 0 個か 2 個》ってね」

1.6 《逆》の証明

オイラーは、ケーニヒスベルクの橋の問題だけを解こうとしたわけじゃない。**もっと一般的に解こう**と考えたんだ。一般的に解けたなら、その結果、ケーニヒスベルクの橋渡りも自然に解けることになる。

問題を考えるとき、例を使って考えるのは大事だよ。具体的に考えたことがないのに、一般的に考えるということは難しい。例をじっくり考えることは、自分の理解を確かめることでもある。《**例示は理解の試金石**》だからね。

でも、具体的な例だけで考えを終わらせるのはもったいない。もっと一般的にいえないか、と目を光らせながら具体例を考えることが大事なんだよ。オイラーは論文の最後に結論を書いている。

◎　　◎　　◎

「オイラーは論文の最後に結論を書いている。《橋が奇数本である陸地》の個数が——

- 2 個よりも多かったら、橋渡りは不可能。
- ちょうど 2 個だったら、
  その陸地のどちらかから始めれば橋渡りは可能。
- 0 個だったら、どの陸地から始めても橋渡りは可能。

という三つ。これは僕たちがさっき考えた結論と同じだね」

「ねえ、お兄ちゃん。《逆》はどーなの？」と、急にユーリが声を上げた。

「逆？」

「さっきからお兄ちゃんは、《グラフが一筆書きできるならば、奇点は 0 個か 2 個》って言ってるよね。でも、《逆》はどーなんだろ。《グラフの奇点が 0 個か 2 個ならば、一筆書きできる》って言える？」

「言えるよ」

「なんで？」ユーリは即座に聞き返す。

「なんで、とは？」

「だって《逆》は、まだ証明してないもん。お兄ちゃんは、一筆書きできるグラフの始点・終点・通過点を見ただけでしょ？　一筆書きできるグラフについてはわかったんだけど、一筆書きできないグラフについては、どーなってるかわかんないじゃん。だから、もしかしたら《奇点が 0 個か 2 個のグラフ》の中には、一筆書きできないものがあるかもしれないんじゃない？」

「おっと！」

ユーリは鋭いな。確かにその通り。さっき証明したことは、こうだ。

$$《グラフは一筆書きできる》\Longrightarrow《奇点は 0 個か 2 個である》$$

でも、その《逆》である、

$$《グラフは一筆書きできる》\Longleftarrow《奇点は 0 個か 2 個である》$$

は証明していない。《グラフの奇点が 0 個か 2 個ならば、一筆書きできる》はまだ証明できていないのだ。

「うーん……」と僕はうなった。

「でしょ？ まだ証明してないよね？ 証明して！」
僕は考え込んだ。どうすれば証明できるんだろう。

僕とユーリは部屋に戻る。計算用紙として机にいつも置いてある A4 のコピー用紙を使い、グラフを描いて考え始めた。

「あ！ お兄ちゃん。いえないよ！」とユーリが言った。「奇点が 0 個なのに一筆書きできないグラフ作れるもん」
「何だって？ 反例を見つけたっていう意味？」
「ほら、こんなグラフ④は一筆書きできないでしょ？」

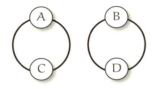

奇点が 0 個でも一筆書きできないグラフ④

「これは……確かにそうだな、ユーリ」と僕は認めた。「頂点の次数はすべて 2 だから、奇点は 0 個。でも、グラフ④は二つに分かれている。つまり、連結してない。だから、一筆書きはできない」
「そゆこと」
「うん、これは問題 1-1 の設定がまずかったな。連結しているグラフ——どの 2 個の頂点を選んでも、いくつかの辺を渡ってその頂点同士を行き来することができるグラフ——に限って考えないと、当たり前すぎておもしろくない」
「そだね」
「ああ、それをいうなら、こんなグラフ⑤も一筆書きできないよ。ユーリ」

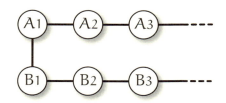

奇点が 0 個でも一筆書きできないグラフ⑤

「右に伸びたこのテンテンは？」
「グラフ⑤は、頂点が $A_1, A_2, A_3, \ldots$ と $B_1, B_2, B_3, \ldots$ のように、ずっと無数に続いている」
「うわー、そんなのアリなの？」
「一筆書きを考えるときはナシにしたいな。⑤のようなグラフだと、確かにどの頂点を調べても次数は偶数になるけれど、無限に続いているグラフ⑤を一筆書きできるとはいえない——だから、頂点の個数は有限にしたいね」
「むむむむ？」とユーリがうなった。「だったら、辺の個数が有限という条件もいるね！」
「頂点の個数を有限にしたら、辺の個数も有限になるよ」
「ならないもん。グラフ⑥みたいなのが作れるもん！」

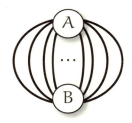

頂点は有限だが、辺が無数にあるグラフ⑥

「なるほどね。確かに、ユーリの言う通りだな。しかも、このグラフ⑥だと、頂点の次数が決まらない……しいていえば無限大になってしまうからね。

じゃあ、頂点と辺の個数はどちらも有限という条件を付けよう」

> **問題 1-2（問題 1-1 の逆）**
> 次数が奇数になる頂点が、0 個または 2 個ならば、
> 一筆書きできるグラフであるといえるか。
>
> ただし、頂点と辺の個数はどちらも有限とする。
> また、連結しているグラフのみを考えるものとする。

「条件はいーんだけど、これって難しい問題？」とユーリが僕の顔を見る。彼女が首を傾げると、それに合わせてポニーテールが揺れる。

「どうかなあ……」

僕は、いくつかグラフを具体的に描いて考えていく。ユーリも、僕のそばで一筆書きを作っては試す。試行錯誤の時間が静かに流れる。

「……うん、うまく証明できそうだ」と僕は言う。「奇点が 0 個または 2 個であるグラフが与えられたときに、一筆書きする方法が実際にわかるよ。つまり **構成的証明** ができる」

「何それ」

「一筆書きができることがわかるだけじゃなくて、どうすれば一筆書きできるかまでわかるということ。順番に話そう」

◎　　◎　　◎

順番に話そう。

まず最初に、《奇点が 0 個》または《奇点が 2 個》という場合分けを片づけておこう。《奇点が 2 個》の場合、その 2 個の奇点を結ぶ辺を 1 本追加してやることにする。そうしてできたグラフは《奇点が 0 個》のグラフになっているよね。だから、一筆書きの方法を考えるのは、《奇点が 0 個》のグラフだけでいい。

なぜなら《奇点が 0 個》のグラフを一筆書きした経路は必ずぐるっと一回

りして、始点まで戻ってくる。これを**ループ**と呼ぶことにしよう。そしてそのループの中には、さっき追加した辺も含まれているはず。一筆書きなんだからね。だとしたら、一筆書きのループから、さっき追加した辺を取り除いてやると、《奇点が 2 個》のグラフに戻って、しかも一筆書きができた状態になっていることになる。

　だから、僕たちが考えなくちゃいけないのは、《奇点が 0 個》のグラフの一筆書きだけなんだよ。言い換えると「偶点だけのグラフ」を考えればいいんだね。ここまで、わかった？

◎　　◎　　◎

　「ここまで、わかった？」と僕は言った。

　「にゃるほど。そこまでわかった……んで？」

　「うん」と僕は話を続ける。「いま**ループを作る**話をしたけれど、それがとても重要だってことがわかった」

　「なんで？」

　「だって、**ループを作ってはつないでいく**方法で一筆書きできるから！」

　「ループを作っては……つないでいく？」

　「うん。偶点だけのグラフを一筆書きしてみよう」

◎　　◎　　◎

　偶点だけのグラフを一筆書きしてみよう。

　こんな《グラフを一筆書きする手順》を考える。

《グラフを一筆書きする手順》
グラフは偶点のみ。有限で連結とする。また辺は 1 個以上とする。

- ある頂点から辺をたどってループを作って L_1 とし、
  L_1 の辺をグラフから取り除く。
  そして、ループ L_1 の中から、
  まだたどっていない辺を持つ頂点を見つける。

- 見つかった頂点から始まるループを作って L_2 とし、
  L_2 の辺をグラフから取り除く。
  そして、L_1, L_2 をつないだループの中から、
  まだたどっていない辺を持つ頂点を見つける。

- 見つかった頂点から始まるループを作って L_3 とし、
  L_3 の辺をグラフから取り除く。
  そして、L_1, L_2, L_3 をつないだループの中から、
  まだたどっていない辺を持つ頂点を見つける。

$$\vdots$$

- この手順を頂点が見つからなくなるまで続けると、
  $L_1, L_2, L_3, \ldots, L_n$ をつないだループが一筆書きになる。

「は？　よくわかんないけど、適当にループを作ってつないでいくって話？こんなに簡単な方法で一筆書きできんの？」
「できるんだよ。具体的に偶点だけのグラフ⑦で説明しようか」

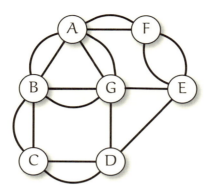

偶点だけのグラフ⑦を一筆書きしよう

「ループを作ればいーんだよね？」ユーリはそう言うと、さっさとループ $A \to F \to E \to D \to C \to B \to A$ を描いた。
「うん、そうだよ。L_1 という名前を付けておこうね」

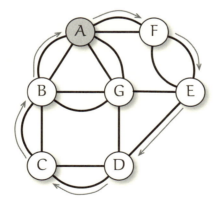

$A \to F \to E \to D \to C \to B \to A$ というループを作って L_1 とする

「ふんふん」
「そして、ループ L_1 に含まれる辺を取り除いてしまう」

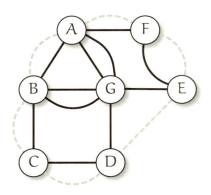

ループ L_1 の辺を取り除く

「L_1 の辺を取っちゃった」

「うん、ループを取り除いても残っているのは偶点だけ。これからどんどんループを作ってつないで、一筆書きを作るんだ」

「ふーん。じゃ、L_1 以外に、また適当にループを作ればいいの？」

「そうなんだけど、ループを作る最初の頂点をどう選ぶかを考えよう。ループ L_1 をたどる途中で出てきた頂点のうち、**まだたどっていない辺を持つ頂点**を選ぶことにしよう」

「よくわかんない」

「ループ L_1 は $A \to F \to E \to D \to C \to B \to A$ だよね。それをたどる途中で出てくる頂点で、まだ辺が残っている頂点を選ぶんだ。たとえば、そうだなあ、頂点 F から始めてループを作る」

「作ってみる！」

ユーリは、$F \to A \to G \to E \to F$ というループを描いた。

「これを L_2 としよう」と僕は言った。

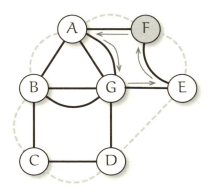

$F \to A \to G \to E \to F$ というループを作って L_2 とする

「そんで、この L_2 の辺を取る……だんだんスカスカになってきたね！」

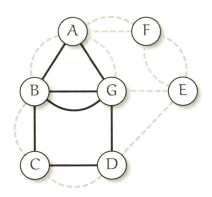

ループ L_2 の辺を取り除く

「そうだね。次に、ループ L_1 に L_2 をつないで、ループ $\langle L_1, L_2 \rangle$ を作る」
「ループをつなぐ……って？」
「2 個のループを、頂点 F をつなぎ目にしてつなぐんだよ。ループ L_1 を回っている途中で頂点 F まで来たら、そこで L_2 に乗り換える。そして L_2 を

ぐるっと回り終えたら、頂点 F で L_1 にもういっぺん乗り換える。そして、ループ L_1 の残りを回って完走する。それを $\langle L_1, L_2 \rangle$ という新しいループだと考えるんだ」

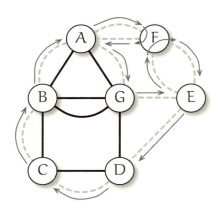

つないだループ $\langle L_1, L_2 \rangle$ を作る

L_1　A → F → E → D → C → B → A

　　　　　乗り換え　　　　乗り換え

L_2　F → A → G → E → F

「なーるほど！ おもしろーい！」

「あとはそれの繰り返し。つまり、次に取り除くループ L_3 を作るんだけど、ループ L_3 を始める頂点は、ループ $\langle L_1, L_2 \rangle$ をたどる途中にある、まだたどっていない辺を持つ頂点とするんだ。つまり、頂点 A だね」

「だったら、頂点 A から始めて、A → B → G → A を L_3 にしてもいい？」

「いいよ」

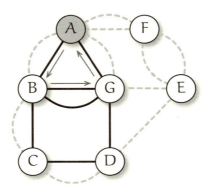

$A \to B \to G \to A$ というループを作って L_3 とする

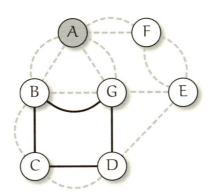

ループ L_3 の辺を取り除く

「同じように今度は $\langle L_1, L_2, L_3 \rangle$ を作る。つまり頂点 A で乗り換えをするんだよ」

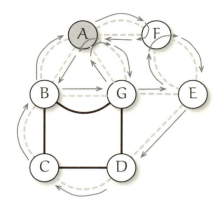

《大きなループ》として 〈 L_1, L_2, L_3 〉 を作る

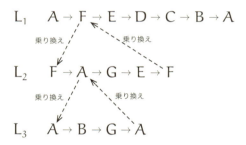

「そうすると、次の頂点はBで……って、残りはもうループになってるね」
「うん。B → C → D → G → B をループ L_4 として、その辺を取り除こう」

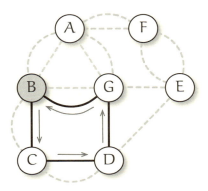

$B \to C \to D \to G \to B$ というループを作って L_4 とする

「ぜんぶなくなった」

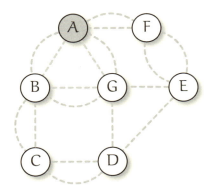

ループ L_4 の辺を取り除く

「そしてこのとき、つないだループ $\langle L_1, L_2, L_3, L_4 \rangle$ で、グラフ⑦は一筆書きできたことになるね！」

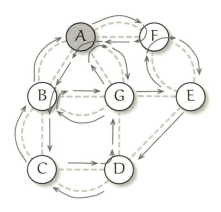

つないだループ $\langle L_1, L_2, L_3, L_4 \rangle$ で、
グラフ⑦は一筆書きできた

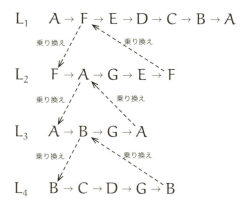

「すごい！ ……でも、ちょっと待ってよ。お兄ちゃん。これは、たまたまこのグラフだからうまくいったんじゃないの？ いつもこんなふうにうまくいく保証なんてないじゃん？」
「いや、うまくいくよ」
「適当な点から始めて必ずループが作れるとは限らないじゃん？」

「いや、大丈夫。いま僕たちが考えているグラフには、《辺の数が有限である》と《すべての頂点が偶点である》という条件があるから。ある頂点から始めて、辺をたどるとしたら、無限に辺をたどり続けることはできないよね」

「《辺の数が有限である》という条件があるから？」

「そういうこと。もしもループが作れないとしたら、どこかの頂点 X で動けなくなったわけだよね。頂点 X に入ることはできたけれど、出ることはできないんだから、頂点 X は奇点になってしまう。でもこれは《すべての頂点が偶点である》という条件に反する」

「なーる。だから、必ずループが作れる……」

「そうだね」

「うん、それは納得。でもね、さっきのお兄ちゃんの方法であやしいところはまだあるよ。ある頂点からループを作っては辺を取り除いて、また別の頂点からループを作っていたけど、それで、本当に辺をすべて取り尽くせるの？」

「取り尽くせるよ。もう一つの条件があるから。《連結なグラフである》という条件だね」

「最初のグラフが連結なのはわかっているけど、途中で辺を取り除いているじゃん。だから、グラフが二つや三つに分かれてしまうときもありそーな」

「うん、分かれるときはあるね。でも、分かれた一つ一つを連結成分と呼ぶことにするなら、その連結成分は、そのときまでに作ったループと必ず共有点を持っているはず。だって、そうでなかったら、最初からグラフが連結にならないから」

「そっか……」

「だから、この方法で《逆》がいえたことになる。頂点の次数という単純な数が、一筆書きの性質に関連しているのはなかなかおもしろいな」

> **解答 1-2（問題 1-1 の逆）**
> 次数が奇数になる頂点が、0 個または 2 個ならば、
> 一筆書きできるグラフであるといえる。
> ただし、頂点と辺の個数はどちらも有限とする。
> また、連結グラフのみを考えるものとする。

「ってとこで……」とユーリが言う。「おなか減ってきちゃった」

「さっきおやつ食べたばかりじゃないか」

「さっきはハーブティだけだったもん」とユーリは笑う。「さてさてそれでは育ち盛りの乙女、おやつもらってくる！」

ユーリは、小走りに僕の部屋を出ていった。

残った僕は一人で考える。

頂点の次数という単純な数が、一筆書きに関連するのはおもしろい。

頂点の次数を調べれば、一筆書き可能性が判定できる。

でも。

僕は机の参考書と、前に貼ってある受験までのスケジュール表を見る。

でも——僕の進路は何を調べれば判定できるんだろう。

大学入試か？　入試の点数で判定するのか？　でもそれは大学に入れるかどうかの判定にすぎないはずだ。大学入試は通過点ではあるけれど終点ではない。大学入試は、僕にとって、僕の進路にとって、どんな意味を持つんだろう——

「お兄ちゃん！」

ユーリの大声で、僕の意識は現実に引き戻された。

「早く！　早く来て！」

ユーリのこんな叫び声、聞いたことがない。

僕はリビングを抜け、キッチンに走る。

母が倒れていた。

「母さん？」

もしも、奇数本の橋が架かった陸地が二つより多いなら、
求められている条件を満たす経路は存在しない。
しかしながら、もしも奇数本の橋が架かった陸地が二つしかないなら、
そのどちらかの陸地から開始すれば、
求められている橋渡りを果たすことができる。
最後に、もしも奇数本の橋が架かった陸地が一つもないなら、
どの陸地から始めても求められている橋渡りを果たすことができる。
——レオンハルト・オイラー [10]

第2章
メビウスの帯、クラインの壺

そう、泡だ。
細かい無数の泡。
その形が面白くて、ずっと見つめていたことがある。
——森博嗣『スカイ・イクリプス』

2.1 屋上にて

2.1.1 テトラちゃん

「それは大変でしたね……」とテトラちゃんが言った。

「うん、でも大したことはないんだよ」と僕は答えた。「軽くめまいがして、ふらふらしただけだって。念のために病院で診てもらうって言ってたけど」

ここは高校の屋上、いまはお昼休み。僕と後輩のテトラちゃんはいっしょにお昼を食べていた。風はさわやかだが、ちょっと寒い。校庭の周りのプラタナスの葉もすっかり落ちている。もう秋なんだなあ。

僕は、購買部で買ったパンを食べながら、テトラちゃんに母のことを話していた。キッチンに倒れている母を見たときは本当に驚いた。でも、母はすぐに自分で起き上がって恥ずかしそうに笑った。実際のところ大したことは

なかったのだ。ただ——

「そうですか。おおごとにならなくてよかったです」とテトラちゃんは言い、安心したようにお弁当の卵焼きに戻る。

「そうだね」と僕は答えて……おおごとって何だろうと思う。テトラちゃんには言わなかったけど、あれから僕が感じているのは、何とも表現のできない不安だった。母はいつも元気で、病気なんてせいぜい鼻風邪を引くくらい。その母親が倒れたのは、僕の心に衝撃を与えた。親の体調が悪いというのは、これほど不安になるものなのか。

僕は話題を変える。「テトラちゃんは、最近どんな問題に挑戦してるの？」

テトラちゃんは高校二年生。僕の一年後輩だ。高校に入学したときは数学が苦手だったけれど、いまはすっかり好きになった。僕たちはいつも数学の問題を持ち寄って楽しんでいる。

「いえ、特に考えている問題はありませんが」とテトラちゃんは答える。「双倉図書館での発表*1や、ガロア・フェスティバル*2が楽しかったので、ちょっとやりたいことがあってですね……」

「へえ、どんなこと？」

「あっ、いえいえいえっ、何でもないです。まだ秘密だったんでした！」

テトラちゃんはそう言って、両手で口を押さえて顔を赤くした。

2.1.2　メビウスの帯

食べ終えたお弁当箱をピンク色の布で包みながらテトラちゃんが言う。

「そういえば、先輩。**メビウスの帯**ってご存じですよね」

「うん、知ってるけど」

「あのですね。昨晩テレビでメビウスの帯の話が出てきたんですよ。テープを一回転……こんなふうにぎゅっとひねって両端をくっつけて」

テトラちゃんは身振り手振りでメビウスの帯を作ってみせる。

「こういう形だよね」僕は手帳にメビウスの帯を描いた。「一回転ひねるん

---

*1　『数学ガール／乱択アルゴリズム』
*2　『数学ガール／ガロア理論』

じゃなくて、半回転ひねるんだよね。半ひねり」

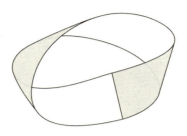

メビウスの帯

「半ひねり——あ、そうですね。でも、半ひねりでくっつけて輪にしただけなのに、なぜ、わざわざ《メビウスの帯》なんて名前を付けて、大げさに扱うんでしょうか。メビウスさんは数学者ですよね。数学的に重要なことなんでしょうか。テレビでは紙工作して終わってましたけど」

なるほど、と僕は思った。テトラちゃんはあいかわらずだな。本質的で根源的な疑問を持つ。そして安易にわかったふりをしない。彼女は、自分が本当にわかったかどうかに強い関心があるのだ。

「メビウスの帯はおもしろい図形だよ」と僕は答える。「たとえば、テープをまったくひねらずにくっつけると、**シリンダー**……円筒形になるよね」

シリンダー（円筒形）

「はい」とテトラちゃんは頷く。

「シリンダーの側面に色を塗ってみる。たとえば、赤い絵の具でね。そうすると、外側をぐるっと赤一色で塗ることができる。でも、シリンダーの内側はまったく塗られていない」

「それはそうですね」

「シリンダーの内側は別の色、たとえば青い絵の具で塗ることができる。表と裏を別の色で塗れるんだから、シリンダーには**表と裏の区別があること**になる」

「でも、メビウスの帯は違う……？」とテトラちゃんが言った。

「そう。シリンダーとメビウスの帯の違いは、半ひねりしたかどうかだけ。でも、メビウスの帯をさっきと同じように赤い絵の具で塗り始めたとする。どこまでも塗り続けていくと、やがて塗り始めの場所まで戻ってくる。そのとき、メビウスの帯に塗られていないところはない。すべてが塗られている。つまり、メビウスの帯には、**表と裏の区別がない**」

「はい、そうなりますね。表を塗ってひとめぐりしたところで半ひねりして裏に回っていますから、表も裏も赤一色になります」

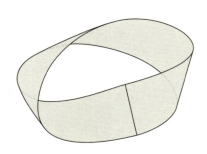

メビウスの帯は一色で塗れる

「そうだね。もっとも、メビウスの帯は一色で塗れるわけだから、『表も裏も』という表現はあまり正確じゃないかな。こっちの面が表で、こっちの面が裏といえるのは表と裏の区別が付くときだけだから」

「確かにそうですけれど――でも、"So what?" という話ですよね」

テトラちゃんは、チャームポイントの大きな目を僕にまっすぐ向けて問う。

これだ。彼女の質問は素朴だけれど、大事なところをいつも突いてくる。僕はこれまでたくさんの本にメビウスの帯が出てくるのを見てきた。メビウスの帯は、数学読み物によく出てくる定番の話題なのだ。でも、「だから何？」と思ったことはない。メビウスの帯は興味深い図形だと思うし、表と裏の区別がないことは知っている。けれど、なぜメビウスの帯を重視するのか、その理由を考えたことはなかったな。

「す、すみません。変なことをお尋ねして」

僕が無言になったのを気にしてか、テトラちゃんがすまなそうに言った。

「いやいや、謝る必要はないよ。テトラちゃんの疑問はすばらしいと思う。でも、僕には答えられないなあ。シリンダーを半ひねりしてメビウスの帯が作れることは知っているし、それが数学のトポロジーという分野に出てくることも知っている。でも、メビウスの帯がなぜ重要なのかは知らない」

「そうですか……」

予鈴が鳴って、僕たちはそれぞれの教室へ戻る。それぞれの心に半ひねりの疑問を残したまま。

2.2　教室にて

2.2.1　自習時間

教室へ戻ったけど、次の時間は自習だった。僕はこの時間を物理の総合演習にあて、問題集に取り組んだ。

進学校の高校三年生。秋になると、個別の選択授業や自習時間も多くなる。生徒各人は、受験に備えて自分なりの時間を組み立てるよう求められる。

生徒は一人一人、学力も違うし志望校も違う。そして、志望校合格までに必要な学習量も違う。画一的な学びには限界があるのだ。実際、自習時間中にクラスメートはみな、それぞれの科目や課題に取り組んでいる。それぞれが目指す、自分の進路のために。

自分の進路——物理の問題を三問解いたところで、僕は物思いにふける。

進路。正直いって、よくわからない。自分が何に向いているのかもよくわからないし、自分に何ができるのかもわからない。僕は、社会全体のことも知らないし、僕自身のことも知らないのだ。

僕には、苦手な質問がある。

「あなたは将来、何をしたいですか」

進路にまつわる質問の中で、この質問が最も苦手だ。理系文系どちらかを問われるならいい。きっと僕は理系だ。得意科目は何ですかという質問だってかまわない。僕の得意科目は数学だ。苦手科目を聞かれたら、地理や歴史と答えるだろう。志望校？　うん、志望校だってもちろんある。今度提出する《合格判定模擬試験》の申込み用紙にも、志望校を書いた。第三志望まで。

でも、将来何をしたいかと問われるのはつらい。答えが出てこないからだ。答えが出てこないのはつらい。将来何をしたいかを答えられない自分がもどかしい。自分の《形》が明確じゃない。芯が一本通っていない。スライムのようにぐにゃりとした自分を思う。

僕は——いったい、何をしたいんだろう。

2.3　図書室にて

2.3.1　ミルカさん

「数学者は《同じ》に関心があるから」と**ミルカさん**は即答した。

「《同じ》——に関心がある？」と**テトラちゃん**が聞き返す。

ここは図書室。いまは放課後。僕とテトラちゃんはミルカさんと向かい合っていつもの席に座っている。

「そうだよ、テトラ」とミルカさんが言う。

ミルカさんは僕のクラスメート。長い黒髪にメタルフレームの眼鏡の彼女は、数学に秀でた才媛だ。僕とテトラちゃんとミルカさんは、いつも図書室で数学トークを楽しんでいる。

テトラちゃんの疑問——なぜ、メビウスの帯が重要なのか——に対して、ミルカさんは微笑みながら講義口調で話を続ける。

「数でも、図形でも、関数でも、何でもいい。私たちが数学的なものを研究するとき、何と何が《同じ》なのかに注目する。数学は厳密な議論を好む。何について議論しているのか明確でなければ議論は成り立たない。二つの対象が目の前にあったとき、その二つは《同じ》か、《違う》か。その判断ができないなら、議論を進めるのは難しい」

「数の場合は《同じ》じゃなくて《等しい》になるね」と僕は言った。

「いま私は抽象度を上げた話をしている」とミルカさんは答える。「《等しい》は《同じ》の一種にすぎない。二つの数に対して、別種の《同じ》を定義することだってできる」

「《同じ》に何種類もあるんですか？」とテトラちゃんが言う。「1 と 7 が同じになったり？」

「たとえば」とミルカさんは話のスピードを落とす。「私たちは《偶奇》という概念を知っている。偶数と奇数。1 と 7 はどちらも奇数だ。この場合は 1 と 7 の《偶奇》が一致しているといえる。偶奇が一致するかどうかは、二つの数が《同じ》であることの一種といえるだろう」

「いろんな種類の《同じ》がありうるという意味なんだね」と僕は言う。

「その通り」とミルカさんは言って、人差し指で眼鏡をくっと上げる。「メビウスの帯に話を戻そう。テトラは、メビウスの帯のことを『シリンダーを半ひねりして作った』と言った」

「はい」

「しかし、少し考えると、半ひねりをするかどうかが問題ではないとわかる。半ひねりの回数が問題なのだ。特にその偶奇が」

「半ひねりの回数……」とテトラちゃんが言う。

「そうか！ 半ひねりが偶数回なら、シリンダーと《同じ》だ！」と僕は言った。「半ひねりが $0, 2, 4, 6, \ldots$ 回、つまり偶数回なら、シリンダーと同じように表裏の区別があることになる。半ひねりが 0 回なのがシリンダーだね。偶数回の半ひねりなら、ねじれているように見えてもメビウスの帯とは違う」

「そういえばそうですね」とテトラちゃんも頷いた。「半ひねりが $1, 3, 5, 7, \ldots$ 回という奇数回だと、メビウスの帯と同じで、表裏の区別がなくなりますね……」

「なぜ、負の数を考えないんだろう」とミルカさんが言った。

「負の数？ あ、そうか。逆向きの半ひねりをマイナスと見るのか！」と僕は言った。

半ひねりの回数による分類（表裏の区別）

- 半ひねりを偶数回（..., −4, −2, 0, 2, 4, ...）行った場合：
  表裏の区別が*ある*曲面になる（シリンダーと《同じ》）

- 半ひねりを奇数回（..., −5, −3, −1, 1, 3, 5, ...）行った場合：
  表裏の区別が*ない*曲面になる（メビウスの帯と《同じ》）

「言われてみれば当たり前だけど、《半ひねり回数の偶奇》が《表裏の区別の有無》と対応しているわけか」と僕は言った。

「非常に単純ではあるけれど、《数の性質》と《図形の性質》との対応がここにある」とミルカさんが言う。

「質問です」とテトラちゃんが手を挙げた。彼女は質問があると、目の前に相手がいても授業中のように挙手するのだ。

「はい、テトラ」とミルカさんはまるで教師のように指をさした。

「あ、あの、しつこくてすみませんが、あたしはまだわかってないようです」とテトラちゃんが言った。「あのですね。シリンダーとメビウスの帯が半ひねりで作れることはわかりました。半ひねりを繰り返して帯にしたものが、偶数奇数で2種類に分類できることもわかります。でも、これは……重要なことなんでしょうか。いえ、あの、重要そうなことは何となくわかります。

わかりますが、あたしはまだ、自分で表現できるほどにはわかっていません」

「ふうん……」

ミルカさんはすっと目を閉じる。人差し指を唇に当て、何かを考えている。

僕とテトラちゃんは息を潜めて彼女が語り出すのを待つ。

「分類は研究の第一歩だ」とミルカさんが言う。

2.3.2 分類

分類は研究の第一歩だ。

さまざまな対象が目の前にあるとき、最初に目指すのは対象の分類だ。動物の分類、植物の分類、鉱物の分類……集めた対象を分類する。それを一般に博物学的研究と呼ぶこともある。そして、分類のためには、何と何が《同じ》で、何と何が《違う》かという判定の基準が必要になる。

たとえば、整数全体すなわち $\ldots, -3, -2, -1, 0, 1, 2, 3, \ldots$ があったとき、それを偶数奇数の 2 種類に分類することを考えよう。数学的には、整数全体の集合を、共通の要素を持たない集合の和で表す。《もれなく、だぶりなく》分類するということ。そのような分類を数学では**類別**と表現する。

整数全体の集合を、偶奇を使って類別する。

$$《整数全体の集合》= \{\ldots, -4, -3, -2, -1, 0, 1, 2, 3, 4, \ldots\}$$
$$\Downarrow$$
$$《偶数全体の集合》= \{\ldots, -4, \quad -2, \quad 0, \quad 2, \quad 4, \ldots\}$$
$$《奇数全体の集合》= \{\ldots, \quad -3, \quad -1, \quad 1, \quad 3, \quad \ldots\}$$

$$《偶数全体の集合》\cup《奇数全体の集合》=《整数全体の集合》$$

$$《偶数全体の集合》\cap《奇数全体の集合》=《空集合》$$

この類別にあたっては、《整数を 2 で割ったときの余りが 0 か 1 か》という基準を使った。余りが 0 なら偶数。余りが 1 なら奇数。どんな整数でも、必ず偶数か奇数のどちらかになるから《もれ》はない。また、どんな整数でも、偶数と奇数の両方になることはないから《だぶり》もない。確かに類別が完成している。

シリンダーの半ひねりを繰り返してできる図形全体の集合も、同様の類別ができる。このときは《表裏の区別の有無》という基準を使った。《シリンダーの半ひねりを繰り返してできる図形全体の集合》の要素は、《表裏の区別がある》と《表裏の区別がない》のどちらかになる。これもまた《もれなく、だぶりなく》分類できる。そしてそれは半ひねり回数の偶奇と一致する。

さて、大事な話はここからだ。メビウスの帯がなぜ重要なのか。それはいま言った《表裏の区別の有無》という基準が、数学にとって重要だからだ。

その基準は、19 世紀に完成した《閉曲面の分類》というトポロジーの問題に関わってくる。無数の閉曲面を目の前にしたとき、最初に行いたくなるのは《もれ》も《だぶり》もない分類——すなわち類別だ。閉曲面を類別するときには、閉曲面のうち、どれとどれを《同じ》と見なし、どれとどれを《違う》と見なすのかが重要になる。

もちろん、何も考えなくても極端な類別はできる。極端な類別は二つある。《すべては違う》と見なす類別。《すべては同じ》と見なす類別。これは自明な類別を生むけれど、あまり役には立たない。

うまく類別できれば、研究対象を一望できる。《同じ》と《違う》を定める過程の中で、私たちは基準を手に入れ、学問は前に進んでいく。

《表裏の区別がない》という性質を、数学では**向き付け不可能性**と呼ぶ。向き付け不可能性は、閉曲面の分類において重要な基準なのだ。

2.3.3　閉曲面の分類

「向き付け不可能性は、閉曲面の分類において重要な基準なのだ」とミルカさんは言った。

「なるほど」と僕は言った。「閉曲面を向き付け可能か、不可能かの 2 種類に分類できるってことだね」

「ちょ、ちょっとお待ちください。閉曲面って何ですか？」とテトラちゃんが言った。

「閉曲面は、簡単にいうならば、無限に広がらず境界のない曲面のこと。たとえば、シリンダーやメビウスの帯には境界があるから、どちらも閉曲面ではない」

「シリンダーやメビウスの帯に境界があるとは、どういうことなんでしょう」とテトラちゃんは重ねて聞いた。

「シリンダーには境界が二つあり、メビウスの帯には境界が一つある」ミルカさんはそう言いながら、境界を強調して番号を付ける。

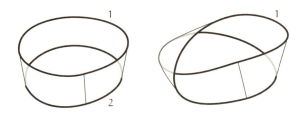

「ははあ、境界とは《へり》のことなんですね。そして、メビウスの帯の境界が一つということに驚きです！」彼女は、図を指で何度もなぞりながら言った。

「ずっとつながっているんだね」と僕も言った。

2.3.4 向き付け可能な曲面

「閉曲面を《無限に広がらず境界のない曲面》といった。数学的にはきちんと定義されているが、いまは数学的定義に入り込む代わりに例を挙げよう。代表的な閉曲面は**球面**だ」とミルカさんが言う。

球面

「ボールですか」とテトラちゃんが言う。
「そう。ボールのようなもの。ただし球面というときにはその表面だけを考える。中身は詰まっていない。中身が詰まっているときは球面ではなく球体と呼んで区別する」
「なるほどです」とテトラちゃんが頷く。
「トポロジーで閉曲面の分類を考えるときには、伸ばしたり縮めたりという変形を行ったものをすべて《同じ》ものと見なす。だから、こんな閉曲面はすべて球面と《同じ》と見なせる」

球面と《同じ》閉曲面

「おもしろいですね」とテトラちゃんが言う。
「では、球面とは《違う》閉曲面を作ってみよう。たとえば**トーラス**」

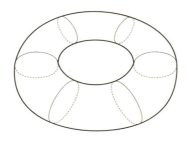

トーラス

「ドーナツ？」

「そう、ただしトーラスではドーナツの中身を含めない」とミルカさんは続ける。「トーラスはドーナツの表面だけを考える。そしてトーラスは球面とは《違う》閉曲面となる」

「それは、球面を変形させてもトーラスにすることはできないということだね」と僕が訊く。

「そうだ」とミルカさんは言う。「もちろん、《変形》とは何かを数学的に定義する必要がある。大ざっぱにいえばゴムのように伸ばしたり縮めたりするのはかまわないが、切ったり穴をあけたりしてはいけない。そんな変形だ」

「なるほどです」とテトラちゃんが言う。「球面とトーラスと……思いつかないんですが、他にも《違う》閉曲面はあるんですか」

「トーラスを一人乗りの浮き輪だと考えて、二人乗りの浮き輪を想像する」とミルカさんは言う。「二人乗りの浮き輪は、球面ともトーラスとも《違う》閉曲面になる」

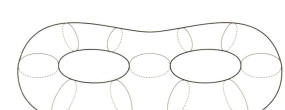

二人乗りの浮き輪

「だったら、三人乗り、四人乗り……という浮き輪もぜんぶ《違う》ね」と僕は言った。

「そういうこと」とミルカさんは言う。「そして、それですべてなのだ。球面をゼロ人乗りの浮き輪と考えるなら、向き付け可能な閉曲面は《n人乗りの浮き輪》しかない。つまり、向き付け可能な閉曲面は、穴の数で分類できることになる」

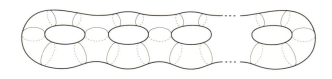

n 人乗りの浮き輪

「向き付け可能な閉曲面はイメージがわかりました。でも……」とテトラちゃんが口ごもる。

「でも?」とミルカさんが先を促す。

「でも、向き付け不可能な閉曲面って、想像がつきません。向き付けが不可能ということは、メビウスの帯のように一つの面しかないわけですよね。それなのに境界がない――《へり》がないなんて、そんな図形、想像できません!」

「たとえば、メビウスの帯の 3 次元版」と僕が言う。

「そう、**クラインの壺**だ」とミルカさんがうれしそうに言う。

2.3.5 向き付け不可能な曲面

クラインの壺

　そういえば、と僕は思い出した。ミルカさんと遊園地に行ったとき、レゴブロックを使ってクラインの壺を作ったっけ。そして、あの後——そうだ、あのときのミルカさんは、進路のことを考えていたのかもしれない。
　「ちょっと待ってください、ミルカさん！」とテトラちゃんが声を上げた。「閉曲面は《境界》がないんですよね。でも、このクラインの壺は突き抜けちゃってます！　突き抜けた穴には、思いっきり境界があります！」
　「クラインの壺は3次元の立体として表現できないからだよ、テトラちゃん」と僕は言った。「だから、しかたなくこんなふうに穴を開けて突き抜けた描き方をしているんだ」
　「そう」とミルカさんも言う。「クラインの壺を3次元の立体として表現しようとすると、どうしても自己交差ができてしまう。そこには目をつぶって、クラインの壺には表裏の区別がないことを確かめてみよう。壺の側面に色を塗っていく様子を思い浮かべると、いつのまにか壺の内側を塗っていて、やがて壺の全体を塗り終える」
　「……はい、やっぱりこの突き抜けるところが気になりますけれど、それ以外では表裏がないことはよくわかります」とテトラちゃんが言った。「塗っている様子を想像して思ったんですが、確かに、メビウスの帯を塗っている

ときと似ている感じがしますね。塗っているうちに裏側——というのはまずいかもしれませんが——を塗っていて、さらに塗り続けると戻ってきます」

「そうだね」と僕も言った。「だから、クラインの壺はメビウスの帯の3次元版なんだよ」

「メビウスの帯を2本貼り合わせるとクラインの壺ができるな」とミルカさんが言う。

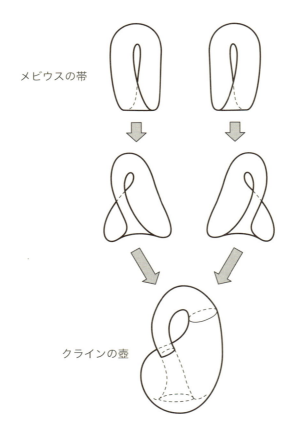

メビウスの帯を貼り合わせてクラインの壺を作る

「ほんとですね!」とテトラちゃん。

「おもしろいなあ」

「球面と、トーラスと、浮き輪と、クラインの壺と……」とテトラちゃんは指を折りながら数えていく。「他にも閉曲面はあるんでしょうか」

僕はしばらく頭の中で図形をいじってみたけど、他には思いつかない。

「いい方法がある」とミルカさんが言った。「閉曲面を考えるとき、立体図形を直接扱うのではなく、もっと網羅的に扱ういい方法だ。これなら自己交差も気にならない」

「いい方法って、何ですか」

「展開図を使って考える方法だよ、テトラ」

2.3.6　展開図

展開図を使って考える方法だよ、テトラ。

ここに正方形の折り紙がある。ただし、この折り紙はとても柔軟な素材でできていて自由に伸ばすことができる。また、辺同士を貼り合わせることもできる——と想像する。

とても柔軟な折り紙

辺同士を貼り合わせるときには、ひねりが問題になる。だから、《辺の向き》に注意しなければならない。そのため、貼り合わせる辺には向きを表す矢印を付けることにする。こんな矢印を付けてやれば、これは**シリンダーの展開図**になる。

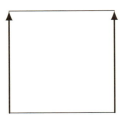

シリンダーの展開図

◎　◎　◎

「これはシリンダーの展開図になる」
「はい、わかります。左の辺と右の辺を貼り合わせるんですね……こう」
テトラちゃんは、両手を回して合わせるようなジェスチャで答えた。

シリンダーを組み立てる様子

「矢印を逆向きにすればメビウスの帯の展開図ができる」

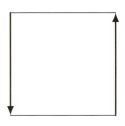

メビウスの帯の展開図

 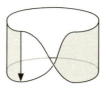

メビウスの帯を組み立てる様子

「確かに矢印を合わせて貼ると、半ひねりになるね」と僕が言った。「矢印の向きを合わせると、半ひねりの回数は必ず奇数回になるわけだ」

「展開図にすると《境界》もよくわかる」とミルカさんは言う。「矢印が付いた辺は貼り合わせることになるから、境界にはならない。境界になるのは、矢印が付いていない辺だ」

「なるほど」と僕は言う。

「そして」とミルカさんは続ける。「図形と展開図の対応が頭の中で付けられるなら、実際に 3 次元的に貼り合わせる必要はもうない。矢印の付いた辺同士を、向きを合わせて同一視すればいいのだから。数学での図形の貼り合わせは、同一視にほかならない」

「同一視とは？」とテトラちゃん。

「たとえば、メビウスの帯の展開図で、二つの点に A と A′ という名前を付ける。すると、2 点 A と A′ は同一視できる」

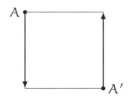

「2 点を同一視……ですか」

「展開図では、点 A と A′ は異なる 2 点に見える。しかし、貼り合わせを考えてみれば、A と A′ は一点であることがわかる。貼り合わせた矢印上の各点について同じように考えることができる。貼り合わせが同一視であると

はそういう意味だ」

「矢印の終点だったら、BとB′が貼り合わせで一点になるね」と僕。

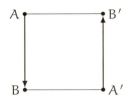

「なるほどです」

「さて、矢印を貼り合わせたとして、境界が残っている。いまから閉曲面——つまり、境界のない曲面を作りたい。残っている2本の境界を消さなくてはいけない。どうしたらいい？」とミルカさんが問う。

「境界同士を……貼り合わせる？」とテトラちゃんが答えた。

「その通りだよ、テトラ」と言って、ミルカさんはテトラちゃんをぴしっと指さした。「やってみよう」

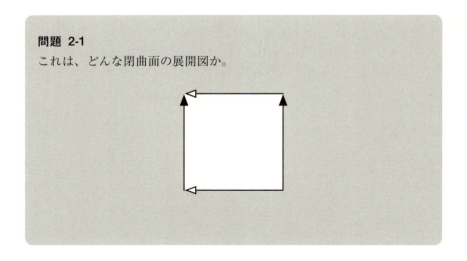

問題 2-1
これは、どんな閉曲面の展開図か。

「この展開図に、矢印の付いていない辺はない。矢印は2種類あり、それ

ぞれの矢印は 2 本ずつある。同じ矢印同士を貼り合わせると、境界のない図形——閉曲面になる。では、どんな閉曲面の展開図だろうか」

「もしかして、球面？」と僕は答えた。「右と左を貼り合わせて、上と下を貼り合わせるわけだから」

「テトラは？」とミルカさんが言う。

「えっと、あの、**トーラス**……でしょうか」

「トーラス？」と僕が言う。「そうか！ テトラちゃん、何でそんなにすぐにわかったの？」

「あのですね……よくゲームに出てくるんですよ。画面で右側に進んだボールが左側から出てくる。上に進んだボールが下から出てくる。そんなふうにつながった画面のことをトーラスと呼ぶんです」

「そう。これはトーラスの展開図になる」とミルカさんが言った。「正方形の上下を貼り合わせるとシリンダーができ、そこには境界が二つある。二つの境界を向きに注意して貼り合わせると、トーラスができることがわかる」

解答 2-1

これはトーラスの展開図になる。

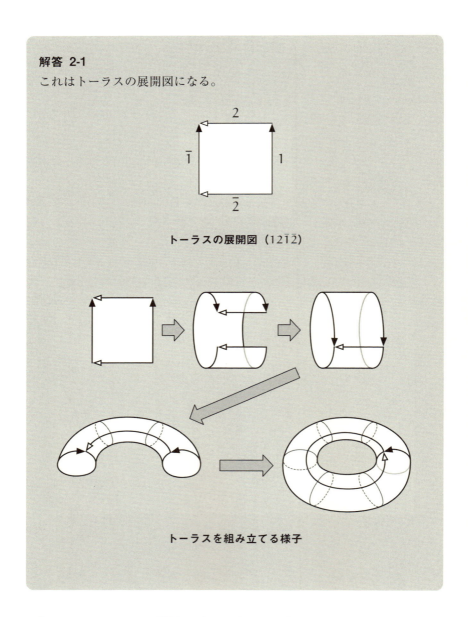

「ミルカさん、この $12\bar{1}\bar{2}$ というのは何でしょうか」とテトラちゃんが尋ねる。「辺の番号？」

「展開図を番号の列で表現したものだ」とミルカさんは言う。「貼り合わせる辺、すなわち同一視する辺同士には同じ番号を割り当てる。そして、辺に沿って左回りに進む様子を想像する。進む向きと矢印が《同じ向き》なら、1 や 2 のように番号には何も付けない。進む向きと矢印が《逆向き》なら $\bar{1}$ や $\bar{2}$ のように「¯」を付けて書くことにする。そうすれば、$12\bar{1}\bar{2}$ はトーラスの展開図を表しているといえる——

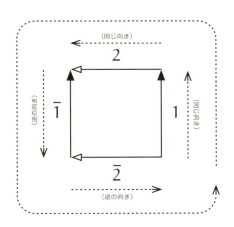

——そして、君の疑問が次の例になる」とミルカさんが言った。

「僕の疑問とは？」

「君はさっき『これは球面か』と言ったじゃないか。球面の展開図——いくらでも伸びる正方形を使った展開図——を描くと、こうなる」

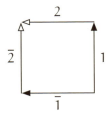

球面の展開図（$12\bar{2}\bar{1}$）

「なるほどね。トーラスと球面ではずいぶん違うね。トーラスは $12\bar{1}\bar{2}$ で、球面は $122\bar{1}$ か」

「この球面は……ギョウザですね」とテトラちゃんが両手を合わせながら言った。「ギョウザの皮、そのへりを貼り合わせます。できたギョウザをふわっとふくらませて球面にする……」

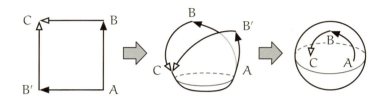

球面を組み立てる様子

「ギョウザというなら、$122\bar{1}$ ではなく、$1\bar{1}$ の方が見やすいかもしれない」とミルカさんは言った。「正方形という四角形の折り紙ではなく、いわば二角形の折り紙を使うことになるが」

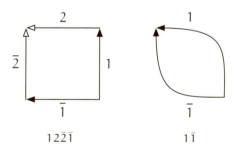

球面の展開図（2 種類）

「ひとつの図形でも、いろんな展開図ができるんですね」
「トーラスと球面はできた。他の閉曲面は？」とミルカさんが問う。
「クラインの壺も作れそうだなあ」と僕が答える。

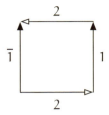

クラインの壺の展開図（12$\bar{1}$2）

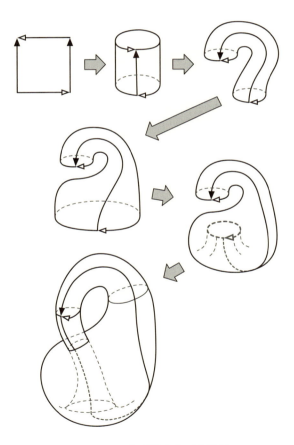

クラインの壺を組み立てる様子

「うわ……クラインの壺って、トーラスをひねった形なんですね」テトラ
ちゃんが自分の腕を蛇のようにくねらせながら言った。

「そもそも、正方形で向かい合わせになった辺を貼り合わせる方法は何通り
あるんだろう」と僕は言った。「正方形で、向かい合わせになった2辺を同
じ向きで貼り合わせると《シリンダー》になり、逆向きだと《メビウスの帯》
になるよね。展開図で残った向かい合わせの2辺を貼り合わせるときも、同
じ向きと逆向きの2通りある。《シリンダー》の展開図では、同じ向きに貼
り合わせれば《トーラス》で、逆向きに貼り合わせれば《クラインの壺》に
なる。でも……」

「《メビウスの帯》の展開図でも、残った向かい合わせの2辺を貼り合わせ
られますね」とテトラちゃんが言った。

「うーん、でもね、《メビウスの帯》からできるのはやっぱり《クラインの
壺》だよ」と僕は言った。「《トーラスの展開図で残った2辺を逆向きに貼り
合わせる》のと、《メビウスの帯の展開図で残った2辺を同じ向きに貼り合
わせる》のは同じことだから」

「ああ、そうですね……あっ、でも、それは同じ向きの場合ですよ！　《メ
ビウスの帯の展開図で残った2辺を逆向きに貼り合わせる》なら別の図形が
できませんか？」

「それは無理じゃないかな」と僕は言った。「どうしてもぶつかってしまう」

「なぜ無理だと思う？」とミルカさんが言う。「クラインの壺のときは自己
交差を許した。それと同じように構成することができる」

「うっ……」と僕は言葉に詰まる。

「いったい、どんな図形なんでしょう。想像がつきません……」

「《メビウスの帯》の展開図で残った2辺を逆向きに貼り合わせると、こん
な閉曲面になる。これは、**射影平面**と呼ばれている」

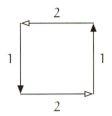

射影平面の展開図(1212)

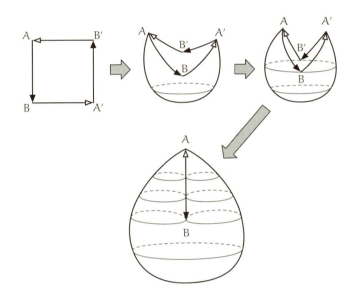

射影平面を組み立てる様子

「へえ……おもしろいなあ。《AからBの矢印》と《A′からB′の矢印》を貼り合わせると同時に、《B′からAの矢印》と《BからA′の矢印》を貼り合わせるんだね」

「ええと……なるほど……」テトラちゃんは両手をねじり合わせるようにしながら展開図を眺め、ようやく納得したようだ。「これでぜんぶですよね」

「そうだね」と僕は頷いた。「シリンダーの境界を《そのまま》貼り合わせればトーラスで、《半ひねり》で貼り合わせればクラインの壺になる。メビウスの帯の境界を《そのまま》貼り合わせたものもクラインの壺で、《半ひねり》で貼り合わせれば射影平面。うん、向かい合わせの辺を貼り合わせる方法はこれでぜんぶだね」

「並べてみます！」

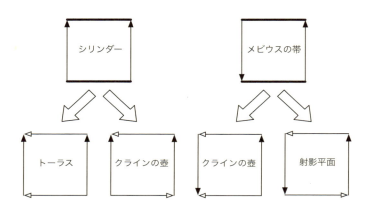

「射影平面は、球面と同じように二角形でも作れる。球面の$12\bar{2}\bar{1}$を$1\bar{1}$にしたように、射影平面の1212は11にできる」とミルカさんが言った。

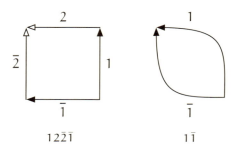

球面の展開図（2種類）

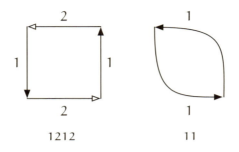

射影平面の展開図（2 種類）

「これは、二つの矢印をまとめていることになるんですね？」と図を見ながらテトラちゃんが言った。
「なるほどね」
「あれっ、ところで……」とテトラちゃんが言った。「トーラスはできましたが、二人乗りの浮き輪は作れていませんね」
「正方形という四角形をもとにしたから」とミルカさんが答える。「八角形をもとにすれば、二人乗りの浮き輪が作れる」
「それは、八角形の辺同士を貼り合わせるんですよね。想像が難しいですが……」
「一気に八角形を考えるよりも、二つのトーラスの**連結和**を考えた方がよさそうだ」とミルカさんが言った。
「連結和……？」

2.3.7 連結和

「連結和とは、図形から小さな円板を切り抜いて、その境界を貼り合わせて新しい図形を作る操作だ。二つのトーラスのそれぞれから小さな円板を切り取る。そして、切り取ることによってできた境界同士をつないで貼り合わせる。つまり、切り抜いた円板の境界同士を同一視する。そうすれば、二人乗りの浮き輪ができる」

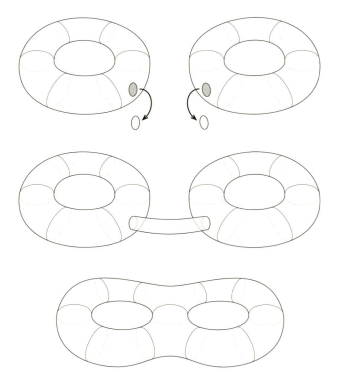

二つのトーラスの連結和で二人乗りの浮き輪を作る

「なるほど? そうかもしれないけど、穴を開けたりつないだりする展開図を考えるのはもっと大変じゃないかな」

「そんなことはない」とミルカさんは言った。

◎　◎　◎

そんなことはない。二人乗りの浮き輪の展開図を作るのは、やさしい話だ。まず、トーラスの展開図を二つ並べる。

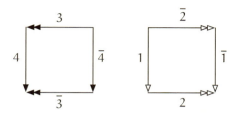

二つのトーラスから円板を切り取ろう。同一視する辺は、0 と $\bar{0}$ だ。

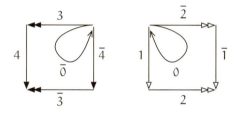

そしてこの辺を伸ばすと、2 個の五角形ができる。

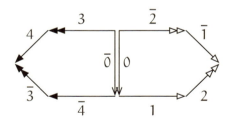

あとは、0 と $\bar{0}$ を貼り合わせてやれば、八角形ができる。

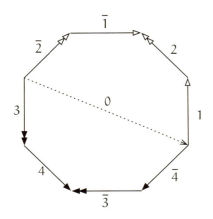

二人乗り浮き輪の展開図（$12\bar{1}\bar{2}34\bar{3}\bar{4}$）

これが、種数 2 の閉曲面——つまり、二人乗りの浮き輪の展開図だ。

◎　◎　◎

「二人乗りの浮き輪の展開図だ」とミルカさんが言った。

「できるんですね……」とテトラちゃん。

「規則性が見えてきたぞ」と僕は言う。「球面が $1\bar{1}$ で、トーラスが $12\bar{1}\bar{2}$ で、二人乗りの浮き輪が $12\bar{1}\bar{2}34\bar{3}\bar{4}$ ということは……」

「そう。向き付け可能な閉曲面はこう分類できる」

◎　◎　◎

向き付け可能な閉曲面はこう分類できる。

- $1\bar{1}$ は、球面（種数 0 の閉曲面）。
- $12\bar{1}\bar{2}$ は、一人乗りの浮き輪（種数 1 の閉曲面）。
- $12\bar{1}\bar{2}34\bar{3}\bar{4}$ は、二人乗りの浮き輪（種数 2 の閉曲面）。
- $12\bar{1}\bar{2}34\bar{3}\bar{4}\cdots(2n-1)(2n)\overline{(2n-1)}\overline{(2n)}$ は、n 人乗りの浮き輪（種数 n の閉曲面）。

n 人乗りの浮き輪は、球面と n 個のトーラスの連結和ともいえる。

球面から n 個の円板を取り除き——

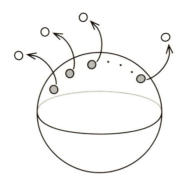

——円板を取り除いた n 個のトーラスを貼り込む。

それが、n 人乗りの浮き輪だ。

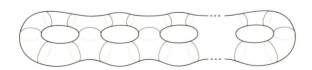

それに対して、向き付け不可能な閉曲面は、射影平面、クラインの壺、そして、球面と射影平面 n 個の連結和。

- 11 は、射影平面。
- 1122 は、クラインの壺。
- 1122 ⋯ nn は、球面と射影平面 n 個の連結和。
  ($n = 3, 4, 5, \ldots$)

ところで、射影平面は《球面と射影平面 1 個の連結和》といえるし、クラインの壺は《球面と射影平面 2 個の連結和》ともいえる。だから、《球面と射影平面 n 個の連結和》というだけで、向き付け不可能な閉曲面は網羅されていることになる。

- 1122 ⋯ nn は、球面と射影平面 n 個の連結和。
  ($n = 1, 2, 3, \ldots$)

閉曲面の分類（連結和）

- **向き付け可能**
  - 球面とトーラス n 個の連結和（$n = 0, 1, 2, \ldots$）
- **向き付け不可能**
  - 球面と射影平面 n 個の連結和（$n = 1, 2, 3, \ldots$）

球面とトーラス n 個の連結和

球面と射影平面 n 個の連結和

「ええと、ええと、ちょっと話が戻るんですが」とテトラちゃん。「クラインの壺って、1122でしたっけ？ 確か12$\bar{1}$2だったような……」

「クラインの壺の展開図は12$\bar{1}$2でもいいし、1122でもいい」とミルカさんが言った。

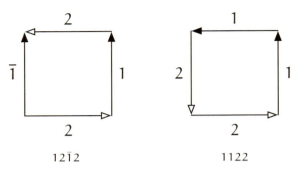

クラインの壺の展開図

「えっ、えっ？」
「対角線で切って貼り直し、番号を付け直せばいい」

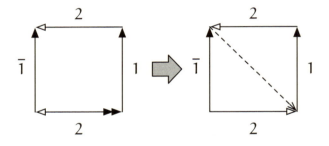

クラインの壺の展開図（12$\bar{1}$2）を対角線で切る

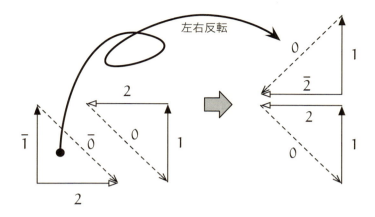

片方を裏返して 2 で貼り直す

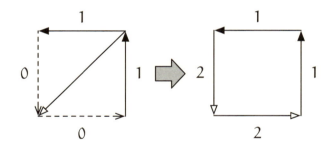

番号を付け直すと新たな展開図（1122）になる

「トーラスから円板を除いたものをハンドルと呼ぶ」とミルカさんは続ける。「そして、射影平面から円板を除いたものはメビウスの帯だ。だから、《閉曲面の分類》はこんなふうにも表現できる」

> **閉曲面の分類（連結和）**
>
> - **向き付け可能**
>   - 球面から円板を除いてハンドル n 個を付けたもの
> $(n = 0, 1, 2, \ldots)$
> - **向き付け不可能**
>   - 球面から円板を除いてメビウスの帯 n 個を付けたもの
> $(n = 1, 2, 3, \ldots)$

「射影平面から円板を除くと……メビウスの帯？」とテトラちゃんは頭を抱えた。

「円板が空いた穴に、メビウスの帯を貼り付ける？」と僕は言った。「そんなことができるの？」なかなか想像が追いつかないな。

「できる」とミルカさん。「円板の境界は一本の閉曲線。メビウスの帯も一本の閉曲線。それを貼り合わせることになる」

「下校時間です」

その声に僕たちはびっくりした。司書の瑞谷先生は、濃い色の眼鏡を掛け、タイトなスカートでさっそうと歩く。普段は司書室にいて、定時になると図書室の中央にやってきて下校時間を宣言する。もうそんな時間なのか。

気がつくと、周りには図が描かれた紙がたくさん散らばっている。僕たちはあわてて紙を片づけて下校した。

2.4 帰路にて

2.4.1 素数のように

　僕とミルカさん、それにテトラちゃんは、入り組んだ住宅地の路地を巡りながら駅へ向かう。僕はテトラちゃんのペースに合わせて歩き、ミルカさんは一人で前を歩く。

　「……」テトラちゃんはずっと黙っている。

　「どうしたの、テトラちゃん」

　「メビウスの帯は素数のようです」とテトラちゃんは話し出した。

　「素数とは？」ミルカさんが振り返り、怪訝そうに言う。

　「あ……えっと、すべての整数は素因数分解できますよね。そして、素数の掛け算で整数が作れます。閉曲面の分類のお話は、それと似ているかもと思ったんです。不適切かもしれませんけれど」

　テトラちゃんは、ゆっくりと言葉を探すようにして話を続ける。

　「あのですね。まだわからないことがたくさんありますけれど、すべての閉曲面が《円板を除いた球面》と《ハンドル》と《メビウスの帯》で作れるとしたら、メビウスの帯は大事な部品になります。組み合わせることで、すべてのものを作れるという部品です。ですから、まるで素数のようだと……」

　「ふむ」とミルカさんが頷いた。

　「円板を除いた一本の境界をメビウスの帯でふさぐのは、頭の体操だなあ」と僕は言う。「円板を切り取る連結和を展開図の上で作るのも、展開図を使ってクラインの壺を考えるのもパズルみたいだ。いくらでも伸びるゴムのような折り紙を使うのは、まさにトポロジーだね」

　「メビウスの帯、クラインの壺。とっても不思議です！」とテトラちゃんが言った。

……あり得るすべての 2 次元多様体を
列挙することはできるだろうか。
マゼランの艦隊が戻ってきてから人間が極地に足を踏み入れるまでの間、
あり得る世界の形を推測することはできたのだろうか。
その問いに対する解答と証明は、
十九世紀の最も優れた数学の業績のひとつである。
——ドナル・オシア [4]

第3章
テトラちゃんの近くで

でも実際には時間は直線じゃない。
どんなかっこうもしていない。
それはあらゆる意味においてかたちを持たないものだ。
でも僕らはかたちのないものを頭に思い浮かべられないから、
便宜的にそれを直線として認識する。
——村上春樹『1Q84』

3.1 家族の近くで

3.1.1 ユーリ

朝の登校前、駅へ向かうところで、僕はユーリとばったり会った。

「おっと! ユーリか!」

「おっと! お兄ちゃんか! いっしょに行こ!」

そういえば、家が近いわりには、登校のときにユーリと会うのはめずらしいな。僕の家に来るときはジーンズがほとんどだから、彼女の制服姿を見ることはめったにない。

「何じろじろ見てんの?」

「いやいや」

「そーだ、結局、入院になっちゃったの? おばさま」

「違う違う」と僕は答える。「入院は入院でも、検査入院。この機会にいろいろ調べるっていうこと。別に心配するような話じゃないよ、ユーリ」

「そーなんだ。よかった」

「だからお見舞いとか別にいらないからね。おばさんにも言っておいて」

「らじゃ……てゆーか、もう知ってるかも」

「だよね。情報早いから——ところで、今朝はなぜこんなにお早い登校なんだろうか」

「最近、早目に登校するよーにしてんの。ね、お兄ちゃん。今週末、遊び行ってもいーよね？」

ユーリは僕の顔を下から見上げるようにして言う。

「だめ……って言っても来るじゃないか」

「違うよー。ほら、おばさまがもし具合悪いなら、あまりお邪魔したら、ね。まずいじゃん？」

「大丈夫だよ。そのころには元気に退院していると思う」

「よかった。おばさまいないと、さびしいし」

ユーリも、ユーリなりに気を遣ってるんだなあ。

母が数日いないことで、我が家はいつもと違う緊張状態にある。たいてい深夜に帰ってくる父親も帰宅が早い。家事全般の分担も変化している。

そうなのだ。いつもと同じ毎日、いつもと同じ生活——だと思っていても、それは幻想なのかもしれない。毎日の生活は、微妙なバランスの上に成り立っている。

家族。いっしょに暮らしていると、互いにバランスを取り合って生きることになる。ユーリも家族のようなものだけど、毎日いっしょに同じ屋根の下で暮らしているわけじゃあない。

家族って、不思議な存在だ。気がつけば近くで……すぐそばでいっしょに暮らしている。家族の形——それはきっと、一つとして同じものはないんだろうな。いろんな形はあるけれど、そのすべてに家族という名前が付いている。家族って、いったい何だろう。

「お兄ちゃん！　なに考えてんの？」

「いやいや、考えていたのは、《家族の形》について」

「なにそれ、数学？」

3.2　0の近くで

3.2.1　問題演習

高校。

今日の自習時間は数学だ。問題集の巻末に付いている模擬試験形式の問題を解く練習をしよう。本番の試験さながらに大きな空白があるテスト用紙を使って、制限時間付きでそれを解くんだ。

テスト用紙には、ノートのような罫線はない。以前そのことに気づいてから、僕はずっと罫線のない白紙のノートを使うようにしている。

それでも、数学の問題をノートで解くのとテスト用紙で解くのはずいぶん違う。見やすい答案になるよう解答スペースを考え、字下げを配慮して書き進める必要がある。

腕時計を机上に置く。

模試形式の練習——開始。

問題 3-1

実数全体で定義されている関数 $f(x)$ で、極限値 $\lim_{x \to 0} f(x)$ が存在して、しかも、

$$\lim_{x \to 0} f(x) \neq f(0)$$

となる例を挙げよ。

なるほど。$\lim_{x \to 0} f(x) \neq f(0)$ ということは、

- $x \to 0$ での、$f(x)$ の極限値
- $x = 0$ での、$f(x)$ の値

この二つの値が異なるということだな。これは簡単だ。$x = 0$ でギャップのある関数を考えればいい。$y = f(x)$ のグラフを描くとしたら、たとえばこんな感じになるだろう。

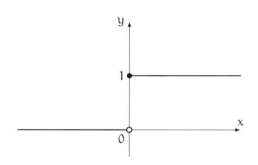

つまり、関数 $f(x)$ をこう定義すれば、求められている例になる。

$$f(x) = \begin{cases} 0 & x < 0 \text{ のとき} \\ 1 & x \geqq 0 \text{ のとき} \end{cases}$$

瞬殺とはこういうことだな。さて、次の問題は……
　……いや、何だか変だぞ。問題文をもう一度読もう。

問題 3-1（再掲）
実数全体で定義されている関数 $f(x)$ で、極限値 $\lim_{x \to 0} f(x)$ が存在して、しかも、

$$\lim_{x \to 0} f(x) \neq f(0)$$

となる例を挙げよ。

ここには、関数 $f(x)$ について、こんな条件が書いてある。

- 関数 f(x) は実数全体で定義されている。
- 極限値 $\lim_{x \to 0} f(x)$ が存在する。
- $\lim_{x \to 0} f(x) \neq f(0)$ である。

《条件をすべて使ったか》を考えよう。僕が考えた関数 f(x) は確かに実数全体で定義されている。しかし、極限値 $\lim_{x \to 0} f(x)$ が存在するとはいえない！極限値 $\lim_{x \to 0} f(x)$ が存在するというためには、どんなふうに x が 0 に近づこうとも、f(x) は一定値に近づかなければならないからだ。僕の考えた関数 f(x) では、x が正の方から 0 に近づいたときに f(x) の値は 1 に近づくが、負の方から 0 に近づいたときには 0 に近づいてしまう。

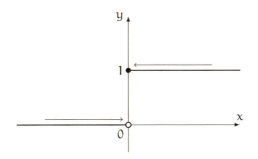

だから、僕がさっき考えた f(x) では問題 3-1 の答えにはならない。

x = 0 の一点だけ値が異なる関数なら大丈夫。グラフにすれば、こうだ。

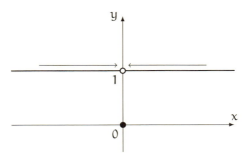

これなら、$x \to 0$ での $f(x)$ の極限値は 1 となり、$x = 0$ での $f(x)$ の値は 0 となる。$\lim_{x \to 0} f(x) \neq f(0)$ だ。

解答 3-1（例）

$$f(x) = \begin{cases} 0 & x = 0 \text{ のとき} \\ 1 & x \neq 0 \text{ のとき} \end{cases}$$

僕は、しょっぱなの問題で意外に時間を使ってしまったことに焦る。極限を理解していて、落ち着いて考えたなら決して難しい問題じゃない。しかし、試験には時間の制約があるから、ちょっとしたことで焦りが出てしまう。だから、試験は恐いのだ。

いやいや、そんなことを考えている場合じゃない。気持ちをさっと切り換えて、次の問題に進もう。これもまた、テスト形式で問題に取り組む練習の意味なのだから。

深呼吸。

真剣に取り組まなくては、練習の意味がない。

3.2.2 合同と相似

そして、放課後。

ここは高校の図書室。僕はテトラちゃんとおしゃべりをしている。

「トーラスやクラインの壺のこと、あれからずっと考えていたんです」とテトラちゃんが言った。「トポロジーという分野で、図形を柔らかく変形するのはちょっとわかった……と思います。でも、まだよく理解していません」

僕はテトラちゃんの話をじっと聞いていた。彼女は「先輩の時間を使ってもうしわけないです」と恐縮していたけれど、いったん話し始めると止まらない。彼女は、先日ミルカさんといっしょに議論していたトポロジーの話をしているのだ。

「気になっているのは、数式が出てこない点です。絵を描いて終わりにしていいのかな、なんて」

「数式が出てこないのが気になるなんて、まるで僕みたいだね」

「そ、そういうわけじゃないんです！ 数式が出てこないと、まちがったことをやっていないのかなと考えてしまうんです。伸ばしたらこうなりますね、貼り付けるとこうなりますね、数学なのに、それでいいんでしょうか。あたしは、まちがうのが恐いんです」

「そうそう。その言い方も、まるで僕みたいだよ」

「先輩——もう、からかわないでくださいっ！」テトラちゃんは僕をぶつまねをする。

「ミルカさんが教えてくれた展開図では、$11\bar{2}2$ のような番号で閉曲面を表現していたよね」と僕は真顔になって言う。「あれは数式の代わりになりそうだよ。網羅的に調べることや、《展開図の変形》を《番号の変形》で考えることもできそうだし。それは数式のように扱えるんじゃないかな」

「あたし、《同じ形》という言葉を軽く考えていました。でも、ぜんぜんわかっていませんでしたね」

僕はふと、テトラちゃんに出会ったときのことを思い出す。彼女は最初から自分の理解を気にしていた。僕たち二人のほかは誰もいない階段教室で、彼女と話し込んだ記憶がある。あれは何の話をしてたんだっけ……

「トポロジーで《同じ形》というとき、あたしたちがこれまで区別していた図形もひとまとめになるみたいです」と彼女は言った。「三角形も四角形も円も……ぜんぶ《同じ形》になってしまいますから。ひとまとめ、です」

「《同じ形》というと、合同と相似を思い出すよ」

「合同と……相似、ですか」

「うん。二つの図形が**合同**というときは、形と大きさの両方が同じでなければいけないよね。形が同じでも大きさが違うなら合同とはいえない」

合同
（形も大きさも同じ）

「それはそうですね」
「でも、二つの図形が**相似**というときは、大きさは違ってもいい。形さえ同じなら、大きさが違っても相似になる。学校で相似を習ったとき、僕は初めて《形》と《大きさ》を分けて考えることを知ったんだよ。それまでは『形は同じだけれど大きさが違う』なんて考えたこともなかった」

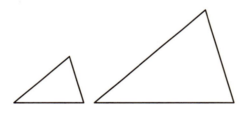

相似だが合同ではない
（形は同じだが大きさは違う）

「なるほどです……ちょっと待ってください。そのときにも、《形が同じ》という言葉の意味をはっきりさせないといけないですよね。でないと、《形が同じなら相似》の意味がぼんやりしてしまいます」とテトラちゃんは言った。
「そうか、その通りだね。三角形の場合なら、対応する三辺の長さがそれぞれ等しい三角形同士は合同になる。それから、対応する三辺の長さの比が等しい三角形同士は相似になる」
「むむむむ……」とテトラちゃんはうなった。「と、ということはですよ。合同は相似の特殊な場合といえますね。なぜかというと《対応する三辺の長さの比が等しい》のが相似ですが、それに加えて《その比が1 : 1である》のが合同ということですから！　……って、あたしは何を当たり前のことを言っ

てるんでしょう」

「いやいや、そうやって改めて確認するのは大事なことだと思うよ。合同は相似を特殊化した——比を 1：1 にした——と考えることができる。逆に、相似は合同を一般化したと考えることもできるね。合同は辺の比が 1：1 で、相似は辺の比が 1：r という具合に。これは《文字の導入による一般化》を使って合同を相似に一般化したともいえる」

合同は、辺の比が 1：1 の相似

「先輩！ あたし、思うんですが、三角形も、円も、トポロジーの世界では《同じ形》になるんですから、きっと《合同》や《相似》のような言葉、つまり《同じ》を表す言葉がトポロジーの世界にもあるんじゃないでしょうか！」

「！」

僕は驚いて、テトラちゃんの目を見る。確かにそうだ。僕はトポロジーの話を多くの数学読み物で読んだ。コーヒーカップとドーナツを同じ形と見なす話もたくさん読んだ。でも、いまのテトラちゃんのような流れで考えを進めたことはなかった。

テトラちゃんは、言葉が好きだ。英語も得意だし、使われている表現にいつも気を配る。言葉をじっくり吟味して、数学として正しい表現を心がけることで、自分にとって未知の概念さえも捕まえることができるのか。

「先輩？」

「テトラちゃんって、何者なんだろうね……」

「あたしは、テトラです」

彼女は、まっすぐに僕を見てそう言った。

「いつもと同じ、テトラです」

3.2.3　対応付け

夜。

僕の家。

母は病院にいる。父は病院で母に付き添っている。僕は誰もいないキッチンでコーヒーをいれる。いつもなら、ココアができたわよと母が言い、コーヒーがよかったのにと僕が言う——いつもなら。でも、今晩は違う。母は病院にいる。僕は家にいる。誰もいない家に、たった一人で。

一つの家族でも、時間が経てば次第に形を変えていく。変化していく。僕もいつか、この家を出て一人暮らしするのだろう。家族の形はやがて変わる。いつか変わる。どんなふうに変わるのか、はっきりとはわからないけれど、変わることだけはまちがいない。

僕は自室に入る。いくつか問題を解く。コーヒーを飲む。

数学者はコーヒーカップとドーナツを同一視する——これは、トポロジーで必ず出てくる話だ。コーヒーカップで指を入れる穴の部分が、ドーナツの穴に対応する。対応か……僕は、テトラちゃんとの会話を思い出す。

あのとき僕は「対応する三辺の長さがそれぞれ等しい三角形同士は合同になる」と言った。三角形の合同条件のひとつ、いわゆる三辺相等を念頭に置いていたからだ。でも考えてみると、対応する三辺って、いったい何だろう。合同な二つの三角形があるとき、僕は対応する三辺を考える。それは不思議なことではない。でも、人間が目で見て対応を考える……それで、いいんだろうか。

自分が何を考えているか、自分でもよくわからないな。対応付けというものを数学できちんと考えるにはどうすればいいのか、それが引っ掛かっているようだ。

順序立てて考えてみよう。

図形は点の集まりだ。だから、二つの図形の間の対応付けは、点同士の対応付けといえる。二つの図形があったとき、片方の図形の点を、他方の図形の点に対応付けする。うん、つまりは**写像**だ。図形と図形の対応付けを考えるというのは、片方の図形から他方の図形への写像を数学的に考えることじゃないだろうか——うん、そこまではわかる。

コーヒーカップとドーナツを同じと見なすためには、コーヒーカップ上の点と、ドーナツ上の点のうまい対応付けが必要——つまり、うまい写像が必要なのか。だとすると、トポロジーではそのうまい写像を定義しているはずだ。そしてその写像は、合同のための写像と、相似のための写像と似ているところがあるのではないか。

僕は、高校に入学してミルカさんと出会った。彼女と話すようになってから、ずいぶん数学の理解が深まった。たとえば、それは集合と写像の理解の点でも。本から得た知識はもちろん多い。でもミルカさんの《講義》を聞いて悟ったことも少なくない。

たまたま、高校という場所で出会った僕たち。でも、その高校時代ももう少しで終わる。そして、卒業した後は——

いや。卒業の前には大学入試がある。

いまは、まだ秋だ。秋には実力テスト。秋が過ぎたら冬が来る。冬のクリスマス直前には《合格判定模擬試験》がある。

入試は君たちの将来を決める大事なことだ……と学校は言う。そんなのは百も承知だ。わざわざ言われるといらいらする。大事なことだから、重く感じるのだ。入試が、自分のこれからの形を定めると思うと、どうしようもなく重い。

そんな、あてもないことを考えながら、僕一人の夜は更けていく。

3.3　実数 a の近くで

3.3.1　合同・相似・同相

次の日の放課後。僕が図書室に行くと、テトラちゃんとミルカさんが机をはさんで話をしていた。

テトラちゃんはジェスチャが大きいので、声が聞こえなくても何を話しているかだいたいわかる。一生懸命、両手を動かして——なるほど、二つの図形の合同の話をしているんだな。

「……ですから、《同じ》という言葉があると思ったんです」とテトラちゃんが言う。

「同相」とミルカさんは言った。「合同や相似に相当する概念についてテトラが求めている用語は《同相》だろう。二つの図形がトポロジカルに同じ形であることを表す用語のひとつになる」

「同相……英語では何でしょう」

「"homeomorphism"――形容詞形は "homeomorphic"」

「"homeomorphism"――なるほど」とテトラちゃんが英単語の語源探索モードになった。「"homeo-" は《同じ》を表す接頭辞ですね。そして "morph" は《形》のことでしょう、きっと。だって、毛虫が蝶に形を変えることを "metamorphose" といいますから。そして "-ism" は名詞を表す接尾辞。だから、"homeomorphism" は《同じ形》という意味になるのですね！」

「おそらくは」とミルカさんは言った。「そして、幾何学で合同や相似が基本的概念であるように、トポロジーでは同相が基本的概念になる」

「この図形とあの図形が同相である、と言ったりするんでしょうか」

「もちろん。コーヒーカップとドーナツは同相になる」

「確かに、コーヒーカップを粘土のように変形させてドーナツにすることはできます――頭の中で」とテトラちゃんは両手を振り回しながら言った。「でも、そのようなふにゃりとした変形を、数学で扱えるんでしょうか」

「きっと、写像が関係していると思うんだけど」僕はそう言って、テトラちゃんの隣に座る。「昨晩、そのことを少し考えていたんだ。合同や相似も写像で考えることができそうだって」

「たとえば、《二つの図形が合同である》は、《二点間の距離を変えない写像が存在する》といえる」とミルカさんがさらっと言った。「そして、《二つの図形が相似である》は、《二点間の距離の比を変えない写像が存在する》といえる」

「ということは《二つの図形が同相である》も、《何らかの写像が存在する》といえるんだね」と僕が言う。

「その通り。その写像を同相写像と呼ぶ。《二つの図形が同相である》というのは、《同相写像が存在する》といえる」

「ちょっとお待ちください、ミルカさん。でもそれって、名前だけです！」

と僕たちのやりとりを聞いていたテトラちゃんが声を上げる。「同相写像が存在すれば同相というのは、何の説明にもなっていないですよね。同相の話を、同相写像の話に先送りしただけですから」

「そう。つまり、同相写像の定義が問題になる」

「定義——ということは、同相写像を数学的に定義すれば、図形をふにゃりと曲げることの意味がわかる……？」

「そして、同相写像の定義に使う概念を私たちはすでに学んでいる」

「え！ ト、トポロジーなんて習ってません！」

「連続という概念のことだよ」とミルカさんはゆっくり言う。

「連続がトポロジーに出てくるの？」と僕は訊く。

「連続という概念は、トポロジー全体で使われる」

「……」

「同相写像を数学的に定義するためには、《連続》という概念を数学的に押さえておく必要がある。テトラは連続の定義を覚えているかな。関数 $f(x)$ が $x = a$ で連続であるとは何か」

「はい！ ……いいえ。ちょ、ちょっと待ってください。極限を使った式で書けるはずです。ぜったい思い出します」

3.3.2 連続関数

五分後。

「これでいいんですよね」とテトラちゃんが言った。「連続の定義です」

連続の定義（連続を lim で表現）

関数 $f(x)$ が次式を満たすとき、$f(x)$ は $x = a$ で連続であるという。

$$\lim_{x \to a} f(x) = f(a)$$

「それでいい」とミルカさんは言った。「極限値の存在は明確に述べた方が

いいけれど」

> **連続の定義（言い換え）**
> 関数 f(x) が次の二つを満たすとき、f(x) は x = a で連続であるという。
>
> - $x \to a$ のときに f(x) の極限値が存在する。
> - その極限値は f(a) に等しい。

　僕も、先日の問題演習を思い出しながら言う。「関数 f(x) が x = a で連続であることは、《x が a に限りなく近づくとき、f(x) が f(a) に限りなく近づく》と授業でいうよね。極限のことを《限りなく近づく》という言い方で表現して、極限を使って連続を定義」

「極限で連続を定義するのはいいのですが」とテトラちゃんが小声で言う。「実はあたし、$\lim_{x \to a} f(x) = f(a)$ という式じゃなくて、y = f(x) のグラフで連続のイメージを覚えました。関数 f(x) が x = a で連続のときと、不連続のときの違いです」

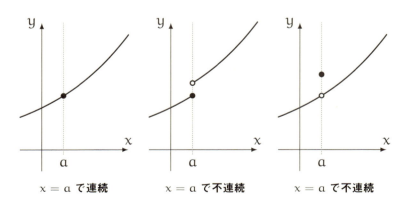

x = a で連続 ／ x = a で不連続 ／ x = a で不連続

「それはそれでいい」とミルカさんが言った。「では、私たちの目的のため

に連続という概念を掘り下げよう」

「あたしたちの目的、とは？」

「トポロジーで《同じ形》を表現するための《同相》を定義することだよ、テトラ。同相を定義するためには、同相写像を定義する必要がある。そして、同相写像を定義するためには、連続写像を定義する必要がある。私たちは実数上の連続関数に親しんでいるから、そこをスタート地点として、連続という概念を掘り下げていこう。それはとりもなおさず、極限という概念を掘り下げていくことになる」

「そうか、$\varepsilon\text{-}\delta$ 論法を使うんだね！」と僕は言った。

「当然、そうなる」とミルカさんは頷いた。「連続関数を定義するためには、極限が要る。しかし《限りなく近づく》という言葉だけでは心許ない。論理式を使おう。連続を論理式で表現し、連続という概念の本質的な部分をとらえよう。関数 $f(x)$ が $x = a$ で連続であることを $\varepsilon\text{-}\delta$ 論法を使って表現するとこうなる」

連続の定義（連続を論理式で表現）

関数 $f(x)$ が次式を満たすとき、$f(x)$ は $x = a$ で連続であるという。

$$\forall \varepsilon > 0 \; \exists \delta > 0 \; \forall x \; \left[\left| x - a \right| < \delta \Rightarrow \left| f(x) - f(a) \right| < \varepsilon \right]$$

「うん、これはテトラちゃんといっしょにやったよね」と僕は言った[1]。「論理式の読み方の練習と合わせて」

「はい」とテトラちゃんが言った。「あたし、これ、読めます！」

---
[1] 『数学ガール／ゲーデルの不完全性定理』

$\forall \varepsilon > 0$ 　　　　　　　どんな正の数 ε に対しても、

　$\exists \delta > 0$ 　　　　　　ε ごとに、ある正の数 δ を適切に選べば、

　　$\forall x \Big[$ 　　　　　　　どんな x に対しても、——

　　　　$|x - a| < \delta$ 　　　　　x と a の距離が δ よりも小さい

　　　　　$\Rightarrow$ 　　　　　　　　ならば、

　　　　$\big|f(x) - f(a)\big| < \varepsilon$ 　　　$f(x)$ と $f(a)$ の距離は ε よりも小さい

　　　$\Big]$ 　　　　　　　——という条件を成り立たせることができる。

どんな正の数 ε に対しても、
ε ごとに、ある正の数 δ を適切に選べば、
どんな x に対しても、
$|x - a| < \delta \Rightarrow \big|f(x) - f(a)\big| < \varepsilon$
という条件を成り立たせることができる。

　「この式を覚えるのは、大変でした。どっちが ε でどっちが δ かごちゃごちゃしちゃうんです。ですから結局、グラフでつながっているかどうかを連続だと思ってしまいます」

　「グラフにそのまま ε と δ を書いちゃえばいいんだよ」と僕は言った。「どんな ε に対しても、$\big|f(x) - f(a)\big| < \varepsilon$ が成り立つように δ を選べる——ということは、言い換えると『x が a の δ 近傍に入ってさえいれば、$f(x)$ が $f(a)$ の ε 近傍に必ず入る』ように δ を選べるということだからね。グラフで見ればわかりやすいよ」

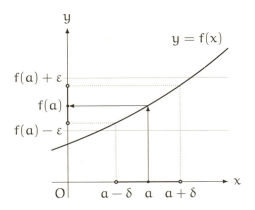

連続関数 f が、a の δ 近傍の点すべてを、
f(a) の ε 近傍に写す様子

「そうなんですけど、縦の動きと横の動きが難しくて、考えるときに目がちらちらしちゃいます」

「それなら、両方を縦に描けばいい」とミルカさんが言った。「そうすれば、a の δ 近傍の点がすべて、f(a) の ε 近傍に写されることがわかりやすい」

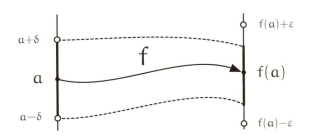

連続関数 f が、a の δ 近傍の点すべてを、
f(a) の ε 近傍に写す様子

「$a-\delta$ から $a+\delta$ までの範囲が《a の δ 近傍》ですね？」とテトラちゃんが言った。「a のご近所さん」

「境界は含まないことに注意すれば、そうだね」と僕は答える。「そして、

f(a) − ε から f(a) ＋ ε が《f(a) の ε 近傍》だよ。そうか……こんなふうに描くと、確かに関数 f が写像だっていうことがわかりやすいな。関数 f は、点 a を点 f(a) に写しているんだ」

「すみません。《写像》は《関数》と同じなんですか」

「同じと思っていい」とミルカさん。「ただし、関数という用語を数の集合への写像に限る場合もある」

「この図を見ながら考えると、直観的な連続の感じ——つまり、つながっている感じも確かによくわかるなあ」と僕が言った。

「え……先輩、どういうふうにわかるんでしょう」

「だって、どんな ε を選んでも、つまり《f(a) の ε 近傍》をどんなふうに選んでも、うまいこと δ を選ぶなら、《a の δ 近傍》を f で写した先が、《f(a) の ε 近傍》にすっぽり入ってしまうようにできるわけだからね」

「……」

僕はテトラちゃんに言う。

「ε をすごく小さくしても、必ずうまいこと δ が選べるなんて、そんなこと、関数 f が a で不連続だったらできないよね。関数 f が連続であるというのは、ε を小さくしても δ を小さくすればちゃんと写せることの保証なんだ」

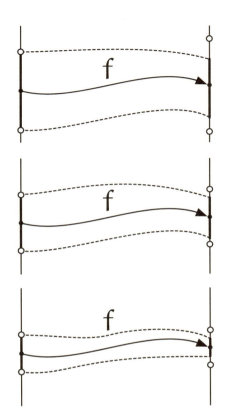

「なるほど……」とテトラちゃんは考えながら言った。「つまり、

　　$f(a)$ さんの近くまで来ることは、できますか？

と尋ねたとき、a さんの近くにいる人たちは、全員 $f(a)$ さんの近くまで来ることができるんですね。さらに、

　　$f(a)$ さんのすごく近くまで来ることは、できますか？

と尋ねても、a さんのすごく近くにいる人たちは、全員 $f(a)$ さんのすごく近くまで来ることができる……と？」

「大ざっぱに言えばそうだね」と僕は言った。「その《近く》を ε と δ で明

確にするのが大事なんだと思うよ。連続の本質に迫るには、距離を明確に使う必要がある。ε-δ 論法が役立つところだから」

「そうですね……距離がないと数式で書けません」とテトラちゃんが頷く。

「ところが、違うのだ」とミルカさんがゆっくりと首を振りながら言った。「ε-δ 論法では ε と δ という距離で近傍を定め、連続を定義した。これから私たちは大きな抽象化を行う。抽象は捨象。**距離を捨てよう**。距離を捨てた世界で連続の定義を試みる」

「距離を……捨てる……」

「さっきテトラは《近く》という言葉で連続を説明しようとした。それを定式化する。テトラのいう《ご近所さん》を定義するのだ。別世界へ行こう」

「別世界——って、どういうこと？」

「《距離の世界》から《位相の世界》へ」とミルカさんは言った。

僕も、テトラちゃんも、ミルカさんの《講義》に耳を傾ける。いったい、僕たちはこれからどんな旅をするのだろう。

3.4　点 a の近くで

3.4.1　別世界へ行く準備

《距離の世界》から《位相の世界》へ。

別世界に行くために用語の対応を見ておこう。便宜上、関数と写像を分けて使っている。

用語の対応

私たちは ε-δ 論法 で連続関数を定義した。それと同じように連続写像を定義したい。《距離の世界》では、f(a) が属する ε 近傍と、a が属する δ 近傍を使って ε-δ 論法 を組み立てた。それにならうのだ。

3.4.2 《距離の世界》実数 a の δ 近傍

実数 a の δ 近傍をよく調べよう。

私たちは実数で《実数 a の δ 近傍》を考える。

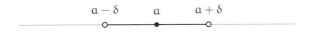

実数 a の δ 近傍

これは、実数の集合、

$$\{x \in \mathbb{R} \mid a - \delta < x < a + \delta\}$$

といえる。

境界つまり両端を含まないこのような区間を**開区間**という。この開区間を $(a - \delta, a + \delta)$ と書くこともある。

$$(a - \delta, a + \delta) = \{x \in \mathbb{R} \mid a - \delta < x < a + \delta\}$$

実数 a の δ 近傍を $(a - \delta, a + \delta)$ と書くと長くなるので、$B_\delta(a)$ と書くことにしよう。

$$B_\delta(a) = \big\{x \in \mathbb{R} \mid a - \delta < x < a + \delta\big\}$$

同じように、$f(a)$ の ε 近傍は $B_\varepsilon(f(a))$ と書ける。

$$B_\varepsilon(f(a)) = \big\{x \in \mathbb{R} \mid f(a) - \varepsilon < x < f(a) + \varepsilon\big\}$$

点 a の δ 近傍の定義《距離の世界》

$$B_\delta(a) = \big\{x \in \mathbb{R} \mid a - \delta < x < a + \delta\big\}$$

$$a - \delta \qquad a \qquad a + \delta$$

$$B_\delta(a)$$

◎   ◎   ◎

「これは δ 近傍や ε 近傍の書き方を決めただけですね？」とテトラちゃん。

「そうだ。まだ何も新しい話はしていない」とミルカさんは言った。「私たちはまだ《距離の世界》にいる。次に私たちが定義するのは開集合という概念だ。《距離の世界》における開集合を定義しよう」

3.4.3 《距離の世界》開集合

《距離の世界》における開集合を定義しよう。

> **開集合の定義《距離の世界》**
> 実数全体の集合 $\mathbb{R}$ の部分集合 O を考える。O に属する任意の実数 a に対して、O に含まれる a の ε 近傍が存在するとき、O を **開集合** と呼ぶ。
> $$\langle\!\langle O\ \text{は開集合}\rangle\!\rangle \iff \forall a \in O\ \exists \varepsilon > 0\ \left[B_\varepsilon(a) \subset O \right]$$

これが《距離の世界》における開集合の定義。定義は明確だが、理解も明確にするため **クイズ** を出そう。

二つの実数 u, v があって $u < v$ とする。このとき、開区間 $(u, v) = \{x \in \mathbb{R} \mid u < x < v\}$ は開集合であるといえるか。テトラはどう答える?

◎   ◎   ◎

「テトラはどう答える?」
「開区間 (u, v) は開集合といえるか……わかりません」
「君は?」とミルカさんは僕を見る。
「いえると思う。$u < a < v$ のどんな実数 a に対しても、開区間 (u, v) から飛び出さないように小さく $\varepsilon > 0$ を取れば、a の ε 近傍 $B_\varepsilon(a)$ がすっぽり (u, v) に入るようにできる。だから、開集合の定義に合っていることになる——図で考えると、こういうことだよね」

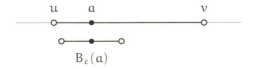

開区間 (u, v) と、a の ε 近傍 $B_\varepsilon(a)$

「それでいい」とミルカさんは頷く。「$B_\varepsilon(a) \subset (u, v)$ となる ε が存在するから、開区間 (u, v) は開集合であるといえる」
「ははあ……そういう定義なのですね」とテトラちゃん。「ということは、

具体的には $a-u$ と $v-a$ のどちらよりも小さな ε にすればいいということになりますか」

「そうだね」と僕。

「なるほど……開集合の定義はわかったように思います。でも、何をいいたいのかがわかりません。どんな集合でも十分 ε を小さくすればすっぽり中に入りますから、どんなものでも開集合になってしまいませんか？」

「そんなことはない」とミルカさんが即答する。「テトラの心の中には開区間しかないようだが、閉区間 $[u,v]$ つまり $u \leqq x \leqq v$ である実数 x 全体の集合は開集合ではない。

$$[u,v] = \{x \in \mathbb{R} \mid u \leqq x \leqq v\}$$

それはなぜか、テトラが答える」

「ええと……もしかして、u と v が例外でしょうか」

「そうだ。$\varepsilon > 0$ をいくら小さくしても、点 u の ε 近傍は閉区間 $[u,v]$ からはみ出してしまう。だから閉区間 $[u,v]$ は開集合ではない」

閉区間 $[u,v]$ と、u の ε 近傍 $B_\varepsilon(u)$

「お待ちください。閉区間が開集合でないというのはわかりました。でも、だったら、開集合は開区間と同じじゃありませんか。開集合を定義する理由がわかりません」とテトラちゃんがなおも質問を続ける。

「開集合は開区間とは違う」とミルカさん。「複数の開区間の和集合も開集合になる。たとえば、こんな二つの開区間 (u,v) と (s,t) の和集合も開集合になる」

二つの開区間の和集合

「なるほどです……」とテトラちゃんが頷いた。

3.4.4 《距離の世界》開集合の性質

「ε 近傍を使って開集合というものを定義した。私たちはまだ《距離の世界》にいる」とミルカさんは言う。「私たちは、距離を捨てる準備をしたい。そのために、いま定義した開集合の性質を調べておこう。特に集合としての性質に注目する。開集合の性質は、こんなふうに四つにまとめられる」

開集合の性質《距離の世界》

性質 1 実数全体の集合 $\mathbb{R}$ は、開集合である。
性質 2 空集合は、開集合である。
性質 3 二つの開集合の共通部分は、開集合である。
性質 4 任意個の開集合の和集合は、開集合である。

「なるほど、集合としての性質か……」と僕は言った。

「**性質 1** は、実数全体の集合 $\mathbb{R}$ は開集合であるということ」とミルカさん。「これは当たり前だ。任意の実数 a に対して $B_\varepsilon(a) \subset \mathbb{R}$ がいえる。ε はどんな正の実数でもいい」

「**性質 2** は、成り立つんですか?」とテトラちゃんが言った。「空集合 $\{\}$ には要素がありません。点 a の ε 近傍を取ろうと思ってもそもそも点 a がありません!」

「性質 2 は成り立つ」とミルカさん。「$O = \{\}$ に対して、

$$\forall a \in O \ \exists \varepsilon > 0 \ \bigl[B_\varepsilon(a) \subset O \bigr]$$

が成り立つかどうかを調べるわけだが、これは常に成り立つ。わかりにくかったら、上と同値の式、

$$\neg \Bigl[\exists a \in O \ \forall \varepsilon > 0 \ \bigl[B_\varepsilon(a) \not\subset O \bigr] \Bigr]$$

で考えればいい。O が空集合だから、波線部分を成り立たせるような a は存在しない。波線部分が a に関するどんな条件であったとしても、だ。O が空集合だから、反例が作れないというわけだ」

「なるほど……」

「**性質 3** は、二つの開集合の共通部分は開集合になるということ。これは簡単にわかる」とミルカさんは続ける。「これは二つに限った話ではなく、有限個ならばいくつでもいい。しかし、無数の開集合に対して共通部分を取ったものは開集合になるとは限らない。たとえば $B_{\frac{1}{n}}(0)$ という開集合列を考えると、そのすべての共通部分は、

$$\bigcap_{n=1}^{\infty} B_{\frac{1}{n}}(0) = \{0\}$$

となってしまうが、実数 0 だけを要素に持つ集合 $\{0\}$ は開集合ではない」

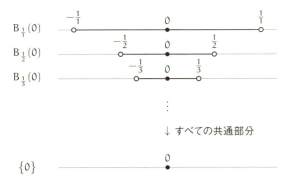

「なるほどね。有限個に限るわけか」と僕は言う。

「**性質 4** は、開集合同士の和集合は開集合になるということ」とミルカさんは続けた。「こちらは無数の開集合に対して和集合を取ってもかまわない。和集合に属するどんな点 a を考えても、和集合を取る前の開集合のどれかには点 a が属しているわけだから、点 a の ε 近傍は必ず存在することになる。ということで《距離の世界》での開集合の性質として、この四つが成り立つことがわかる」

「すみません、ミルカさん」とテトラちゃんが言った。「一つ一つの性質はわかりましたが……テトラは道に迷っています。いまは、何をしているのでしょうか」

「うん、僕も道に迷っているなあ。最後は《距離の世界》から《位相の世界》へ行くんだよね？」

「ふむ。では、旅の道を確認しておこう」とミルカさんは言った。

3.4.5 《距離の世界》から《位相の世界》へ向かう旅の道

旅の道を確認しておこう。

同相写像を定義したい。そのためには連続写像が必要だ。《距離の世界》での連続関数はわかっているから、それと似たものとして《位相の世界》で連続写像を定義したい。

しかし、その世界間の移動で私たちは距離を捨てなければならない。距離がなければ δ 近傍も ε 近傍も作れない。ということは ε-δ 論法 が使えないことになる。それは困る。

だから私たちは、いったん《距離の世界》で開集合という概念を作る。開集合から開近傍という概念を作ることができ、その開近傍を δ 近傍や ε 近傍の代わりに使うことができるからだ。私たちがここまで《距離の世界》でやってきたことはこうだ。

《距離の世界》：実数全体の集合 $\mathbb{R}$ に対して——

- ε 近傍を使って開集合を定義する。
- 開集合が持つ性質を確認する。

私たちはもうすぐ《距離の世界》から《位相の世界》へ移る。距離を捨て

るから、《位相の世界》でε近傍は使えない。《位相の世界》ではε近傍による開集合の定義は使えない。

ではどうするか。

《距離の世界》で確認した《開集合の性質》を《開集合の公理》に読み替えるのだ。《位相の世界》では、開集合の公理が天から降ってきたものとして開集合を定義する。つまり、こうなる。

《位相の世界》：好きな集合 S に対して──

- 開集合の公理を使って開集合を定義する。
- 開集合を使って開近傍というものを定義する。

《位相の世界》で開近傍を手に入れたら、連続写像の定義まですぐだ。

さあ、旅の道は見えてきたかな。

◎   ◎   ◎

「さあ、旅の道は見えてきたかな」とミルカさんは言った。

「はい！」とテトラちゃんが手を挙げる。「先ほどミルカさんが書いてくださった用語の対応に書き加えてもいいでしょうか。あたしたちの《旅の地図》はこうですね？」

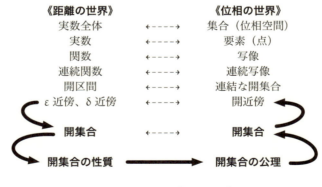

あたしたちの《旅の地図》

「それでいい」とミルカさんは言った。

僕は驚いた。いまのミルカさんの説明で、この《旅の地図》をテトラちゃんはすぐに思い描けるのか。この力はなんと表現すればいいんだろう。話の整合性を求める力だろうか。それとも全体像を描く力だろうか。

「ということは、あたしたちは次に開集合の公理を見るんですね」

「そうだ。ここからは《位相の世界》だ」とミルカさんは言った。

3.4.6 《位相の世界》開集合の公理

ここからは《位相の世界》だ。

ある集合 S を考える。

集合 S に対して、**開集合**を定義する。どう定義するか。集合 S の部分集合を集めて、S の部分集合の集合 $\mathbb{O}$ を決めればいい。

$\mathbb{O}$ は S の部分集合の集合だから、$\mathbb{O}$ の任意の要素 $O \in \mathbb{O}$ は、S の部分集合になる。$O \subset S$ ということだ。$\mathbb{O}$ を決めるというのは、「何が開集合であり、何が開集合でないかを決めること」といえる。$A \in \mathbb{O}$ が成り立つなら A は開集合であり、$A \in \mathbb{O}$ が成り立たないなら A は開集合ではない。

$\mathbb{O}$ は S の部分集合の集合だが、S の部分集合を勝手に集めたものではない。$\mathbb{O}$ を定めるにあたっては、これから述べる《開集合の公理》を満たさなくてはならない。

そして $\mathbb{O}$ が《開集合の公理》を満たすとき「$\mathbb{O}$ は集合 S に一つの**位相構造を入れる**」という。また「$\mathbb{O}$ は集合 S に一つの**位相を定める**」ともいう。

S と $\mathbb{O}$ を組にした $(S, \mathbb{O})$ を**位相空間**という。位相構造に限らないが、構造を入れるもとになった集合 S を**台集合**という。一つの台集合 S に対して、開集合の集合 $\mathbb{O}$ の定め方は一通りとは限らない。$\mathbb{O}$ の定め方が変われば、位相空間としても異なるものとなる。だから $(S, \mathbb{O})$ のように S と $\mathbb{O}$ を組にして考えるわけだ。話の流れで $\mathbb{O}$ がわかっているときには S を位相空間ということもある。

さあ、これが開集合の公理だ。

106　第3章　テトラちゃんの近くで

開集合の公理《位相の世界》

公理 1　集合 S は、開集合である。
　　すなわち、$S \in \mathbb{O}$ である。

公理 2　空集合は、開集合である。
　　すなわち、$\{\} \in \mathbb{O}$ である。

公理 3　二つの開集合の共通部分は、開集合である。
　　すなわち、$O_1 \in \mathbb{O}$，$O_2 \in \mathbb{O}$ ならば、$O_1 \cap O_2 \in \mathbb{O}$ である。

公理 4　任意個の開集合の和集合は、開集合である。
　　すなわち、任意の添字集合を $\overset{\text{ラムダ}}{\Lambda}$ とし、$\{O_\lambda \in \mathbb{O} \mid \lambda \in \Lambda\}$ に対して $\bigcup_{\lambda \in \Lambda} O_\lambda \in \mathbb{O}$ である。

　開集合の公理 1 から公理 4 は、さきほど《距離の世界》で確かめた開集合の性質 1 から性質 4 に対応していることがわかるだろう。ただし、私たちはすでに距離を捨てているのだから、《距離の世界》で調べた開集合の性質などは知らないふりをしなければいけない。そして、天から降ってきた開集合の公理を使って議論を進める。開集合の公理は、公理なのだから成り立つことを証明する必要はない。これは約束として与えられたもの。私たちが議論を進める際に要請されることだ。私たちは、開集合の公理から何がいえるかを考える。しかし、まずは開集合の公理が何を要請しているかを確かめておこう。

◎　　◎　　◎

　「開集合の公理が何を要請しているかを確かめておこう」とミルカさんは言う。「**公理 1** は、集合 S が開集合であることを要請している。つまり、$\mathbb{O}$ を決めるときには、必ず S を $\mathbb{O}$ の要素にしなければならないということ。さ

もなければ、$(S, \mathbb{O})$ は位相空間と呼んではならない——と天から降ってきた開集合の公理は要請する」

ミルカさんは早口になり、楽しそうに話を続ける。

「他の公理も同様だ。**公理 2** は、空集合が開集合であることを要請する。**公理 3** は、二つの開集合の共通部分が開集合であることを要請する。これを繰り返せば、有限個の開集合の共通部分は開集合になることが導ける。そして**公理 4** は、任意個の開集合の和集合が開集合であることを要請する。有限個に限らない」

「公理 4 の添字集合というのは何でしょうか」とテトラちゃんが訊く。

「添字集合は、O_λ の添字 λ を集めた集合という意味だが、それだけでは説明不足だな」とミルカさん。「公理 4 は表現がややこしく見える。これは、無限の扱いをちゃんとしようとしているからだ。順番に言おう。まず、有限個の開集合 $O_1, O_2, \ldots, O_n$ があったとして、その和集合は開集合になる——と開集合の公理は要請する。この場合の添字集合は $\Lambda = \{1, 2, \ldots, n\}$ だ。

$$\bigcup_{\lambda \in \Lambda} O_\lambda = O_1 \cup O_2 \cup \cdots \cup O_n \in \mathbb{O}$$

でも、公理 4 は無数の開集合の和集合も考えることになる。無数の開集合 $O_1, O_2, \ldots$ があったとして、そのすべての和集合も開集合になる——と要請する。この場合の添字集合は $\Lambda = \{1, 2, \ldots\}$ だ。

$$\bigcup_{\lambda \in \Lambda} O_\lambda = O_1 \cup O_2 \cup \cdots \cup O_n \cup \cdots \in \mathbb{O}$$

問題はここからだ。添字というと $1, 2, \ldots$ で十分なように感じるが、これだと正の整数全体の集合という可算集合に限った話になってしまう。カントールの対角線論法[2]で私たちが学んだように、無限集合といっても種類がある。たとえば実数全体の集合という非可算集合の要素を使って添字にしてもいい。だから、公理 4 ではわざわざ添字集合 Λ というものを用意し、その要素を使った和集合の書き方をしているのだ。公理 4 は添字集合を使わず、こうも書ける」

---

[2] 『数学ガール／ゲーデルの不完全性定理』

$$\mathbb{O}' \subset \mathbb{O} \Rightarrow \bigcup_{O \in \mathbb{O}'} O \in \mathbb{O}$$

「なるほど……」と僕は言った。

「さあ、次はどこへ進む?」とミルカさんが言う。

「開近傍の定義です!」とテトラちゃんが《旅の地図》を見ながら言う。

「それは簡単だ」とミルカさんが頷く。

3.4.7 《位相の世界》開近傍

「私たちは《位相の世界》にいる。開集合はすでに定義した。S に属する点 a があったとして、その点 a を要素に持つ開集合を点 a の開近傍という。これが《点 a の近く》だ」

点 a の開近傍の定義《位相の世界》
点 a を要素に持つ開集合を、点 a の開近傍という。

「すみません」とテトラちゃんが手を挙げる。「開近傍を思い描く、というのはできるものでしょうか?」

「点 a の開近傍はこんなイメージ図で描かれることがよくある」とミルカさんが答える。

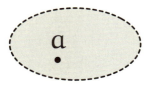

点 a の開近傍

「なるほどです」

「ただし、注意がいる。これは二次元の図形のように見えるが、そうではない。これは、あくまでイメージ図。点 a の開近傍は、点 a を点線で囲った図で表現することが多い。これは懐かしの《距離の世界》で、開集合が境界を含んでいなかったことを思い起こさせてくれる」

「《距離の世界》では実数 a の δ 近傍を $B_\delta(a)$ と書きましたが」とテトラちゃんがノートを見ながら言う。「《位相の世界》では点 a の開近傍を……たとえば、$B(a)$ のように書くんでしょうか」

「そうはいかない。なぜなら点 a の開近傍は一つとは限らないから。といっても式で扱えないと不便だから、a の開近傍全体の集合を $\mathbb{B}(a)$ と書くことにしよう。言い換えるなら、a を要素に持つ開集合をすべて集めた集合を $\mathbb{B}(a)$ と書く」

---

a の開近傍全体の集合《位相の世界》

a の開近傍全体の集合を $\mathbb{B}(a)$ と書く。

$$\mathbb{B}(a) = \{ O \in \mathbb{O} \mid a \in O \}$$

「$\mathbb{B}(a)$ が《a の近く》を表すんですね」とテトラちゃんが尋ねる。

「違う。$\mathbb{B}(a)$ は《a の近く》のすべてを集めたもの。《a の近く》は $\mathbb{B}(a)$ の要素だ。イメージ図はこうだ」

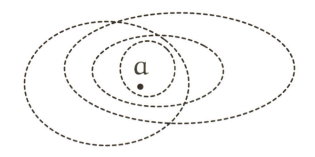

点 a の開近傍全体の集合 $\mathbb{B}(a)$

「ああ……なるほどです」とテトラちゃん。

「これで、連続写像が定義できるね」と僕が言った。

「できる」とミルカさんが答える。「《位相の世界》で開近傍が定義できた。これで、連続写像を定義できる」

3.4.8 《位相の世界》連続写像

これで、連続写像を定義できる。

まず、《距離の世界》での連続関数の定義を復習しよう。

連続の定義《距離の世界》

関数 $f(x)$ が次式を満たすとき、$f(x)$ は $x = a$ で連続であるという。

$$\forall \varepsilon > 0 \; \exists \delta > 0 \; \forall x \; \Big[\, |x - a| < \delta \Rightarrow |f(x) - f(a)| < \varepsilon \, \Big]$$

距離を使って書いたこの定義を、《距離の世界》の δ 近傍と ε 近傍を使って書き換える。

たとえば、こんな式がある。

$$|x - a| < \delta$$

これは x と a の距離が δ 未満ということだから、言い換えると、x が a の δ 近傍に属していることと同値だ。

$$|x - a| < \delta \iff x \in B_\delta(a)$$

同じように、

$$\left| f(x) - f(a) \right| < \varepsilon \iff f(x) \in B_\varepsilon(f(a))$$

もいえる。

連続の定義（書き換え）《距離の世界》
関数 f(x) が次式を満たすとき、f(x) は x = a で連続であるという。

$$\forall \varepsilon > 0 \ \exists \delta > 0 \ \forall x \ \Big[x \in B_\delta(a) \Rightarrow f(x) \in B_\varepsilon(f(a)) \Big]$$

《距離の世界》における連続の定義を見てきた。
《位相の世界》における連続の定義を見よう。

連続の定義《位相の世界》
写像 f(x) が次式を満たすとき、f(x) は x = a で連続であるという。

$$\forall E \in \mathbb{B}(f(a)) \ \exists D \in \mathbb{B}(a) \ \forall x \ \Big[x \in D \Rightarrow f(x) \in E \Big]$$

これで翻訳が完成だ。

◎　　◎　　◎

「これで翻訳が完成だ」とミルカさんが言う。

「おもしろい！」と僕は言った。

「ちょっとお待ちください。式をちゃんと読みます」

$\forall E \in \mathbb{B}(f(a))$　　$f(a)$ のどんな開近傍 E に対しても、

　　$\exists D \in \mathbb{B}(a)$　　　E ごとに、a のある開近傍 D を適切に選べば、

　　　$\forall x \Big[$　　　　　　どんな x に対しても、——

　　　　$x \in D$　　　　　x が D に属している

　　　　　$\Rightarrow$　　　　　　　ならば、

　　　　$f(x) \in E$　　　　$f(x)$ は E に属している

　　　　$\Big]$　　　　　　　　——という条件を成り立たせることができる。

「どんな E を選んだとしても、適切な D を選ぶことができるということなんだね」と僕。「適切な D とは何かというと、x が D に属しさえすれば、$f(x)$ が E に属する点になる……そのような D を選ぶことができる。《距離の世界》での《$x \in B_\delta(a)$ を満たす δ が存在する》が、《位相の世界》では《$x \in D$ を満たす a の開近傍 D が存在する》になるんだね。確かに距離が消えて……うん、$\varepsilon\text{-}\delta$ 論法 を置き換えたんだ！」

「《位相の世界》では、距離はすべて消えた」とミルカさん。「集合の言葉である $\in$ と、位相の言葉である $\mathbb{B}(a), \mathbb{B}(f(a))$ と、論理の言葉である $\forall, \exists, \Rightarrow$ を使って連続が定義されている」

「ちょ、ちょっと並べて書いてもいいでしょうか」

連続の定義《距離の世界》と《位相の世界》

$$\forall \varepsilon > 0 \qquad \exists \delta > 0 \qquad \forall x \Big[x \in B_\delta(a) \Rightarrow f(x) \in B_\varepsilon(f(a)) \Big]$$

$$\forall E \in \mathbb{B}(f(a)) \ \exists D \in \mathbb{B}(a) \ \forall x \Big[\quad x \in D \Rightarrow f(x) \in E \qquad \Big]$$

「確かに似ていますね……ただ、どうしてもイメージがわきにくいです」

その要求に応えるように、ミルカさんはこんな図を描いた。

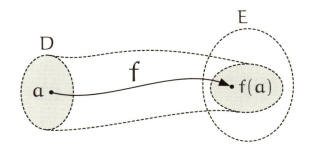

写像 f が、a の開近傍 D の点すべてを、
f(a) の開近傍 E に写す様子

「なるほど……確かに先ほどの図（p. 93）と似ていますね」とテトラちゃんが言う。

僕も頷く。「f(a) の開近傍 E を小さくしても、a の開近傍 D を小さく選べばいいんだね。ちょうど ε を小さくしても、δ を小さく選べばいいように」

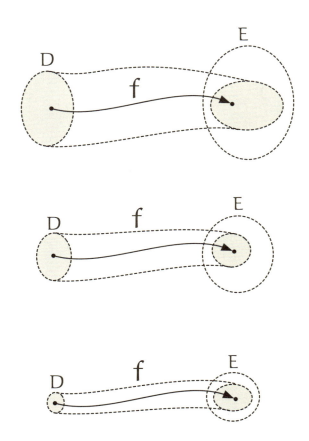

「Eは好きに定められる」とミルカさんは言った。「どんなに f(a) に迫る小さな開近傍 E であってもかまわない。その E に対して、a の開近傍 D をうまく定めることができる。写像 f は、D に属する点すべてを、E の中に移すことができる。そんな写像 f を点 x = a で連続であると呼ぼう——ということ。そして、任意の点で連続な写像を連続写像という」

「それが抽象化された連続の定義なんだね」と僕が言った。

「なるほどです……」テトラちゃんがしみじみと言った。が、その直後に眉根を寄せる。「でも、ミルカさん。《距離を捨てる》ことはできましたし、ε-δ 論法 とそっくりの形で《位相の世界》で連続写像を定義できることもわ

かりました。わかりましたが——だから、何なのでしょうか。かえって、連続写像がわかりにくくなっているような気がするのですが。たとえば、グラフがつながっているから連続、とぎれているから不連続の方がずっとわかりやすくありませんか」

「テトラの心の中には数直線しかないように見える。いまここで行ってきたのは概念の拡張なのだ。連続写像というものは、実数固有の概念ではない。確かに、私たちは実数関数を使って連続関数のイメージを手に入れた。テトラがグラフで連続関数を理解したように」

「……」僕たちは二人とも黙っている。

「しかし、実数から離れても、距離を離れても、連続写像は定義できる」

「そこが難しくて……実数以外の具体例がほしいのですが」

「たとえばそうだな。トランプの絵札にジャック（J）、クイーン（Q）、キング（K）があるだろう。この三つの要素からなる集合 $S = \{J, Q, K\}$ を考える。この S を台集合として ⑩ を定めて位相空間を定義し、連続写像を定義することもできる」

「は？」とテトラちゃんが不思議な声を出す。「意味がわかりません！」

「それは後で話そう。それよりも、同相写像の話へ進みたい」

「すみません。その前に、もう少しだけ質問があります」とテトラちゃんが手を挙げる。「気になっていたんですが、開近傍というのは距離が $\mathbb{B}(a)$ に隠されてしまっただけのように見えます。距離を使わずに《ご近所さん》を定義する——それは、点 a の近くにある点の集合を《a の開近傍》として定めればいい。で、でも、勝手に定義したら何でもありになりませんか。それで数学になるのでしょうか」

「テトラはまるで、私のようなセリフを言う」とミルカさんは微笑んだ。

僕とテトラちゃんは、思わず顔を見合わせる。

「開集合の公理がある」とミルカさんは言った。「開集合は、開集合の公理で制約を受けている。だから、開近傍を勝手に決めるわけにはいかない」

「そうでした。開集合の公理がありました」とテトラちゃん。

ミルカさんは、右手で自分の左腕を撫でながら話を続ける。

「位相空間は台集合 S に位相という構造を入れたもの。それは群という構造を入れたときと同じだ。群の公理で群を定めたように、開集合の公理を使っ

て位相空間を定めている。位相空間上の連続写像の定義は、私たちが知っているε-δ論法による連続関数の定義とそっくりだ。しかし、位相空間上の連続写像の定義には実数は現れてこない。εもδもlimも出てこない。絶対値もない。それにもかかわらず《確かにこれは連続という名前にふさわしい》という概念になる」

「もう一つだけ、確認です」とテトラちゃんが手を挙げた。質問の挙手はこれでいったい何度目だろう。「具体的な開集合をどう定めるかは自由なんですよね?」

「開集合の公理を満たせば、自由」とミルカさん。「だからおもしろいことに、いったん捨てた距離をもとに戻すこともできる。すなわち、《距離の世界》でε近傍によって定義した開集合が《位相の世界》における開集合の公理を満たすことを確かめれば——もちろん満たす——そうすれば《距離の世界》における実数全体の集合を位相空間と見なすこともできる。リサならば、実数の絶対値という距離を使って、開集合を《実装》したというかもしれない」

「絶対値を使って定義……」とテトラちゃんがつぶやく。

「思い出した。絶対値の話だ!」と僕は声に出す。

「さっきから絶対値の話をしているが」とミルカさんがいぶかしげに言う。

「あ、いやいや、ちょっと思い出しただけ」

そうだった。絶対値だ。テトラちゃんと初めてきちんと話したとき、僕たち二人は絶対値の話をしたんだ。あの階段教室で[3]。

「群のことを考えると、公理を使って位相空間を定義するという方針はわかります」とテトラちゃんも言った。「群のことを教えていただいたとき、私はさっぱりわかりませんでした。学校で学ぶ数とその計算が唯一絶対だと思っていましたから、それを抽象化した群というのは最初わけがわかりませんでした。でも、群の公理を満たしさえすれば、群を使って抽象化した計算ができる。そのことを学びました[4]。そうです。あみだくじもそうでしたよ。あみだくじは計算とさっぱり関係がないのに、つなぐことを積だと考えるとあ

---

[3] 『数学ガール』
[4] 『数学ガール/フェルマーの最終定理』

みだくじも群になりましたよね[5]」。

「線型空間もそうだったね」と僕も言った[6]。「線型空間の公理によって、行列も有理数も代数拡大も違うものなのに同じ視点で整理ができた」

「それが、数学の力だ」とミルカさんが言った。「これさえ満たせばよい、という公理を定める。抽象度が上がってわかりにくくなるようだけれど、それは空へと飛翔しているのだ。そして地上を歩いているときには異なるように見えたものが、同じ構造を持っていることに気づく。同じ構造を持たせられることに気づく。それが、論理の力だ」

「そうか」と僕も言う。「集合に群という構造を入れる。集合に線型空間という構造を入れる。それと同じように、開集合の公理によって、集合に位相という構造を入れたことになるわけか」

「抽象的な《すぐ近く》という開近傍が定義でき、それによって位相空間に連続写像という概念を入れることができたのだ」

「おもしろいな。トポロジーは柔らかく図形を変形させる数学だけど、これまでの概念もやわらかく変形させているんだね」

「あ、あの、頭はぐるぐるしてますが、大きな流れはわかったように思います。あたしたちは連続写像を手に入れました。では、あたしが思っていた《同じ形》つまり《同相》のお話へ！」

「そうだった！」

「位相空間が定義できて、連続写像が定義できたのだから、同相写像も定義できる。連続写像よりはずっと短く書ける」

---

[5] 『数学ガール／ガロア理論』
[6] 『数学ガール／乱択アルゴリズム』

3.4.9 同相写像

同相写像の定義

X, Y を位相空間とする。f を X から Y への全単射とする。写像 f も逆写像 f^{-1} も連続であるとき、f を同相写像という。また、位相空間 X から Y への同相写像が存在するとき、X と Y は同相であるという。

「位相空間とは位相構造が入った集合だ。つまり開集合が定義されている集合と考えればよい。開集合を定義すれば、開近傍が定義できる。開近傍を定義すれば、連続写像が定義できる。その写像 f がもし全単射ならば、逆写像 f^{-1} が存在する。そして――

　　位相空間 X から Y への全単射 f で、

　　f と f^{-1} のどちらも連続になる写像が存在するとき、

　　X と Y は同相である

――と定義する」

「ええと、全単射というのは……」

「X のどんな要素 x に対しても Y の唯一の要素 y が定まって $y = f(x)$ が成り立ち、逆に Y のどんな要素 y に対しても X の唯一の要素 x が定まって $y = f(x)$ が成り立つ写像のこと。全単射 $y = f(x)$ に対しては、逆写像 $x = f^{-1}(y)$ が定義できる」

「その f が同相写像なんだね」と僕が言った。「どちら向きにも連続な全単射を使って、二つの位相空間の間に対応関係がつけられる……」

「そうだ。同相な二つの位相空間は、位相的には《同じ》として扱える。《同じ》位相構造を持つという」

「……」

「うーん……」と僕。「ばらばらのように見える集合に位相を入れると――つまり、開集合と開近傍を定めると―― 連続が定義できる。そして、連続を

使って同相を定義できる。《実際の距離》とは無関係に定義できる……待て
よ。連続が定義できたってことは、極限が使えるわけだよね。だったら、連
続だけじゃなくて微分も定義できるんじゃない？」

「そうはいかない。微分を定義するためには位相構造だけではなく、微分
構造を入れる必要がある。そして、微分のことまで考えたときの《同じ形》
のことを微分同相 “diffeomorphism” という。ポアンカレは微分同相の意味
で同相という用語を使っていたようだ」とミルカさんは言う。「それはとも
かく、同相が定義できたので、私たちは位相幾何学──トポロジーで大きな
関心を持つことの一つに気づく」

「関心？」

3.4.10　不変性

「同相写像が定義できた。トポロジーで《同じ形》を意味する《同相》が
定義できたことになる」とミルカさんが言った。「同相写像は重要だ。位相
幾何学──トポロジーでは、同相写像で変化しない量に大きな関心があるの
だ。同相写像で変化しない量──すなわち、不変な量。このような量のこと
を位相不変量という。“topological invariant” だ」

「《不変なものには名前を付ける価値がある》ですね？」とテトラちゃん。

「不変なものには名前を付ける価値がある」とミルカさんが繰り返す。「図
形を《ふにゃふにゃ》と変形させると、形は変わるように見える。しかし、
それでも変わらない性質がある。変わらない性質、そこに注目する。いくら
伸ばしても、いくら縮めても──同相写像が存在すれば同相なのだから──
トポロジカルには《同じ形》といえる。それは、同じ形同士で保たれる量を
──すなわち位相不変量を研究していることになるのだ」

「ケーニヒスベルクの橋だ！」と僕は叫ぶ。「あるグラフが《一筆書きでき
るかどうか》という性質。これもそうだね！　辺を伸び縮みさせても一筆書
きができるかどうかは変わらないから！」

「グラフが一筆書きできることを、グラフに《オイラー閉路》が存在すると
表現する」とミルカさんは言う。「グラフにオイラー閉路が存在するかどう
かは、グラフ同型についての不変量だから、同相写像による位相不変量とは

違う。もちろん、不変量という意味では似た概念といえるけれど」

「そうなんだ。それにしてもオイラーはどこにでも登場するんだなあ」と僕は言う。

「すごいですよね……」とテトラちゃん。

「オイラー先生はすごいだろう？」とミルカさんが笑顔になる。

ミルカさんは、オイラーのことをいつもオイラー先生と呼ぶ。

3.5 テトラちゃんの近くで

帰路。

ミルカさんは本屋に寄ると言って途中で別れた。

僕とテトラちゃんは一緒に駅へ向かう。僕はテトラちゃんのペースに合わせてゆっくり歩く。

不変な性質を研究する。位相不変量を研究する。それは《形》の本質を教えてくれるのだろうか。

家族は——家族の本質とは何だろう。変わっていくように見えても変わらない。不変な性質とは何だろう。家族を家族たらしめている性質とは——

「ミルカさんは、来週もアメリカですって」とテトラちゃんが言う。

「そうなんだ」と僕が答える。

ミルカさんは日本の大学を受験しない。アメリカの大学に進学することになっているのだ。そうか……彼女の未来の《形》は見え始めているんだ。それに比べて僕は？

僕は、点数と偏差値をにらみつつ、受験勉強に明け暮れている。秋には実力テスト。秋が過ぎたら冬が来る。《合格判定模擬試験》で第一志望の合格判定。果たして A 判定は出せるだろうか。受験本番までカウントダウンは始まっている。

「いつも、先輩のお時間を使ってすみません」とテトラちゃんが言う。

「いや、別にいいよ。気分転換になるし」と僕は答える。

「同じ形のお話は、とてもおもしろかったです。合同に、相似に、同相に……

《同じ》にもいろいろあるのですね」

「そうだね。今日のテトラちゃんは、いつもと《同じ》テトラちゃんかな？」

僕は、テトラちゃんの以前の言葉を思い出して、そんな軽口を飛ばした。

「はい！」テトラちゃんは、僕の方をさっと向いて元気に答える。「あ……でも、もうすぐ《違う》テトラになりますよ。あたしだって、いつまでも、《同じ》テトラじゃありませんっ！」

「へえ——いったい何が起きるんだろう」

「あのですね……いえ、まだ、秘密です。でも、名前は決まりましたよ。今日、決めました。**オイレリアンズ**という名前にします！」

「名前？　いったい、何の名前？」

「それは……いえ、まだ、秘密です」

テトラちゃんは、人差し指を唇に当ててそう言った。

しかもこうして無限にさかのぼることはできないのであるから、
あらゆる演繹的科学、とくに幾何学は
証明し得ないある一定数の公理に基づかなくてはならない。
だから幾何学の著書はどれも、これらの公理の叙述からはじめる。
——アンリ・ポアンカレ『科学と仮説』（河野伊三郎訳）

トランプで作る位相空間と連続写像

位相空間

　トランプのジャック（J）とクイーン（Q）とキング（K）を使って、位相空間と連続写像を作ろう。台集合 S を、

$$S = \{J, Q, K\}$$

と定める。この S に対して、開集合全体の集合 $\mathbb{O}$ をたとえば、

$$\mathbb{O} = \big\{ \{\,\}, \ \{Q\}, \ \{J, Q\}, \ \{Q, K\}, \ \{J, Q, K\} \big\}$$

と定めると、$\mathbb{O}$ は開集合の公理 1〜4（p.106）を満たす。

　$\mathbb{O}$ は**公理 1** を満たす。なぜなら、$S = \{J, Q, K\} \in \mathbb{O}$ だからである。

　$\mathbb{O}$ は**公理 2** を満たす。なぜなら、$\{\,\} \in \mathbb{O}$ だからである。

　$\mathbb{O}$ は**公理 3** を満たす。なぜなら、開集合二つの共通部分が開集合になっていることは、$\{J, Q\} \cap \{Q, K\} = \{Q\} \in \mathbb{O}$ や $\{\,\} \cap \{J, Q, K\} = \{\,\} \in \mathbb{O}$ のようにして、総当たり的に確かめられるからである。

　$\mathbb{O}$ は**公理 4** を満たす。なぜなら、開集合二つの和集合が開集合になっていることは $\{\,\} \cup \{Q, K\} = \{Q, K\} \in \mathbb{O}$ や $\{J, Q\} \cup \{Q, K\} = \{J, Q, K\} \in \mathbb{O}$ のようにして、総当たり的に確かめられるからである。$\mathbb{O}$ の要素は有限個しかないため、任意個の和集合を取ったとしても、二つの集合の和集合に帰着できる。

　したがって $\mathbb{O}$ は集合 S に位相構造を入れ、$(S, \mathbb{O})$ は位相空間である。

　　J の開近傍は J を要素に持つ開集合で $\{J, Q\}, \{J, Q, K\}$ の二つ。
　　Q の開近傍は Q を要素に持つ開集合で $\{Q\}, \{J, Q\}, \{Q, K\}, \{J, Q, K\}$ の四つ。
　　K の開近傍は K を要素に持つ開集合で $\{Q, K\}, \{J, Q, K\}$ の二つ。

連続写像 f

S から S への写像 f を、次のように定義する。
$$f(J) = K, \quad f(Q) = Q, \quad f(K) = J$$

この写像 f は、位相空間 $(S, \mathbb{O})$ において連続写像になる。なぜなら、S の任意の点 a について、f(a) のどんな開近傍 E に対しても、a の開近傍 D が存在して、

$$\forall x \; \bigl[x \in D \Rightarrow f(x) \in E \bigr] \qquad \cdots \cdots \heartsuit$$

がいえるからである。

たとえば、写像 f が J で連続であることを示す。

- f(J) = K の開近傍 E = {J, Q, K} に対して D = {J, Q, K} とすれば、♡ が成り立つ。なぜなら、D の要素は J, Q, K の三つだが、f(J) も f(Q) も f(K) も E の要素だからである。
- f(J) = K の開近傍 E = {Q, K} に対して D = {J, Q} とすれば、♡ が成り立つ。なぜなら、D の要素は J と Q の二つだが、f(J) = K も f(Q) = Q も E の要素だからである。
- f(J) = K の開近傍は {J, Q, K} と {Q, K} の二つだから、写像 f は J で連続だと示された。

同様にして、Q と K においても写像 f が連続であることが確かめられる。

不連続写像 g

S から S への写像 g を、次のように定義する。
$$g(J) = Q, \quad g(Q) = K, \quad g(K) = J$$
この写像 g は Q で連続だが、J と K で不連続である。

たとえば、写像 g が J で不連続であることを示す。

写像 g が J で不連続であるとは、g(J) のある開近傍 E に対して、J のどんな開近傍 D を選んでも、
$$\forall x \; \bigl[x \in D \Rightarrow g(x) \in E \bigr] \qquad \cdots\cdots \diamondsuit$$
が成り立たないことである。

g(J) = Q の開近傍の一つである E = {Q} に対して、◇ を満たす J の開近傍 D は、◎ には存在しない。J の開近傍は {J, Q} と {J, Q, K} の二つだが、D = {J, Q} としても、D = {J, Q, K} としても、D の要素の一つである Q に対して g(Q) = K であり、g(Q) は E の要素ではないからである。

Q において写像 g が連続であること、K において写像 g が不連続であることも確かめられる。

第 4 章
非ユークリッド幾何学

次のことが要請されているとせよ。
…… 1 直線が 2 直線に交わり
同じ側の内角の和を 2 直角より小さくするならば,
この 2 直線は限りなく延長されると
2 直角より小さい角のある側において交わること。
——公準（要請）『ユークリッド原論』 [26]

4.1 球面幾何学

4.1.1 地球上の最短コース

「ねえお兄ちゃん。ミルカさま、またアメリカなの？」とユーリが言った。

今日は土曜日、ここは僕の部屋。いつものようにユーリが来ている。僕が机で受験勉強している間、彼女はずっと部屋の隅でごろごろしながら本を読んでいた。

「そうだよ。来週には帰ってくると思うけど」と僕は答える。

ミルカさん——僕と同じ高校三年生だけど、彼女の進路はもう決まっている。卒業したらアメリカに行く。米国の大学に通いながら、双倉博士といっしょに高度な数学を学んでいくのだろう——後半は僕の推測だから 100% 確かとはいえない。でも、大きく外れてはいないはずだ。ともかく、ミルカさ

んといっしょの高校生活も、もう少しで終わりになる。それだけは 100%確かだ。彼女は遠く海外へ旅立ち、僕はここ日本に残る。

「ミルカさま、かっこいいにゃあ。お兄ちゃん、置いてけぼり？」

「何言ってるんだよ」と僕は答える。普段と同じ口調で言おうとしたけれど、心をユーリに読まれたようで、むっとした声になってしまった。

「飛行機って、どーして、こんなに大回りするの？」とユーリが本を開いて見せた。「もっとまっすぐ飛べばいいのに」

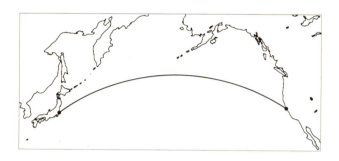

「ああ、曲がって見えるのは地図のせいだよ。実際には飛行機はちゃんとまっすぐ飛んでいる。でも、地球は丸いから曲がって見えるんだ」僕は無理に明るい声で答えた。

「まっすぐ飛んでるのに曲がって見える？　わけわかんない」

ユーリは栗色のポニーテールを揺らしながら反論した。

「まっすぐって言ったけど最短コースの方が正しかったね」と僕は説明を始める。「地図上の最短コースが地球上の最短コースになるとは限らないってことだよ。地球には緯線と経線があるよね。どちらも円だけど、緯線が作る円は赤道が一番大きくて、北極や南極に近づくほど小さくなる。経線が作る円はすべて同じ大きさ」

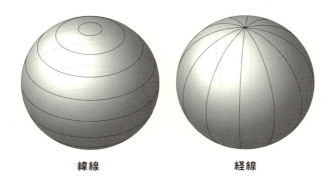

緯線　　　　　　　　経線

「メルカトル図法で描いた地図だと緯線が横線、経線が縦線になっているけど、地図上では緯線同士はすべて同じ長さで、経線同士も同じ長さになっている」

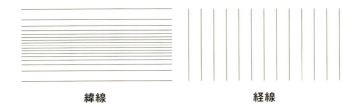

緯線　　　　　　　　経線

「ふーん」
「ということは、地図上での緯線は北極や南極に近づくほど、実際よりも引き延ばされて描かれていることになる。逆の言い方をすると、地図上で同じ距離だけ移動しているように見えても、地球上では赤道に近いほど長い距離を移動することになる」
「ほほー……それでそれで？」
「もしも飛行機が同じ緯度で東に移動するとしたら、地図上では緯線に沿ってまっすぐ右に移動することになるよね」

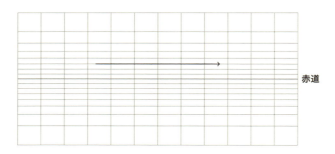

「そだね。それが最短コースじゃないの？」

「ところがそうとは限らないんだ。地図上では同じ距離を移動したように見えても、赤道に近い方が地球上では長い距離を移動してしまう。だから、赤道から離れるように移動した方が実際の距離は短くなる。地球儀上の2点に糸をピンと張ってみればわかるよ。同じ緯度にある2点の間に糸を張ると、糸の途中は緯線よりも少し上がる。数学的にはこれが最短コースになるね。実際の飛行機では、ジェット気流の影響でコースが変わるかもしれないけど」

「地球上の最短コース……」

「そうだね。出発する点と、到着する点と、地球の中心。その3点を通る平面で地球を切るんだ。そのときに断面が作る円、それが最短コースになる。大円だね」

「だいえん」

「球面上では大円がいわば"直線"の役目を果たすんだよ。そして、大円の一部をなす弧が"線分"に相当することになる。地球上で一番わかりやすい大円は赤道だね。赤道は緯線で唯一、大円になる。2点が赤道上にあるなら、同じ緯度のまま移動するのが最短コースになる。緯線で大円になるのは赤道しかない。経線はぜんぶ大円になる」

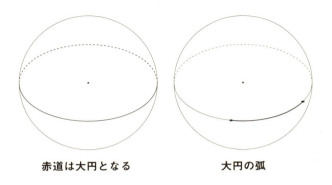

赤道は大円となる　　　　大円の弧

「わかったけど、変な感じ」とユーリが言った。

「何が？」

「だってね、直線っていったら、どこまでもずうっとまっすぐ伸びてく感じがする。でも大円だったら、ぐるっと回って戻ってくるから無限には伸びなくなっちゃう！」

「そうだね。ユーリの言う通りだ。球面での"直線"は無限には伸びない。無限に伸びているという性質はなくなっちゃったわけだ。大円を"直線"と呼んだのは《最短コースを通る曲線》という意味でいっただけだよ。その意味では**測地線**といった方が正確かな」

「そくちせん」

「球面は平面とずいぶん違うよね。もっとおもしろい性質があるよ。たとえば、平面上の2直線が異なる2点で交わるということはないだろ？」

「平面上の2直線？」とユーリは首を傾げる。「それって、1点で交わるに決まってる。あ、違うね。平面上の2直線は、交わらない、1点で交わる、一致する……のどれかだ！」

交わらない　　　　1点で交わる　　　　一致する

「そう。それは平面上の直線が持っている性質だね。じゃあ、今度は球面

で考えてみよう。球面上の"直線"つまり大円はどうだろうか。二つの大円は——」
「あっ、そゆことか。待って待って待って！ わかったよ。二つの大円は2点で交わるか、一致するかしかない！」

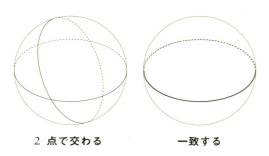

2点で交わる　　　　**一致する**

「そうだね。だから、球面上にいわば"平行線"は存在しないことになる」
「へいこうせん？」
「平面では、直線 l（エル）の外の点 P を通って、もとの直線 l と交わらない直線が1本だけ引けるよね」

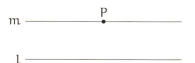

l 外の点 P を通り、l と交わらない直線は 1 本だけ

「ああ、平行線？」
「じゃ、球面ではどうだろう。大円 l 外にある点 P を通って、もとの大円 l と交わらない大円が描けるだろうか」
「えーっと……そりゃ、描けないね。必ず2点で交わるから」
「こういうのはどう？ ほら、大円 l 外の点 P を通って、l と交わらない円 m が描けてるよ？」

「だめじゃん。m は大円じゃないもん。m の中心は球の中心から外れてるから m は"直線"じゃない」

「そうだね。よくわかってるなあ……」

「ねーお兄ちゃん、もっとおもしろい話ない? 《大円は、球面上のいわば"直線"である》みたいなの」

「どうした、急に食いついてきて……そうだなあ。こんな話もあるよ。平面では《三角形の内角の和》はいつも 180° だよね。でも、球面だと、"三角形"の三つの角の和はいつも 180° よりも大きくなってしまう!」

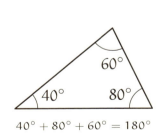

$40° + 80° + 60° = 180°$

$90° + 90° + 60° > 180°$

「そっか、膨らんじゃうから、三つの角の和は 180° より大きくなる?」

「そういうことだね。一つの球面上に描くなら、三角形が大きければ大きいほど、三つの角の和も大きくなるよ」

「んー……あれ? もしかして、三つの角を決めたら、三角形も決まる?」

132 第4章 非ユークリッド幾何学

「そうだね！ その通りだよ、ユーリ。球面上に大円を使って三角形を描いたとき、三つの角を決めたら、三角形の形は決まる。平面上の三角形は形を変えずに大きくすることができるけれど、球面上の三角形は形を変えずに大きくすることはできないんだ。言い換えると、球面幾何学では合同と相似は同じになる」

「その話、いっただきー！」とユーリが声を上げた。「今度、《あいつ》に会ったときに使おうっと！」

4.2 現在と未来の間で

4.2.1 高校

ここは僕の高校。いまは月曜日の昼休みだ。

僕と後輩のテトラちゃんは、屋上でいっしょに昼食をとっている。僕は彼女に球面上の三角形について話した。ユーリとおしゃべりした球面幾何学の話題だ。

「球面幾何学では、合同と相似が同じになる！ それはおもしろいですねえ……」とテトラちゃんは何度も頷く。「そもそも、大円を "直線" と見なすところもおもしろいです。球面上で最短ルートを作ると "直線" は無限じゃなくなるんですね」

「そうだよね」

「ああ、ユーリちゃんがうらやましいです。だって、しょっちゅう先輩からおもしろいお話を聞けるんですから！」

「僕が話してることなんて、いろんな本に書いてあることの受け売りだよ。自分で発見したわけじゃない」と僕は言った。

「でも、そのときまで知らなかったことを知るのは、大事だと思うんです。自分で発見することでも、本を読んで学ぶことでも、他の人から教えてもらうことでも」とテトラちゃんは少し語気を強める。

「なるほど。ところで、ここ、寒すぎない？」と僕は言った。屋上の風は、

気持ちがいいのを通り越して冷たいくらい。もうそんな季節なんだ。

「あのですね……あたしは最近、協力するということについて考えているんです」テトラちゃんは、僕の問いには答えず、そんなことを言い出した。「得意なことって、ひとりひとり違います。協力すると、一人ではできないこともできるようになります。そして、いまのあたしができないことも、未来のあたしはできるようになるかもしれません。他の人との関わりで学ぶということです」

「他の人との関わりで学ぶ？」

「はい、そうです」

「ごめん。詳しく聞きたいんだけど、寒すぎるよ。中に入ろう」

「春の風と秋の風は違いますよね」とテトラちゃんが弁当を片づけながら言った。「春の風は喜びを運んできますけど、秋の風は淋しさを運んでくるようです」

「そうだね。秋の風というより、もうこれは冬の風だよ」と僕は言った。「寒すぎるから、屋上でお昼を食べるのは今日で終わりにしようか」

「そうですね、残念ですけど……」

「じゃあ、今日が高校生最後の屋上昼食になるかな」と僕は言った。来年、温かくなって春の風が吹くころ、僕は卒業している。

「え、ええっ？」とテトラちゃんが大きな声を出した。

午後の予鈴が鳴る。

4.3　双曲幾何学

4.3.1　学ぶということ

そうなんだ。

僕の高校生活は終わりに近づいている。すべての行動に「高校生最後の」という 枕 詞 が付くのがその証拠。

あと数か月で受験となり、その結果にかかわらず、僕は卒業する。高校生

として僕が行うことは、あと数か月ですべて終わるのだ。

その時間を、僕は受験勉強で埋めようとしている。いや、それが嫌だというわけじゃない。大学に行くことは現在の自分にとっては必要なんだろう。現在の歩みの先に、さらに学びがある。さらに出会いがある。出会い？

そんなことを考えているのは、さっきのテトラちゃんの「他の人との関わりで学ぶ」という一言がなぜか心に残るからだ。

確かに、僕は学んでいる。ミルカさんや、テトラちゃんや、村木先生や、高校までに出会った人と共に。大学に行くことでまた、新しい人との出会いと、新しい学びの機会が広がるのだろうか。

そんなことを考えつつ、僕は学校での学びを進めていく。

4.3.2　非ユークリッド幾何学

放課後。僕は図書室に向かった。

図書室ではミルカさんとテトラちゃんが熱心に何かを話している。

「非ユークリッド幾何学の話をするためには、当然ながらユークリッド幾何学の話から始めなくてはならない」とミルカさんは《講義》を始めた。

◎　　◎　　◎

ユークリッド幾何学の話から始めなくてはならない。

私たちが学んでいる幾何学は、紀元前 300 年ごろ、**ユークリッド**が十三巻からなる『原論』という本にまとめたものだ。もっとも、『原論』に書かれているのは幾何学だけじゃないけれど。

『原論』は**定義**と**公準**で始まって、証明が続くスタイルで書かれている。そしてその『原論』のスタイルは、数学的な主張をする手本となった。

これが定義だ。

1. 点とは部分をもたないものである。
2. 線とは幅のない長さである。
3. 線の端は点である。
4. 直線とはその上にある点について一様に横たわる線である。
5. 面とは長さと幅のみをもつものである。
6. 面の端は線である。
7. 平面とはその上にある直線について一様に横たわる面である。
   :
23. 平行線とは、同一の平面上にあって、両方向に限りなく延長しても、
   いずれの方向においても互いに交わらない直線である。

『点とは部分をもたないものである』は定義に見えない。ここでは『点』という専門用語を使うと宣言していると考えた方がいい。

大事なのは次の公準だ。公準の後には（要請）と書いてある。これは『公準として書かれた主張は証明せずに使う。そのことを読者に要請する』という意味だ。つまり公準とは、証明せずに使える命題といえる。公準によって、点や直線を使ってできることが定まると考えてもいいし、専門用語の意味が定まると考えてもいい。公準は**公理**とも呼ばれる。

具体的に読んでみよう。

次のことが要請されているとせよ。

1. 任意の点から任意の点へ直線をひくこと。
2. および有限直線を連続して一直線に延長すること。
3. および任意の点と距離（半径）とをもって円を描くこと。
4. およびすべての直角は互いに等しいこと。
5. および1直線が2直線に交わり同じ側の内角の和を2直角より小さくするならば、この2直線は限りなく延長されると2直角より小さい角のある側において交わること。

　ユークリッドの『原論』において、公理は大事だ。何しろ、すべての定理はこれらの公理をもとに証明されているのだから——だが、いま読んだ中に、大きな問題があった。

◎　　◎　　◎

　「大きな問題があった」とミルカさんは言って、口を閉じた。
　「……大きな問題とは、何でしょうか？」とテトラちゃんが訊く。
　「**平行線公理**のこと？」と僕が口をはさんだ。非ユークリッド幾何学といえば平行線公理の話になる。
　「そう。5番目の公理を音読して、テトラ」とミルカさんが言う。
　「あ、はい……ええっと——

　　および1直線が2直線に交わり同じ側の内角の和を2直角より小さくするならば、この2直線は限りなく延長されると2直角より小さい角のある側において交わること。

——って、長いですね！　これが、平行線公理……」
　「図に描いてみればわかりやすいよ」と僕は言った。「まず、1直線が2直線に交わる様子を描いてみるね。1直線 n が2直線 l と m に交わり——

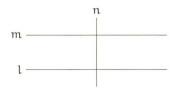

　——それから、同じ側の内角の和を2直角より小さくする。

　——そうすれば、2直角より小さい角のある側において交わる」
「なるほど。確かにこれは正しく見えます」とテトラちゃんが言った。「これがどうして問題になるんでしょうか」
「彼がいま描いたのは、平行線公理の主張を説明している図にすぎない」とミルカさんが言う。「この平行線公理は正しいかどうかが問題になったわけではなく、この平行線公理を《公理》にする必要はあるかどうかが問題になったのだ」
「公理はもっと短くなくてはいけないからでしょうか？」
「確かにこの平行線公理は長すぎる。他の四つの公理に比べてこれだけが不格好に長い。ただし、長いから悪いわけではない。数学者たちは、この公理は他の公理から証明できるのではないかと考えた。ユークリッドは公理を前提として証明を書いていく。もしも他の公理からこの平行線公理が証明できるなら、平行線公理を《公理》として特別扱いする必要はなくなる。基本となる公理は少ない方がいい。ユークリッドは平行線公理を《公理》にしておく必要があると考えた。しかし、ユークリッドはまちがっていたのではないだろうか。もしも、平行線公理を他の四つの公理から証明することができれば、ユークリッドの考え違いを示せる」
「それが、大きな問題ということですね……」

「平行線公理を他の四つの公理だけから証明しようと多くの数学者が研究した。もしもそれを証明できたなら、とてつもない発見となる。だが、どうしても、できなかった」

「未解決問題？」とテトラちゃんが言う。

「18世紀の数学者**サッケリ**は、背理法によって平行線公理を証明しようと試みた。すなわち、平行線公理が成り立たないと仮定して矛盾を導こうとしたのだ。サッケリは、研究の末に直観的に奇妙な結果を得て、ついに矛盾を導けた——すなわち平行線公理を証明できた——と考えたが、実はそれは論理的に矛盾しているわけではなかった。その奇妙な結果はいわば《サッケリの予言的発見》といえる」

「サッケリの予言的発見？」と僕は言った。非ユークリッド幾何学の概略は僕も知っている。でもサッケリの予言的発見なんて知らない。

「こんな発見だ」とミルカさんは歌うように言う。

平行線公理が成り立たないと仮定すると、
"平面"の上にある2本の"直線"は——

- 両方で際限なく離れてしまう。または、
- 一方で際限なく離れるが、他方で際限なく近づく。

——という性質を持つことになる。

「まるで、なぞなぞですね」とテトラちゃんがつぶやいた。

「その他にもサッケリは、平行線公理を仮定せずに平面幾何学を作ると、三角形の内角の和が180°より小さくなることを示したが、だからといって論理的な矛盾を見つけ出したわけではない。また**ランベルト**は、相似だけれど合同じゃない三角形が存在するなら平行線公理が導けることを示したが、だからといって平行線公理が証明できたわけではない」

「そういえば、相似だけれど合同じゃない三角形は、球面では作れないな……」と僕は言う。

「ともかく」とミルカさんは続けた。「平行線公理が成り立つことを証明した人はいなかったし、成り立たないことを証明した人もいなかった。そしてとうとう、19世紀に**ボヤイ**と**ロバチェフスキー**が非ユークリッド幾何学を見つけ出した」

「なるほどです！」とテトラちゃんが首をぶんぶん振って言った。「一人ではできなくても、ボヤイさんとロバチェフスキーさんの二人が、協力して証明したんですね！」

「そうじゃない。二人は互いの研究を知らずにそれぞれに発見したんだ。非ユークリッド幾何学は、ほぼ同時期に発見された。二人より前に大数学者ガウスも非ユークリッド幾何学を見つけていたと考えられている」

「それで、結局……」とテトラちゃんが言った。「平行線公理は成り立つことが証明できたんでしょうか、それとも成り立たないことが証明できたんでしょうか」

「どちらでもない」とミルカさんは言う。

「どちらでもない?!」

4.3.3　ボヤイとロバチェフスキー

ミルカさんの話は続く。

「サッケリは、平行線公理が成り立たないと仮定して矛盾を探した。それに対してボヤイとロバチェフスキーは、平行線公理とは異なる公理を使い、ユークリッド幾何学とは別の幾何学を体系立てようと考えた。それが非ユークリッド幾何学だ。ユークリッド幾何学は、平行線公理を含む五つの公理を出発点として作られた体系だ。ボヤイとロバチェフスキーは、平行線公理を取り除き、別の公理を含めた五つの公理を出発点としてユークリッド幾何学とは異なる体系を作った。ボヤイとロバチェフスキーが考えた幾何学は現在**双曲幾何学**と呼ばれている。直線の本数を使って整理するとこうなる」

- **球面幾何学**

  直線 l 外の点 P を通過して、l と交わらない直線は存在しない。

- **ユークリッド幾何学**

  直線 l 外の点 P を通過して、l と交わらない直線は 1 本存在する。

- **双曲幾何学**

  直線 l 外の点 P を通過して、l と交わらない直線は 2 本以上存在する。

「質問があります」とテトラちゃんは手を挙げた。「球面幾何学と、ユークリッド幾何学と、双曲幾何学で、どれが本物の幾何学といえるんでしょうか」

「どれか一つだけが本物というわけじゃないよ、テトラちゃん」と僕は言った。「というか、どれも本物。ユークリッド幾何学と非ユークリッド幾何学は、どちらも本物の幾何学なんだ。公理をもとにして、どんな定理が証明できるか。つまりどんな数学的主張ができるかを考えるのが数学なんだから、どちらも正しい。もとにしている公理が違うだけなんだよ」

僕の言葉にテトラちゃんは爪を噛みながらしばらく考え、やがて「これも《知らないふりゲーム》なんですね！」と言った。「繰り返しです。同じパターンの繰り返しです。群のとき[1]も、数理論理学のときも[2]、確率のときも[3]、位相空間のときも、あたしたちは同じ話をしました。公理から何がいえるかだけを重視しました。幾何学もそうなんですね」

「そうだね」と僕は答える。

「数学者は公理を定める」とミルカさんは言う。「公理から証明できたものを定理とする。だからこそ、この世界に束縛されず数学の研究ができる。ただし、ユークリッドがそこまで考えていたかどうかはわからない」

「幾何学は、あたしたちの身の周りの形を研究する分野だと思っていました。けれど、現実とは無関係？」

「無関係は言いすぎ」とミルカさん。「歴史的には、身の周りの形を理解したい気持ちから幾何学が生まれたのだろう。しかし数学は、現実——私たちの宇宙——がどんな幾何学で成り立っているかを定めるものではない」

---

[1] 『数学ガール／フェルマーの最終定理』
[2] 『数学ガール／ゲーデルの不完全性定理』
[3] 『数学ガール／乱択アルゴリズム』

「……」とテトラちゃんは再び考え込む。

僕も、ミルカさんも、無言になる。

僕たちは図書室の中にいる。図書室の外には学校があり、町があり、国があり、地球があり、宇宙がある。宇宙全体から見れば小さな地球の、小さな国の、小さな町の、小さな学校の、小さな図書室で、僕たち三人は考えている。でも、僕たちが考えているのは、宇宙を越えた形についてだ。

「私たちは本当に知っているのだろうか」

ミルカさんはそう言って、急に席を立ち、顔を上げる。彼女の長い黒髪が少し遅れて大きな波を打つ。

◎　　◎　　◎

私たちは本当に知っているのだろうか。

直線というものを知っている。平行線というものを知っている。知っていると思っている。でも、本当に知っているのだろうか。

直線といわれれば、私たちは何かを思い描く。平行線といわれれば、また何かを思い描く。直線外に一点を取り、その点を通る別の直線を考えよといわれると、私たちは「それ」を思い描くことができる。たとえ複数の可能性がある場合でも、無限の果てまで続く存在でも、私たちは「それ」を思い描くことができるのだ。

直線外の一点を通る平行線は存在するかと問われれば、存在すると答えたくなる。その平行線は唯一に定まるかと問われれば、唯一に定まると答えたくなる。途中で直線が曲がりでもしない限り、平行線は唯一存在するといいたくなる。

それほどまで明らかに思えるのに、平行線が存在しない幾何学をどうして考えるのか。あるいは平行線が複数存在する幾何学をどうして考えるのか。

数学者は現実から目をそらす空想論者なのか。

　　——そうではない。

無限の彼方では何が起きているかわからないという不可知論者なのか。

　　——そうではない。

直観は必ず誤っているという悲観主義者なのか。

　　——そうではない。

厳密な平行線なんて描けないという現実主義者なのか。

　　——いや、そうではないのだ。

　数学者は、論理を重視しているにすぎない。平行線公理を別の公理と入れ換えると、別の幾何学が生まれる。その発想は大きい。

　非ユークリッド幾何学はなかなか世の中に受け入れられなかった。それは《ガリレオのためらい》*4と同じだ。《自然数と平方数との間に対応が付けられる》なんて、ガリレオでなくても不合理に感じる。ところが、全体と部分の間に一対一対応が付くことを使って無限が定義できた。
　平行線公理も同じだ。平行線公理が証明できないなら、平行線公理以外の命題を使って《別の幾何学》が作れるのではないか。これは、大きな逆転の発想だ。
　《平行線は唯一》という要請によってユークリッド幾何学という一つの幾何学が生まれ、《平行線は唯一ではない》という要請で別の幾何学が生まれたのだ。

◎　　◎　　◎

　「別の幾何学が生まれたのだ」とミルカさんは言い、すっと僕の隣に座る。「幾何学は一連の公理から導かれた構築物といえる」
　「わ、わかっているよ」僕は、ミルカさんの顔が近づくので少し身体を引きながら答える。
　「質問があります！」テトラちゃんが僕とミルカさんとの間に手を伸ばして言った。「ユークリッド幾何学は普通の平面幾何学ですし、球面幾何学も地球儀を想像すればわかります。でも、双曲幾何学というのは具体的にどんな幾何学になるんでしょうか。球面幾何学はイメージがつかめます。球面の上に

―――――――――
　*4　『数学ガール／ゲーデルの不完全性定理』

図形を描くわけですよね。でも、双曲幾何学はイメージがつかめません……」

「非ユークリッド幾何学が理解されなかった理由の一つは、ユークリッド幾何学の平行線公理が自明の真理を表していると強く信じられていたからだ。**クライン**や**ポアンカレ**や**ベルトラミ**たちによって非ユークリッド幾何学の《モデル》が構築されてから、非ユークリッド幾何学が少しずつ理解されていくことになったのだろう」

「モデル……とは何でしょうか」

「下校時間です」

突然の声に僕たちは飛び上がる。瑞谷先生の下校宣言。もうそんな時間か。

確かに、窓の外はすっかり暗い。ミルカさんの話に聞き入っていると、あっというまに時が過ぎていく。

4.3.4 自宅

そして夜。ここは僕の自宅。いまはちょうど、母と僕の二人で夕食を終えたところ。母は台所で洗い物を始めた。

「父さんは今晩も遅いの?」僕は食卓から食器を運びながら聞いた。

「そうね」と母は皿を洗いながら言う。

父は、今日も残業だ。母が元気になったことで、父の仕事のペースも戻った。我が家もすっかり元通り。

「ごめんなさいね。受験勉強で忙しいときに、ごたごたしちゃって……」

「いいんだよ、別に」

「お父さんも仕事で忙しいのに無理させちゃったし、お金もけっこう掛かっちゃったわ」

「そんなに?」

「心配しなくてもいいのよ。ところで、あなたのお仕事はどんな具合?」と明るい声を出す母。

「仕事って?」

「いまは、受験勉強があなたのお仕事でしょ?」

「……まあまあだよ」

「もう洗い物はいいわ。ココアいれましょうか。 ルイボスティでもいい

わよ」

「いや、飲みたいときに、自分でコーヒーいれるからいいよ」と僕は答える。「ごちそうさま」

「夜遅くにカフェインは控えた方がいいのよ。だってね──」

母親のそんな言葉を背中で聞きながら、僕は自分の部屋に戻る。

ぜんぶがもとに戻ったわけじゃない。退院してから、母の疲れた様子や目尻のしわが気になるようになってしまった。母が変化したのか、僕の視点が変化したのかはわからない。ともかく、母も老いるという現実が、僕の胸に迫る。時間は容赦なく過ぎていくのだ。

二時間後。

自室で問題集を解いている合間に、僕はテトラちゃんのことを思い出す。彼女は協力し合うことに興味があると言っていた。一人ではできないことも、複数人が力を合わせればできるようになると。でも、受験勉強はどうだろうか。最終的には僕自身が力をつけ、僕自身が試験問題を解かなければならない。これは「僕の仕事」だからだ。

数学の発見だって、定理の証明だってそうだ。ミルカさんも今日話していた。非ユークリッド幾何学はボヤイとロバチェフスキーとガウスが発見したけれど、それらは独立の発見だったと。

ともかくいまは「僕の仕事」をしなければ。僕の受験勉強は、順調なんだろうか。無限の先まで見通せれば、順調だったかどうかはわかるだろう。

無限の先なんて贅沢はいわない。

来年の春まででもいい。

せめて、合格するか否か、その一点だけでもわかればいいのに。

4.4　ピタゴラスの定理をずらして

4.4.1　リサ

　次の日の放課後。教室から出ると、真っ赤な髪の女の子が僕の前に立っていた。ノートブック・コンピュータを脇に抱え、ハサミでざくざく切ったようなヘアスタイルの少女——リサである。

　「呼びに来た」と彼女はハスキーな声で言う。

　「呼びに……って僕を？　誰が呼んでるの？」

　「ミルカ氏」

　彼女はそう短く答えるとすたすたと先に歩いていく。リサは高校一年生。ミルカさんの親戚筋にあたる。彼女はプログラミングが得意。髪の色と同じ真っ赤なコンピュータをいつも持ち歩いている。

　彼女が僕を連れていったのは視聴覚室だった。黒板の前には、大きなスクリーンが天井から下がっている。

　「来たね」教壇の上に腰を掛け、長い足を組んでいるミルカさんが言った。

　「お忙しいところ、すみません」と最前列に座ったテトラちゃんが言った。

　「いったい、何が始まるの？」と僕は言った。「図書室にまっすぐ行くつもりだったんだけどな」

　「昨日の続き。非ユークリッド幾何学のモデルの話だ」とミルカさんが言った。「君も興味を持つんじゃないかと思ったから。すぐに済むよ」

　そう言ってる間に、リサはコンピュータを視聴覚の機械に接続して、何か操作を始めた。

　「舞台暗転」とリサが宣言し、キーボードを叩く。それと同時に窓の暗幕が自動的に閉じ始め、天井のライトが暗くなる。そしてプロジェクタがスクリーンに映像を映し出した。

4.4.2 距離の定義

「平面上で、点 P から点 Q に最短コースで進みたいとしたら、まっすぐに進むことになる。ここに描いた線分 PQ のように」と暗闇の中でミルカさんは言う。いや、完全な暗闇ではない。スクリーンの明かりでみんなの顔は照らされている。「最短コースというからには、2 点間の距離が定義されているわけだ。距離が定義されていなければ、最短とはいえないから。では、2 点間の距離はどう定義すればいいだろうか。テトラ？」

「2 点の座標から計算できます」とテトラちゃんが言う。「$P(x_1, y_1)$ と $Q(x_2, y_2)$ とすると、2 点間の距離は、

$$距離 = \sqrt{(x_2 - x_1)^2 + (y_2 - y_1)^2}$$

で求められます」

「その式の背後には**ピタゴラスの定理**がある」とミルカさんが続ける。

$$距離^2 = (x_2 - x_1)^2 + (y_2 - y_1)^2$$

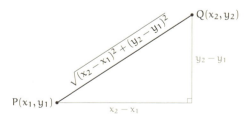

「ここでは、x 座標の変化と y 座標の変化によって距離を定義している。どんなに微小な変化であっても同じだから、x 座標の微小変化を dx とし、y 座標の微小変化を dy として、微小な距離 ds が定義できる。この ds を**線素**と呼ぶ。dx, dy, ds の関係は、

$$ds = \sqrt{dx^2 + dy^2}$$

であり、

$$ds^2 = dx^2 + dy^2$$

と表現することもある。このように、ユークリッド幾何学ではピタゴラスの定理によって距離が定義されているし、逆に、ピタゴラスの定理によって距離を定めた幾何学がユークリッド幾何学だともいえる。ではここで、ピタゴラスの定理を少しずらし、新たな距離を定義しよう」

「ピタゴラスの定理を——ずらす？」と僕は言った。

「そうだ。そして、新たな距離を定義することで、ユークリッド幾何学の中に新たな幾何学を組み立てることができる。それが、ユークリッド幾何学上にモデルを作るということだ」

◎　　◎　　◎

それが、ユークリッド幾何学上にモデルを作るということだ。

ピタゴラスの定理で距離を定義したなら、最短コースを走る点はまっすぐ移動する。しかし、距離の定義が変わるなら、最短コースを走る点は私たちの目に曲がって進むように見える。

それは、地球上の大円が、地球上で最短コースであるにもかかわらず、地図の上では曲がって見えるのと同じ話だ。

ボヤイとロバチェフスキーによる双曲幾何学を、ユークリッド幾何学上のモデルとして組み立てよう。その一つが**ポアンカレ円板モデル**だ。

4.4.3 ポアンカレ円板モデル

「ポアンカレ円板モデルだ」とミルカさんが言うと、スクリーンに大きな円が表示された。

ポアンカレ円板モデル

「これがポアンカレ円板モデルなんですか?」とテトラちゃん。

「そう。"平面"に"直線"が1本引いてある図。ポアンカレ円板モデルにおける"平面"は、座標平面上、原点中心で半径1の円の内部だ。円の外周は"平面"には含まれない。つまり、

$$D = \{(x, y) \mid x^2 + y^2 < 1\}$$

という領域 D がポアンカレ円板モデルでの"平面"になる」

「円の内部が"平面"……」

「そして、ポアンカレ円板モデルにおける"点"は、この円板内部の点とする。ポアンカレ円板モデルにおける"直線"は、円板の外周と直交する円弧とする。また特別な場合として、直径に相当する線分もポアンカレ円板モデルにおける"直線"とする。円弧の場合でも直径の場合でも、円板との交点は"直線"には含まれない」

"平面"　　　　　"点"　　　　　2本の"直線"

「一番右の図には、ポアンカレ円板モデルでの"直線"が2本描かれている。そのうち一本は円弧として描かれていて最短ルートのようには見えない。でも、ポアンカレ円板モデルを定義している距離によれば、これが最短ルートになる」

「曲がって見えるけれど、これが最短ルート……」とテトラちゃんが言う。「この曲がって見える"直線"というのは、円板の外周と直交している別の円の円弧なのですね」

「そうだ」とミルカさんが頷く。「ではここでポアンカレ円板モデルで"平行線"がどうなるかを描いてみよう。"直線" l と、l 上にない"点" P を考え、その"点" P を通る別の"直線"を描くと——リサ？」

リサの操作で、スクリーンに映された図が切り替わる。

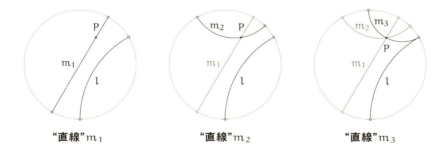

"直線" m_1　　　"直線" m_2　　　"直線" m_3

「左から順番に、l と交わらない"直線"として、m_1, m_2, m_3 を描いてきた。m_1, m_2, m_3 のいずれも、l の外にある P を通っている"直線"だが、l

と共有している "点" はない。ここでは m_1, m_2, m_3 の 3 本しか描いていないけれど、実際には無数に描ける。ユークリッド幾何学では平行線は 1 本しか描けない。しかし、双曲幾何学では無数に "平行線" が描けるのだ」

「ちょっと待ってください」とテトラちゃんが言う。「m_3 と l は円周上でくっついていますよね。これは共有している "点" ではないでしょうか」

「そうじゃないよ、テトラちゃん」と僕が口を挟む。「このポアンカレ円板の外周上の点は "点" じゃないんだ。だって "平面" はこのポアンカレ円板の内側の領域だけで外周は含んでいないから。ということは、l と m_3 は共有している "点" を持たないことになる……よね?」

「そうなる」とミルカさんは頷く。「そしてこのポアンカレ円板モデルはちょうど、《サッケリの予言的発見》も明らかにする。l と m_1 の関係、あるいは l と m_2 の関係は《両方で際限なく離れてしまう》様子を表し、l と m_3 の関係は《一方で際限なく離れるが、他方で際限なく近づく》様子を表している」

「すみません。お待ちください」とテトラちゃんは言う。「際限なく離れるといっても、円板の外に出るわけではないんですから有限の距離しか離れていませんよね。それに、先ほどから気になっていたんですが、ポアンカレ円板モデルの "直線" は、無限には伸びてません。双曲幾何学では、球面幾何学と同じように "直線" は有限なのでしょうか」

「いや、そうではない。ポアンカレ円板モデルの "直線" は、ユークリッド幾何学における直線と同じように無限に続く」とミルカさんは言う。「なぜなら、ポアンカレ円板モデルでは "距離" の定義が違うからだ」

「"距離" の定義が違う……?」とテトラちゃんが首を傾げる。

「ユークリッド幾何学における平面——すなわち、ユークリッド平面の場合には、線素 ds はピタゴラスの定理通りに表される。

$$ds^2 = dx^2 + dy^2$$

それに対して、ポアンカレ円板モデルで表された双曲幾何学における "平面" の場合には、線素 ds はこのように表される。

$$ds^2 = \frac{4}{(1 - (x^2 + y^2))^2}(dx^2 + dy^2)$$

比較すれば、

$$\frac{4}{\left(1 - (x^2 + y^2)\right)^2}$$

というファクタが掛けられていることがわかるだろう。このファクタの分だけ、ピタゴラスの定理からずれていることになる。一般に、空間で距離を定めるための関数を**計量**と呼ぶ。線素を定めることで、空間に計量を入れることができ、その空間内での距離を計算することができる」

ユークリッド幾何学の座標平面モデルにおける線素

$$ds^2 = dx^2 + dy^2$$

双曲幾何学のポアンカレ円板モデルにおける線素

$$ds^2 = \frac{4}{\left(1 - (x^2 + y^2)\right)^2}(dx^2 + dy^2)$$

「"点" が円板の外周に近づくほど ds は大きくなるね」と僕が言った。「"点" が円板の外周に近づくと、分母の $1 - (x^2 + y^2)$ が 0 に近づくことになるから」

「そうだ。原点からユークリッド距離 $\sqrt{x^2 + y^2}$ でどれだけ離れているかによって、線素 ds は変化する。仮に、ポアンカレ円板モデルの中を "等速度" で動いている "点" があったとしよう。その "点" を観察するなら、外周に近付くほど遅くなるように見える。そして外周へはいつまで経っても行き着かない」

「"等速度" なのに遅くなるんですか？」とテトラちゃんが言う。

152   第4章　非ユークリッド幾何学

　「"等速度" といったのは、ポアンカレ円板モデルでの "距離" を使って表した "速度" のこと」とミルカさんが答える。「遅くなるといったのは、ユークリッド幾何学での距離を使った観察でのこと。"点" が移動する "距離" は積分で定義できる」

◎　　◎　　◎

　"点" が移動する "距離" は積分で定義できる。

　時刻 t に点が $(x(t), y(t))$ の位置にあるとする。時刻 t が変化すれば点は移動していき、曲線を描く。x 方向と y 方向の速度はそれぞれ $\frac{dx}{dt}$ と $\frac{dy}{dt}$ になる。ここから、移動速度 $\frac{ds}{dt}$ は、

$$\left(\frac{ds}{dt}\right)^2 = \left(\frac{dx}{dt}\right)^2 + \left(\frac{dy}{dt}\right)^2$$

であり、

$$\frac{ds}{dt} = \sqrt{\left(\frac{dx}{dt}\right)^2 + \left(\frac{dy}{dt}\right)^2}$$

となる。

　ユークリッド幾何学の場合、この $\frac{ds}{dt}$ を t で積分すれば、移動距離を求めることができる。時刻 t が a から b まで移動するときに描く曲線の長さ、つまり点が $(x(a), y(a))$ から $(x(b), y(b))$ まで描く曲線の長さだ。具体的にはこんな積分で定義できる。

$$\int_a^b \sqrt{\left(\frac{dx}{dt}\right)^2 + \left(\frac{dy}{dt}\right)^2}\, dt$$

　ここまでと同じことを双曲幾何学のポアンカレ円板モデルで考える。すると、曲線の長さはこういう積分で定義できる。

$$\int_a^b \frac{2}{1-(x^2+y^2)} \sqrt{\left(\frac{dx}{dt}\right)^2 + \left(\frac{dy}{dt}\right)^2}\, dt$$

　ポアンカレ円板モデルの線素 ds は、ポアンカレ円板の外周に近付けば近づくほど大きくなる。ということは、ユークリッド幾何学の目で見て同じ長

さであっても、双曲幾何学の目で見ると外周に近いほど長くなるのだ。それは、メルカトル図法で描かれた地図上の距離が北極や南極に近づくほど長くなるのと同じだ。

　さっきテトラは、ポアンカレ円板モデルにおける"直線"は無限に伸びていないと言った。ユークリッド幾何学での長さを考えるならそうだ。しかし、ポアンカレ円板モデルでの"長さ"を考えるなら、違う。双曲幾何学の住民にとっては、円板の外周は無限のかなたにある地平線に似ている。決してそこにはたどり着けない。

　これがポアンカレ円板モデルだ。

◎　◎　◎

「これがポアンカレ円板モデルだ」とミルカさんが言った。「もっとイメージを広げてみよう。ユークリッド平面には正三角形、正四角形、正六角形のタイルを敷き詰めることができる」

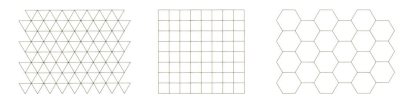

正 n 角形でユークリッド平面を敷き詰めた

「それと同じような発想で、ポアンカレ円板に"正 n 角形"のタイルを敷き詰めてみよう」

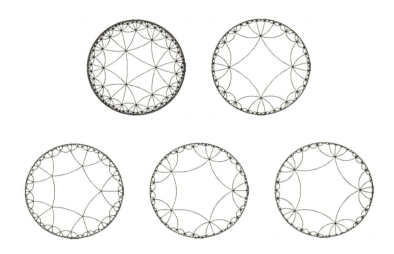

正 n 角形でポアンカレ円板を敷き詰めた

「これは、エッシャーの版画みたいですね！」とテトラちゃんが叫ぶ。

「そうだ。版画家 M. C. エッシャーは双曲幾何学のポアンカレ円板モデルをモチーフにした版画をたくさん残している」とミルカさんが答える。

「そうだったんだ……」と僕は言った。

「サッケリが発見していたように、双曲幾何学における三角形の内角の和は確かに $180°$ より小さくなっている。そして、この "正 n 角形" の各辺はポアンカレ円板の計量のもとでは "等長" だ」

「円周に近づくと、"辺" がとても短くなるように見えます」

「そう。"等長" の "線分" は、ポアンカレ円板モデルの中心近くでは長く見え、円周近くでは短く見える。ポアンカレ円板モデルにおける計量では中心からのユークリッド距離によって "長さ" が決まるからだ」

「あたしたちは、ポアンカレ円板を見ているとき、無限の果てまで見ていることになるんですね！」

「なるほど」と僕は言った。「考えてみると、僕たちがユークリッド平面上に立って地平線を眺めたときも、有限の視野の中に無限の果てまでが含まれているわけだよね。原理的にはそれと同じことか……」

やがて、テトラちゃんが言う。「リサちゃんは、コンピュータを使ってこういう図をたくさん作れるんですよね」

「《ちゃん》は不要」とリサは言う。「描画ライブラリを使えば」

「絶対、この図も入れます」とテトラちゃんは決心したように言う。

4.4.4 上半平面モデル

「双曲幾何学のモデルは、ポアンカレ円板モデルだけではない」とミルカさんが言った。たとえば**上半平面モデル**で先ほどのポアンカレ円板モデルと同じように2本の"直線"を描いてみよう」

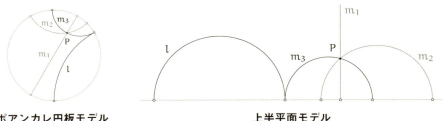

ポアンカレ円板モデル　　　　　　　上半平面モデル

「上半平面 H^+ を次のように定義する。

$$H^+ = \{(x, y) \mid y > 0\}$$

そして、線素 ds を以下のように定義したものが、上半平面モデルだ」

双曲幾何学の上半平面モデルにおける線素

$$ds^2 = \frac{1}{y^2}(dx^2 + dy^2)$$

「この式を見ればわかる通り、ds は y に依存する。y が 0 に近づけば近づ

くほど——つまり x 軸に近づけば近づくほど——線素 ds は大きくなる。双曲幾何学の世界の住民にとって、上半平面モデルの x 軸は、無限遠にある。たどり着けない地平線なのだ」

「たどり着けない地平線……」とテトラちゃん。

「ポアンカレ円板モデルでは《円板の外周》がたどり着けない地平線だった。上半平面モデルでそれに対応するのは《x 軸と無限遠点》を合わせたものになる」

4.5　平行線公理を越えて

「なるほどなあ……」と僕は言った。「線素 ds というのは、座標平面上の点 (x, y) に応じて——つまり位置に応じて——微小な距離を決めているということだよね。同じ双曲幾何学でも、線素の定義次第で、ポアンカレ円板モデルや上半平面モデルのように違う見え方になるんだ。それはメルカトル図法や、モルワイデ図法や、正距方位図法のように、同じ地球なのにいろんな地図の図法があるのと同じことだね」

「そこだ」とミルカさんは僕を指さした。「線素の定め方、すなわち計量の定め方によって、幾何学というものを一般化して考えることができる」

「一般化？」幾何学の一般化って、いったい何だ？

「ユークリッド幾何学から非ユークリッド幾何学が生まれた経緯を思い出すと、そこには平行線公理があった」とミルカさんは言う。「ロバチェフスキーとボヤイは、平行線公理に代わる公理を導入して双曲幾何学を作った。双曲幾何学では、"直線" 外の "点" を通る "直線" は無数にある」

「そうですね」とテトラちゃんは頷く。「平行線がどうなるかで、三種類の幾何学がありました。球面幾何学、ユークリッド幾何学、そして双曲幾何学……」

「しかし、リーマンは平行線公理にこだわる姿勢からさらに一歩進んだ」とミルカさんは言う。「計量をどのように定めるかを一般化して考えた。彼は、幾何学を何か一つ考えるのではなく、幾何学を作り出す計量に注目した。計量を変えれば、幾何学も変わる。計量を研究して無数の幾何学を考えようと

いう立場に立ったのだ。このように、計量を導入して一般化した幾何学のことを**リーマン幾何学**という」

「リーマン幾何学って聞いたことがあるけど、そういうものだったんだ。僕は、リーマン幾何学は非ユークリッド幾何学の一つだと思っていたよ」

「リーマン幾何学という用語は、異なる二つの意味で使われることがある。まず、リーマンが考えた具体的な非ユークリッド幾何学のことをリーマン幾何学と呼ぶ場合がある」とミルカさんは言った。「しかし、リーマン幾何学として重要なのは、計量を導入して一般化した幾何学のほうだ。こちらは無数の幾何学の総称となる」

「こういうことでしょうか」とテトラちゃんが言う。「リーマン幾何学というのは——ユークリッド幾何学も非ユークリッド幾何学も、それからあたしの知らない無数の幾何学も含むような幾何学——ですか。リーマン幾何学は、ユークリッド幾何学が "one of them" であるような幾何学?!」

「そういうことになる」とミルカさんが言う。

◎　◎　◎

そういうことになる。

ポアンカレ円板での線素を、

$$ds^2 = \underbrace{\frac{4}{(1-(x^2+y^2))^2}}_{g(x,y)} (dx^2 + dy^2)$$
$$= g(x,y)\ (dx^2 + dy^2)$$

と表現する。そして、dx^2 と dy^2 をそれぞれ $dxdx$ と $dydy$ と書き、さらに $dxdy$ や $dydx$ も明示的に書くならば、ds^2 はこう表せる。

$$ds^2 = g(x,y)\, dxdx + 0\, dxdy + 0\, dydx + g(x,y)\, dydy$$

さらに、この $g(x,y), 0, 0, g(x,y)$ という係数を $g_{11}, g_{12}, g_{21}, g_{22}$ とし、x, y をそれぞれ x_1, x_2 としよう。

$$ds^2 = g_{11}\, dx_1 dx_1 + g_{12}\, dx_1 dx_2 + g_{21}\, dx_2 dx_1 + g_{22}\, dx_2 dx_2$$

つまり、ds^2 はこう書ける。

$$ds^2 = \sum_{i=1}^{2} \sum_{j=1}^{2} g_{ij} dx_i dx_j$$

このとき、g_{ij} はある点のある向きに対して、ユークリッド幾何学の長さとどれだけずれているかを表現する関数だ。g_{ij} にもう少し条件は付くが、このような形をした計量を**リーマン計量**と呼ぶ。リーマン計量によって線素 ds が定まり、それを積分すればその空間上にある曲線の "長さ" が得られることになる。

計量と二点を結ぶ曲線とが与えられると、積分を使って曲線の長さを定義できる。曲線の長さをもとにして、二点間の距離を定義できる。ユークリッド空間の場合には、その二点間の距離は、二点を結ぶ線分の長さになる。

計量は距離の一般化だ。ユークリッド幾何学でも、球面幾何学でも、双曲幾何学でも、向きによって計量が変化することはなかった。私たちは空間のどの向きに対しても同じ距離を考えるけれど、向きや位置で変化する距離も考えられる。

ボヤイとロバチェフスキーは、平行線公理を証明しようと試みるうちに双曲幾何学を発見した。双曲幾何学は非ユークリッド幾何学の一つの例だ。

計量を定めると、ユークリッド幾何学の上に双曲幾何学のモデルが作れる。ポアンカレ円板モデルや上半平面モデルのことだ。リーマンは、さらにその先へ進んだ。計量によって無数の幾何学が生み出される。リーマンは、そのアイディアを就任講演で語り、それを聞いたガウスは興奮した。そのときリーマンは27歳、ガウスは77歳。ガウスには、幾何学の未来が見えたのかもしれない。

平行線公理をスタートとした幾何学の体系付けは、平行線公理以外の公理を持ってきても幾何学が作れるという方向に歩を進めた。そしてさらに、平行線公理へのこだわりから離れ、計量によって無数の幾何学が作れることをリーマンは示した。それは空間そのものを研究する方向へ進む一歩だった。その研究対象を、現代数学では**リーマン多様体**と呼ぶ。

◎　　◎　　◎

「リーマン多様体と呼ぶ」とミルカさんが言った。

そこで、下校時間のチャイムがなる。

「撤収開始」とリサが言う。

4.6　自宅

その夜。

僕の机の上には、温かいルイボスティが入ったマグカップが乗っている。さっき、母が持ってきてくれたのだ。

僕は今日のミルカさんの話を思い出していた。

僕は、非ユークリッド幾何学のことを知っている——と思っていた。数学の読み物にはよく出てくる話だからだ。ボヤイやロバチェフスキーやリーマンの名前も知っている。球面幾何学や変な形をした図形もたくさん見た。平行線公理が何を意味しているかも知っている。

でも、平行線公理から離れ、ピタゴラスの定理をずらすという発想をしたことはなかった。エッシャーの版画を見たことはあったけど、それが双曲幾何学のポアンカレ円板モデルに関連しているということは知らなかった。計量を考えることで、まったく違った無数の幾何学——無数の空間を研究できることも知らなかった。

何ということだ。《知らないふりゲーム》どころじゃない。僕はそもそも、何にも知らないんじゃないか！

焦る。

僕は何も知らない。世界は僕の知らないことばかりで満ちている。僕には、世界に立ち向かう準備ができていない。目の前の受験勉強で手一杯になるくらい、自分には力がないことを痛感する。

そんな焦りを感じながら、半ば機械的にマグカップを口に運ぶ。温かいルイボスティがのどを過ぎていくのがわかる。

違う、違う、違う。発想が逆だ。力がないからこそ、学ぶんだ。準備がで

きていないからこそ、しっかり準備をするんだ。

　いつだったか、僕はユーリに「数学は逃げない」と言ったことがある。心配しなくてもいい。焦らなくてもいい。

　　数学は逃げない。

　そして、僕は今日も問題に向かう。
　それは、僕の明日のために。僕の未来のために。

幾何学の公理は
先天的綜合判断でもないし、
実験的事実でもない。
それは規約である。
——アンリ・ポアンカレ『科学と仮説』（河野伊三郎訳）

第5章
多様体に飛び込んで

そこで私は「何重にも拡がったもの」という概念を，
一般的な量の概念から構成することを問題にした．
これから「何重にも拡がったもの」が
何種類もの量的関係を有し得ること，
したがって空間は「3 重に拡がったもの」の
特別な場合にしかすぎないことが導かれる．
——ベルンハルト・リーマン [25]

5.1　日常から飛び出る

5.1.1　自分が試される番

　高校一年生、高校二年生、そして高校三年生。

　僕の高校はいわゆる受験校だから、入学したときから大学進学が話題になっていた。保護者向けの高校紹介パンフレットでも、どの大学に何人の合格者を出したかというアピールが盛んだった。難関医学部への合格率。国公立大学への進学実績。

　高校一年生、高校二年生、そして高校三年生。

　上級生が受験に向かい、そして卒業していくのを見ていた僕たちの学年も、いよいよ受験シーズン本番に突入しようとしていた。そう、気温が下がり、風が冷たくなると共に。

受験を《外》から眺めていることと、受験の《中》に飛び込むこととの間には、とてつもなく大きな違いがある。傍観者なら無責任でいられるし、こうなるだろうと気楽な予測もできる。しかし、当事者として奔流に巻き込まれていたら無理だ。自分の周囲、世界のほんの一部しか見えなくなる。自分の位置もわからず、未来も見えない。ただ、ただ、もがいて進むしかないのだ。

そして、驚く。卒業していった、あの上級生たちもみな、このような奔流をくぐり抜けていったのだということに。当事者になって初めて、そのすごさを思い知る。大学受験を迎えるのは、恐いことだ。自分が試される番がやってくるのは恐いことだ。

僕は――なんて愚かなんだろう。当事者になるまで、そんな簡単なことすら想像できなかったなんて。

5.1.2　ドラゴンを倒しに

「ねー、お兄ちゃん！　ユーリの話、聞いてる？」

僕の考えをユーリの大声が破る。

いまは土曜日。ここは僕の部屋。

いつものように従妹のユーリが遊びに来ている。

「ユーリは気楽でいいな」と僕はため息をつきながら言った。「いま、演習問題の解説を読んでるから忙しいんだけど」

「解けたんでしょ？　なら、いーじゃん」

「演習問題は、解けるかどうかだけが大事なんじゃないよ。自分の理解が正しかったか、もっといい考え方がないかを調べなくちゃ。解説を読むと、自分の弱点が見つかることがよくある。弱点が見つかったらそこを補強する。そんなふうに演習問題を使わなかったら意味ないだろ？　自分へのフィードバックが大事なんだ」

「うわ真面目。受験勉強、進んでますかー！」

「進んでるよ。ときどき従妹の妨害が入るけど」

「何それ。受験勉強って、演習問題とにかく解けばいーんじゃないの？」

「演習問題と同じものが大学入試で出るわけじゃないからなあ。秋には実力テストもあるし、冬のクリスマス直前には《合格判定模擬試験》がある。

判定模試には、がっちりした手応えがほしい。そこまでの時間は限られている」……なんて、僕は中学生を相手に何を言ってるんだろう。「ユーリだって、高校入試の判定模試があるんじゃないのか？」

「あったっけ。まー何とかなんじゃない？　あー中学生でよかった！」ユーリはポニーテールをほどいて、三つ編みしながらのんきな声を出す。「真面目な真面目なお兄ちゃん、ドラゴン倒しに行くみたい」

5.1.3　ユーリの疑問

「ドラゴンはどうでもいいよ。何の話だっけ？」と僕は言った。

「4次元サイコロってどーゆーの？」とユーリが言った。

「4次元サイコロ？」

ユーリは文庫本を見せる。僕も中学時代に愛読していた数学読み物だ。

「この本に書いてあったの。4次元サイコロは3次元に持ってくるのは不可能って。でもそもそも4次元サイコロが何だかわかんない」

「4次元サイコロは、4次元のサイコロじゃないかな」

「あーもー！　だったら、4次元のサイコロっていったい何？」

「考えてみればわかるよ。僕は中学生のときに一人で考えたことがある。僕たちの世界は3次元で、サイコロがどんな形かはわかっている。だとしたら、4次元のサイコロはどんな形か、どんな形であるべきか」

「4次元の世界なんて、考えてわかるもんなの？」

「ちょうどユーリと同じように本を読んでいて、4次元の世界のことが書いてあったんだよ。4次元は3次元にもう一つ次元が加わったものだって……あれ、この話、前にしたことあるよね[1]」

「まーいーから」

「でも、よくわからなかった。4次元の世界にあるものなんて目に見えないからね。だから、わかっていることを使って4次元のサイコロを類推することにしたんだよ」

「わかってることって、何？　4次元の何がわかってるの？」

---

[1] 『数学ガール／ガロア理論』

「いきなり 4 次元のことはわからない。だから、もっと低い次元から考えることにしたんだ。中学生のとき、1 次元から 3 次元までは感覚的にこう理解していた。これがわかっていること。

- 1 次元……線の世界
- 2 次元……面の世界
- 3 次元……立体の世界

1 次元、2 次元、そして 3 次元。この三つの世界のことはおおよそ知ってた。だから、それぞれの世界をよく調べれば、4 次元のことも類推できるんじゃないかって考えたんだよ」

「へー、そんなこと中学生のとき考えてたの？」

「話したことなかったっけ」

「にゃいにゃい。その話、してして！」

こんなふうにして僕たちは、4 次元サイコロを探る旅へ飛び込んでいった。

5.1.4　低次元を考える

「中学生のときに考えてたことを順番に話してみるよ」と僕は言った。

「望むところじゃ」とユーリは答えた。

「最初に考えたのは 3 次元の世界にある**立方体**のことだった。サイコロは立方体だからね。立方体というのはどんな形だろうか——と僕は考えたんだ」

◎　　◎　　◎

立方体というのはどんな形だろうか——と僕は考えたんだ。もちろん、具体的な立方体の形は知っている。でも、もっときちんと、3 次元における立方体を説明しよう。そして、その説明をすっと 4 次元に持っていけば 4 次元の立方体も説明できるんじゃないか。僕はそう考えたんだ。

僕なりに一生懸命考えて出た結論は、

　　立方体 は、正方形 を貼り合わせた形

ということだった。

　サイコロを想像すればすぐにわかる。サイコロには⚀から⚅までの面がある。そしてその各面は**正方形**だ。その 6 枚の正方形を貼り合わせてサイコロはできている。だから、立方体は、6 枚の正方形を貼り合わせて作った形といえる。

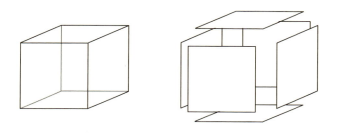

立方体は、正方形を貼り合わせた形

　そして次に、僕は正方形について電撃的な発見をしたんだ。それは、

　　正方形は、2 次元の立方体といえる！

という発見だった。正方形を立方体なんて呼ぶのはおかしいけど、あえて《正方形は、2 次元の立方体》だと考えてみた。僕はこの発見にめちゃくちゃ興奮したんだ。

　どうして興奮したかというと、

　　立方体 は、正方形 を貼り合わせた形

のことを、

　　3 次元の立方体 は、2 次元の立方体 を貼り合わせた形

と言い換えられることに気づいたから。

　中学生の僕は、4 次元の立方体について知りたいと思ったけど、4 次元の立方体なんて知らない。でも、3 次元の立方体が 2 次元の立方体を貼り合わせて作れるなら、大きな一歩を踏み出せる。なぜって、次元を一つ上げれば、

4 次元の立方体 は、3 次元の立方体 を貼り合わせた形

のようにと考えを進めることができるからね！

　4 次元の立方体を作りたかったら、3 次元の立方体——つまり、普通の立方体——を貼り合わせればいい！　こう考えるのはとても正しく思えた。正しくて、自然で、美しい、と思った。そこには、一貫性があったからだ。

◎　　◎　　◎

　「そこには、一貫性があったからだ」と僕はユーリに言った。
　「おもしろーい！　お兄ちゃん。おもしろいにゃあ！」
　「僕はこの考え方に夢中になったけど、恐かった」
　「恐いって、何が？」
　「まちがうことが、だよ」と僕は言った。「4 次元の立方体は 3 次元の立方体を貼り合わせた形って考えたけど、それは僕が勝手に考えたことだよね。僕が勝手に考えたことが本当に正しいかどうか、それをもっとちゃんと確かめたいと思った」
　「ほほー」
　「だから、僕は次元をもう一つ下げて考えたんだ」

◎　　◎　　◎

　だから、僕は次元をもう一つ下げて考えたんだ。3 次元の立方体は、いつもの立方体のこと。2 次元の立方体は、正方形のこと。
　だったら、1 次元の立方体はいったい何だろうか。そして 1 次元の立方体を貼り合わせたら、2 次元の立方体——正方形——になるだろうか。
　僕は、すぐにわかった。
　1 次元の立方体というのは、正方形の一辺のこと。つまり、線分のことなんだ。そして確かに、1 次元の立方体——線分——を貼り合わせると、2 次元の立方体——正方形——ができるじゃないか！

正方形は、線分を貼り合わせた形

僕は大興奮だった。次元を一つ下げた、

<u>2次元の立方体</u>は、<u>1次元の立方体</u>を貼り合わせた形

は確かにいえる。でもそこで、重大な問題に気がついてしまった。

◎　◎　◎

「でもそこで、重大な問題に気がついてしまった」と僕は言った。
「重大な問題……って？」
「中身が詰まっているかどうかだよ。サイコロというとき、自分が二通りのものをイメージしていることに気づいたんだ。粘土でサイコロを作ったときのように、中身までぎっしり詰まっている立体なのか、それとも工作用紙でサイコロを作ったときのように、表面だけがあって中身は空っぽの立体なのかということ」
「どっちでもいーじゃん。どっちも立方体だもん。それって重大なの？」
「重大だよ。中学生の僕は《立方体は、正方形を貼り合わせた形》から考えをスタートした。でも、板のように中身が詰まった正方形を貼り合わせてできるのは、中身が空っぽの立方体だ。中身が詰まっているかどうかについて、ズレが発生しているよね？」
「ははーん……にゃるほど。中身の詰まった2次元の立方体を貼り合わせてみたら、中身の詰まってない3次元の立方体になっちゃった！　おかしい！……ってゆーこと？」
「そういうこと。中学生の僕は類推だけで勝負しようとしていた。だから、中身が詰まっているかどうかのズレは重大だったんだよ」

「お兄ちゃん、賢いにゃ。そんで、どーやって解決？」

「中身が詰まったものと、表面だけのものを区別すればいい。つまりね、

- 中身までぎっしり詰まったものを**サイコロ体**と呼び、
- 表面だけで中身が空っぽなものを**サイコロ面**と呼ぼう。

と考えたんだ。さっき言った僕の発見は、少し修正する必要がある」

- 1次元サイコロ面は、1次元サイコロ体4個を貼り合わせた形
  （正方形の外枠は、4本の線分で作る）
- 2次元サイコロ面は、2次元サイコロ体6個を貼り合わせた形
  （立方体の表面は、中身が詰まった6個の正方形で作る）

「はー、なるほどーっ！」

「これだけ証拠がそろったんだから、僕はかなり確信を持って4次元の世界に飛び込めると思った。つまり、こうだよ」

- 3次元サイコロ面は、3次元サイコロ体を貼り合わせた形だ！

「すごい！」とユーリは叫ぶ。「あれれ？　でも、おかしくない？　作りたいのは3次元 サイコロ面じゃなくて、4次元 サイコロ面でしょ？」

「そこは注意深く考える必要がある。僕の名前の付け方だと、3次元サイコロ面でいいんだ。だって、工作用紙で作ったサイコロは2次元 サイコロ面だろ。表面だけのサイコロというのは、3次元の世界に置かれているけど、あくまで2次元サイコロ面」

「ははーん……」

「だから、そこから1次元上げたものは3次元 サイコロ面でまちがいない。僕たちが考えたいのは、4次元の世界に置かれている3次元サイコロ面なんだよ」

「そっか！」

「次に僕は、3次元サイコロ体をどう貼り合わせるかを考えた」

「ちょっと待って」とユーリは目を光らせて僕を止める。「3次元サイコロ体をどんなふうに貼り合わせたら、3次元サイコロ面になるか——それってユーリにもわかるような気がする！」

「おっと」

「だってね」ユーリは、ひとつひとつ言葉を選ぶようにして言う。「考えたいことは、こうでしょ？

- 3 次元 サイコロ面を作るには、
  3 次元 サイコロ体をどう貼り合わせるか

だったら、中学時代のお兄ちゃんが考えたのと同じように、

- 2 次元 サイコロ面を作るには、
  2 次元 サイコロ体をどう貼り合わせるか

を調べればいいんじゃない？」

「ユーリ、すごいな！　その通りだよ！　低次元で考えるんだ！」

「へへ」ユーリは照れて頭を掻くそぶりをする。「もっとほめてほめて」

「まあ、このくらいで」

「ちぇっ！　……えーと、2 次元サイコロ体ってゆーのは、中身の詰まった正方形のことだよね。それを貼り合わせて 2 次元サイコロ面を作る……そのとき、正方形はぜんぶ、隣の正方形と辺がぴったりくっついてる」

「そうだね」

「正方形を隣の正方形とくっつけるのが、2 次元サイコロ面の作り方……でいい？」

「それでいいよ、ユーリ。2 次元サイコロ体を 6 個集めて、辺で貼り合わせれば、2 次元サイコロ面が作れる。2 次元サイコロ面を作る 2 次元サイコロ体の一つに色を塗ったらこんな感じだね」

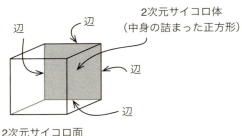

2次元サイコロ体同士を辺で貼り合わせる

「ふふん！ じゃ、同じことを3次元サイコロ体でやればいいね。3次元サイコロ体には6個の面があって、その6個の面を、隣の3次元サイコロ体にぴったりくっつけると、3次元サイコロ面ができる——なんて、そんなの、無理！」

「何が無理？」

「だってね、3次元サイコロ体って中身の詰まった立方体じゃん？ それを何個か集めてぜんぶくっつけて、貼り合わせてない面は一つも残ってない——そんなの、サイコロをぐにゃっと曲げなくちゃできないもん」

「そうなるね。ユーリの言う通りだと思うよ」

「だめじゃん。サイコロをぐにゃっと曲げたら、立方体じゃなくなるし」

「3次元ではね」

「？」

5.1.5 どんなふうにゆがめるか

「いま僕たちは、3次元サイコロ体、つまり中身の詰まったサイコロを貼り合わせようとしている。中身の詰まった立方体の面同士を貼り合わせて、4次元に置かれた3次元サイコロ面を作りたいんだ。でも、それを3次元で見ることは難しい。しかたがないから、形をゆがめよう」

「えー、でも、それじゃ形がわかんなくなるじゃん」

「お兄ちゃんも中学生のとき、ユーリと同じように形をゆがめちゃ駄目だって考えたけど、すぐ気がついた。そもそも、僕たちはいつもサイコロをゆがめて見てるんだ」

「は？」

「つまり、こういうことだよ。僕たちはいま、

　　4次元に置かれた3次元サイコロ面を、3次元で見よう

と思っている。そこで次元を一つ下げてみよう。つまり、

　　3次元に置かれた2次元サイコロ面を、2次元で見よう

と思うんだ。どうすればいいだろうか」

「2次元で見るって、紙に描けばいいでしょ？」とユーリ。

「2次元サイコロ面を2次元で見たら、こんなふうにゆがむよね」

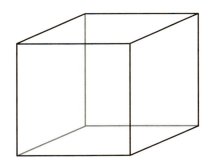

2次元サイコロ面を2次元で見る

「ゆがんでないじゃん。ぜんぶ正方形だもん」

「いやいや、ユーリ。違うよ。頭の中で勝手に正方形に戻しちゃだめ。ぜんぶで6個あるはずの正方形のうち、正方形として見えている面は手前と奥の2個しかないよね？　残りの上下左右の4個はすべてひしゃげた平行四辺形になっている。ゆがんでいるってそういうことなんだよ。整理すると——

- 3次元に置かれている2次元サイコロ面を2次元で見たら、
  2次元サイコロ面を作ってる2次元サイコロ体のいくつかはゆがむ。

だから、

- 4次元に置かれている3次元サイコロ面を3次元で見たら、
  3次元サイコロ面を作ってる3次元サイコロ体のいくつかはゆがむ。

——ということ」

「おー、なるほどー……そこまではわかったよん。でも、実際にやってみてよ。ゆがめても何でもいいから、3次元サイコロ体を貼り合わせて3次元サイコロ面を作ってよ！」

「こういう立体が考えられる」

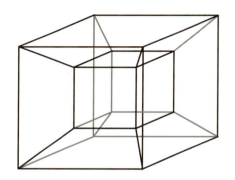

3次元サイコロ面を3次元で見る

「ほほー？」

「これを見るときには想像力がかなり要るけどね。本当は、これは立体模型なんだよ。でも、いまは図に描いてしまっている。つまり、厳密にいえば、4次元のものを3次元に落としたものを2次元に落としている」

「うーん……」

「ここにサイコロは8個ある。どのサイコロのどの面を調べても、隣のサイコロの面にぴったり貼り付いている。一番わかりやすいのは中央にある小さなサイコロ。このサイコロの6個の面は、周りにあるゆがんだサイコロの面に貼り付いている。ゆがんだサイコロは、頭を切り落としたピラミッドの形にゆがんで見えている。頭を落としたピラミッドはこの図の中に向きを変

えて 6 個描かれている。たとえば、頭を落としたピラミッドの一つはこれ」

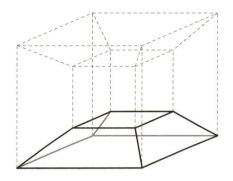

頭を落としたピラミッドの一つ

「……」

ユーリは口を閉じた。秋の日差しを受けて、編み直した栗色の髪が金色に輝く。彼女は《思考モード》に入ったようだ。僕は彼女がこちらの世界に戻ってくるのを静かに待つ。

「お兄ちゃん……」ユーリはようやく言葉を出した。「これ、変だよ。立方体がゆがんでいるのはわかったし、中央にある小さなサイコロの面がぜんぶ周りの頭なしピラミッドにくっついているのもわかる。でも、これ見るとね、ピラミッドの底にある大きな正方形はどこにもくっついてないじゃん？」

「そんなことないよ。ピラミッドの底面は、外側の一番大きなサイコロにくっついている」

「は？ 外側の一番大きなサイコロって……他のサイコロをぜんぶ中に含んでいるじゃん。だから、ここにあるのはぜんぶで 7 個のサイコロしかないでしょ？ 中央のサイコロ 1 個と、頭なしピラミッド 6 個」

「ユーリは、僕が考えたのとまったく同じ道を通ってきているよ。僕も中学生のときに、同じように悩んだ。でもね、この図には 8 個のサイコロがあるんだ。小さな立方体 1 個、頭を落としたピラミッドが 6 個、そして一番外側の大きな立方体 1 個」

「意味わかんない」

「2次元サイコロ面の、同じような描き方と比べればわかりやすいよ。サイコロの一つの正方形をぐっと押し広げてペタンと押し潰してしまう。そうすれば、3次元に置かれた2次元サイコロ面を2次元に押し込むことができるよね。押し潰した正方形は外側の大きな正方形⑥なんだ」

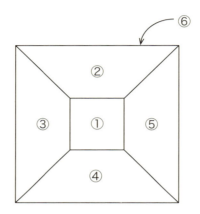

3次元に置かれた2次元サイコロ面を、押し潰して2次元で見る

「そーゆーことか……」
「さっきの3次元サイコロ面でも同じように考える。つまり、4次元に置かれた3次元サイコロ面を、押し潰して3次元で見た結果として、外側の立方体が大きくなっちゃったということ」
「うーん、でもやっぱり中に入っているのと外側が重なってるのが気になるにゃあ……」

　……僕とユーリの一日は、そんなふうに過ぎていった。

5.1 日常から飛び出る　175

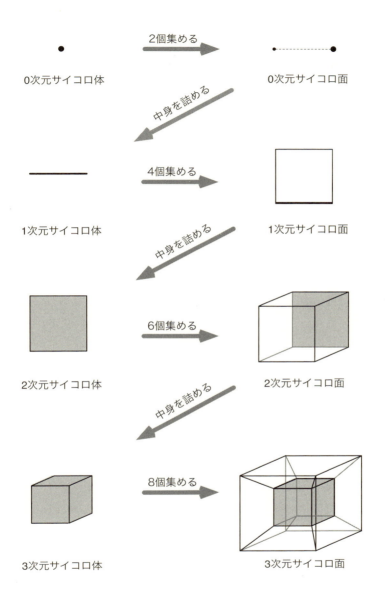

5.2　非日常に飛び込む

5.2.1　桜の木の下で

　高校。月曜日の朝は全校集会がある。毎週、全校生徒が講堂に集合し、校長のありがたい言葉を聞かなければならない。

　秋も深まり——勉学に集中する最適の季節が——特に高校三年生はラストスパートの——。

　どうして、わかりきっている話を聞かなければならないんだろう。僕は眼鏡を直すふりをしてあくびをかみ殺す。

　全校集会が終わって、教室に戻る途中、僕はそっと校舎を抜け出した。一限はどうせ自習だ。裏の並木に足を踏み入れ、ゆっくり歩く。周りには誰もいない。

　前にひときわ大きな木が見えた。僕は近寄って見上げる——そうだ、これはあの桜の木だ。

　いまが春ならば、あたり一面は桜色に染まり、その存在を強く意識する木。でも、いまは秋。ただの大きな木にすぎない。

　「覚えている？」

　その声に僕は振り向く。すぐ後ろに、ミルカさんが立っていた。
　「もちろん、覚えているよ」と僕は答える。
　高校一年生の春、僕はこの桜の木の下でミルカさんと初めて会ったのだ。
　彼女は僕と並んで木を見上げる。柑橘系の香りが僕の鼻をくすぐる。
　「私も覚えている」とミルカさんは言う。
　僕たちは何も言わずに立っていた。誰かの掛け声が校舎の向こうにあるグラウンドから遠く響いてくる。どこかのクラスがこの寒い中、体育の時間なのだろう。でも、この桜の木のすぐそばには、僕とミルカさんしかいない。
　「ねえ」と僕は沈黙に耐えきれず話し出す。「ミルカさんは、最短コースで進路を進んでいくんだね」

「最短コース？」とミルカさんはまっすぐに僕の目を見て言った。

（視線も最短コースだな）と僕は思う。

「《ビーンズ》へ行こう」と彼女は言った。

じゃ、鞄を取りに教室に――と思ったけれど、僕は何も言わない。ミルカさんが行こうと言うのなら、僕も行こう。いますぐに。

5.2.2 裏返す

僕たちは駅前の喫茶店《ビーンズ》に入り、向かい合わせの席に座る。

「君、受験勉強は？」と彼女は言う。

「まあまあだね。でも、母親みたいなこと聞かないでほしいな」と僕は言った。みんなが僕にその質問をぶつけてくる。

「私は君のお母さまのように素敵じゃない」やってきたコーヒーを口に運びながらミルカさんは言った。彼女のメタルフレームの眼鏡がわずかに曇る。「お元気なの？」

「うん、大丈夫みたいだよ」彼女は母の入院騒ぎのことを言ってるのだ。

「ユーリはどうしてる？ 最近会ってないな」

「あいかわらずだよ。本を読んだり、数学の問題を考えたり」と僕は答え、先日話した4次元サイコロ……つまり、3次元サイコロ面のことを手短に説明した。「8個の3次元サイコロ体を貼り合わせて、3次元サイコロ面を作ったんだよ。でも、ユーリは次元を落とすときに重なってしまうのが気になるらしくて」

「ふうん……無限遠点を足した上で**裏返す**のはどうだろう」

「裏返す？」

僕がそう言うと、ミルカさんは書く仕草をする。僕に筆記具を出せと合図しているのだ。そんなこと言われても、筆記具はぜんぶ学校に置いてきたんだから……僕は《ビーンズ》の店長から紙とボールペンを借りる。

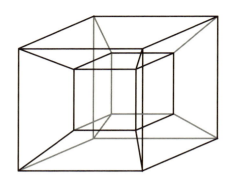

3次元サイコロ面を3次元で見る

「ここで、大きな立方体は**裏返し**になっていると考える」
「どういうこと？」
「君はこの図形の外側の全宇宙のことを、立方体の《外》だと思っている。しかし、立方体の《中》だと考えてみる。3次元サイコロ体の《中》に全宇宙が入っているんだよ」
「いや、意味がわからないんだけど」
「たとえば無限に広い宇宙を考える。その中に、ガラスでできたこの立体が浮かんでいるとしよう。そのとき、周りの宇宙全体が8個目の立方体の《中》となる。そして、この宇宙全体を《中》に抱えている裏返しの立方体は正方形の面を6個持っていて、それがピラミッドの6個の底面に貼り付いているということ」
「うっ！」と僕はおかしなうなり声を出した。なんだその発想は！
「見えたかな」
「見えた。ぐるりと裏返した立方体ということだね！」
「そうだ。3次元サイコロ面を3次元にむりやり押し込めた様子は、そんなふうにも描ける。位相的には無限遠点を加える必要があるけれど」
「……なかなかだなあ」
「次元を下げて、同じこともできる。つまり、2次元サイコロ面を2次元にむりやり押し込めてみよう」

「それはわかるよ。一つの正方形を大きくして潰すんだよね」

「それでは重なってしまうから、正方形の周り全体を《中》だと思うことにする。6個目の正方形の《中》は、⑥と番号を付けた領域すべてだ」

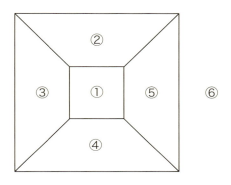

「確かに……これは2次元版か」

5.2.3　展開図

「押し潰したり、裏返したりもいいけれど、ゆがめない方法もいい」とミルカさんは言った。

「ゆがめない方法って？」

「3次元サイコロ面の展開図を作ろう」と彼女は手早く図を描いていく。「まずは、2次元サイコロ面の展開図だ。2次元サイコロ面としては本来くっついている辺をいくつか切り離す。そして平面に広げる。そうすると、正方形をゆがめることなく平面上に展開できる。辺を切り離したわけだから、展開図では一つの辺が二か所に分かれてしまうけれど。この図では、本来同じ辺同士を矢印で結んでいる」

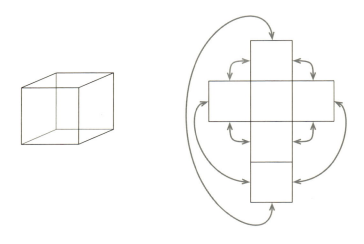

2次元サイコロ面の展開図（2次元サイコロ体 6 個）

「なるほど。これと同じことを 3 次元サイコロ面でやろうというんだね。2 次元サイコロ面の展開図は正方形の集まりになる。ということは、3 次元サイコロ面の展開図は立方体の集まりになるということか！」

「そう。次元を上げて、話は同じように進む」とミルカさんは頷く。「3 次元サイコロ面の展開図だ。3 次元サイコロ面としては本来くっついている面をいくつか切り離す。そして空間に広げる。そうすると、立方体をゆがめることなく空間上に展開できる。面を切り離したわけだから、展開図では一つの面が二か所に分かれてしまうけれど。この図では、本来同じ面同士を矢印で結んでいる」

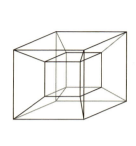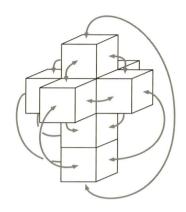

3次元サイコロ面の展開図(3次元サイコロ体8個)

「3次元サイコロ面の展開図はわかったよ。確かにおもしろいね」
「飛び込んで移動すれば、《有限で、果てがない》様子も想像できる」
「有限で……果てがない? 3次元サイコロ面が《有限》なのはいいけど、《果てがない》というのはどういう意味?」
「3次元サイコロ面に住んでいる生物がいたら、どの向きに、どこまででも進んでいけるという意味。立方体の一つに飛び込み、そこから隣の立方体へ進んで行く。たとえば、向かい合わせになった面を突き抜ける。それを続けていったらどうなるか」

僕は、ミルカさんが描いた3次元サイコロ面の展開図を見ながら考える。
「なるほど。4個の立方体を通ってもとに戻るのか」

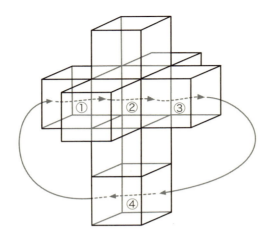

3 次元サイコロ面の中をどこまでも進んで行く様子

「自分はまっすぐに進んでいるように感じるけれど」とミルカさんは言った。「実際は有限の範囲を——ここでは 4 個の立方体の中を——ぐるぐる回っているだけだ。3 次元サイコロ面に住んでいる 3 次元の生物は、3 次元サイコロ面の《外》には、どうしても出られない。どの向きにも必ず面で貼り合わされた隣の立方体が存在するからだ」

「確かにそうだなあ。ちょうどそれは、2 次元サイコロ面に住んでいる 2 次元の生物が、2 次元サイコロ面の《外》に出られないのと同じことだね」

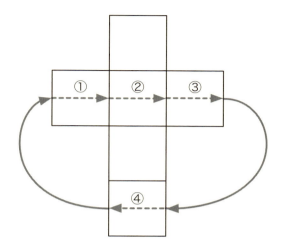

2 次元サイコロ面の中をどこまでも進んで行く様子

「そういうことになる」とミルカさんは言う。「2 次元サイコロ面を移動している 2 次元生物は、サイコロ面の《外》には出られない。どの向きにも必ず辺で貼り合わされた隣の正方形が存在するからだ」

「空間の中をこんなふうに移動していく感覚は新鮮だなあ」

「そう？ メビウスの帯やクラインの壺で私たちは立体の表面を撫でた。あれは 2 次元空間を移動していたことになる。2 次元空間なら《撫でる》ことができる。しかし、3 次元空間では《撫でる》という表現はしにくい。私たちの意識では 3 次元空間の《中》に入ってしまうからだ。4 次元の生物ならば、もしかしたら 3 次元空間を《外》から見た図形のように考えて《撫でる》ことができるかもしれないが」

「3 次元の生物が 3 次元空間を《外》から見ることが難しいのは、2 次元の生物が 2 次元空間を《外》から見ることが難しいのに似ているね」

「世界をいくら歩んでも世界の端に行き着かないとしたら」とミルカさんは興奮気味に言う。「それは《果てがない》ということだ。ただし、《無限で、果てがない》場合と《有限で、果てがない》場合の二つがある。ユークリッド平面やユークリッド空間は《無限で、果てがない》。2 次元球面や 3 次元球

面は《有限で、果てがない》」

「2次元球面はそうだけど、3次元球面は違うよね」と僕は反論した。「2次元の生物は2次元球面の外には出られないけど、3次元の生物は3次元球面の外には出られるよ」

「それが本当ならすごいな」とミルカさんは棒読み口調で言う。「しかし、それは君の勘違い。3次元球面という空間を誤解している。3次元球面は3次元多様体の一種だ」

「多様体?」

「n次元多様体というのは、n次元ユークリッド空間と局所的に同相な空間のこと。2次元球面は、2次元多様体の一種。3次元球面は、3次元多様体の一種。3次元球面のどの点でも、近傍を見回すと3次元ユークリッド空間に見える。2次元球面も、3次元球面も境界がない閉多様体だから、3次元球面の中にいる3次元の生物は《外》には出られない」

「ええと……僕は3次元球面を勘違いしているのかな」

「君は**ポアンカレ予想**を知らない?」

5.2.4 ポアンカレ予想

「ポアンカレ予想なら知ってるよ。テレビ番組で見ただけだけど」

「ポアンカレ予想には、S^3と呼ばれる**3次元球面**が出てくる。しかし、多くの人は3次元球面S^3のことを2次元球面S^2と誤解している。3次元球面と聞いて、ボールの表面のような立体を想像してしまうのだ。人によっては3次元球面のことを中身の詰まったボールのように誤解する場合もある」

「僕もそれだね。3次元球面を中身の詰まったボールだと想像してた」

「3次元球面というのは、君が中学生のときに考えていた3次元サイコロ面と同じネーミングだが?」

「……そうか」僕は自分の混乱を自覚した。「ボールを想像したのは、ポアンカレ予想のテレビ番組で、ボールにひもを巻き付ける話が出てきたからかも。そのイメージが残っていたのかなあ」

「あれは次元を一つ落とした説明だ」とミルカさんは言う。「ボールの表面は2次元球面。3次元球面とはまったく異なる。2次元サイコロ面は3次元

サイコロ面とまったく異なるだろう？」

「……確かに」

「ポアンカレ予想に登場する 3 次元球面はボールの表面ではないし、中身の詰まったボールでもない。3 次元球面は、私たちの言葉では空間と呼びたくなるようなものだ」

「うーん……でも、3 次元サイコロ面はゆがめた立方体や、展開図で想像できるけど、3 次元球面はぜんぜんイメージできないなあ」

「3 次元球面は、3 次元サイコロ面と同相で、3 次元多様体の一つになる。3 次元球面も、3 次元サイコロ面と同じように考えられる」

5.2.5　2 次元球面

3 次元球面も、3 次元サイコロ面と同じように考えられる。

しかしまずは、2 次元球面について考えよう。ゴムでできた風船を想像する。風船になった地球儀だ。それは 2 次元球面になる。その地球儀を赤道部分で切り離し、北半球と南半球を覆っている部分をそれぞれ広げる。そうすれば、円板 2 枚になるだろう。貼り合わせるときには赤道という円周、つまり 1 次元球面を使う。

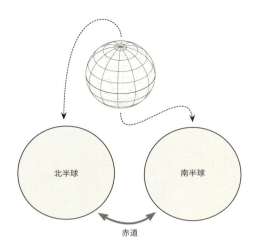

地球儀の表面を 2 枚の円板にする

　2 次元の生物が 2 次元球面を移動するとき、北半球からスタートして赤道を越えて南半球へ行く。さらにもっと進むとまた赤道を越えて北半球に戻る。生物は、どこまでも進むことができるけれど、有限であることはわかる。これは、地球に住む私たちの感覚に似ている。地球の表面は《有限で、果てしない》世界だから」

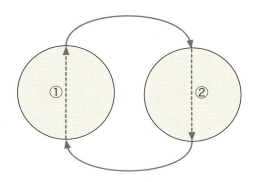

2 次元生物が 2 次元球面を一周する様子

5.2.6　3 次元球面

「うん、2 次元球面はよくわかるよ。赤道で切って伸ばせば円板 2 枚になる。それで、3 次元球面は？」

「中身が詰まった円板 2 枚を、その円周で貼り合わせれば、2 次元球面と同相になる。次元を上げてそれと同じことをする。つまり中身が詰まった球体 2 個を、その表面で貼り合わせれば、3 次元球面と同相になる」

「えっ……球体を表面で貼り合わせる？」

「少しの想像力があれば難しくはない。2 次元の生物が 2 枚の円板を、赤道を越えて旅したように、3 次元の生物が 2 個の球体を、球面を越えて旅する様子を想像する」

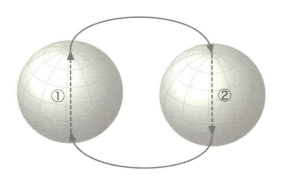

3次元生物が3次元球面を一周する様子

「なかなか難しいな……片方の球体の《中》を移動していて、表面に出たとたん別の球体の《中》に入り込む？」

「その通り」とミルカさんは頷く。「この図では一つのループだけを描いたけれど、片方の球体のどこから表面に出たとしても、それと同時に他方の球体の《中》に入り込むことに注意が要る」

「そうかそうか……球体2個の表面を貼り合わせているからだね。球体の表面を貼り合わせるという意味がわかってきたよ」

「2個の球体を使って、3次元球面のイメージはつかめるだろう。n次元球面は一般にS^nと表記する。数式を使えば一貫してS^nを表現できる」

$$x^2 = 1 \qquad \text{0次元球面 } S^0 \text{（2点）}$$
$$x^2 + y^2 = 1 \qquad \text{1次元球面 } S^1 \text{（円周）}$$
$$x^2 + y^2 + z^2 = 1 \qquad \text{2次元球面 } S^2 \text{（球面）}$$
$$x^2 + y^2 + z^2 + w^2 = 1 \qquad \text{3次元球面 } S^3$$
$$\vdots \qquad\qquad \vdots$$

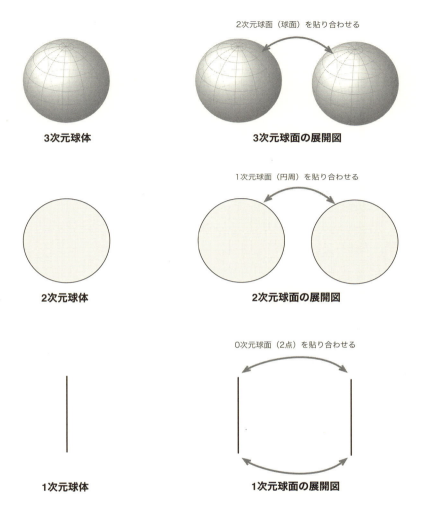

　「ねえ、さっきミルカさんは、n次元多様体の話をしていたね。3次元球面は3次元多様体の一種って」
　「うん？」すっかり冷めたらしいコーヒーを飲みながら、彼女は視線を僕に向ける。「それが？」
　「3次元多様体は局所的にユークリッド空間に同相——ということは、3次

元球面の中で周りを見るのと、3次元ユークリッド空間の中で周りを見るのとでは、トポロジー的には区別が付かないんだろうか」

「大ざっぱにいえば、そうだ」とミルカさんは答える。「あくまでも、局所的にはということだけれど。2次元球面は局所的には2次元ユークリッド平面と同相だが、全体を見渡せば違う。3次元球面は局所的には3次元ユークリッド空間と同相だが、全体を見渡せば違う」

「局所的には区別が付かないのに、全体を見渡せば区別が付くというのは難しいなあ。だって《全体を見渡す》というのは《外》から図形を見ているよね。2次元の曲面ならまだしも、3次元以上になって自分がその中に飛び込まなくちゃ想像できないとしたら、どうやって全体を見渡すんだろう。ユークリッド空間の中で眠りについて、3次元球面の中で目覚めたとして、周りを見渡しても区別が付かないということだよね」

「急に詩的になったな。区別を付けるため、《形を知る道具》の一つを使う手がある」とミルカさんは言った。

「形を知る道具？」

「群だよ」

……僕とミルカさんの一日は、そんなふうに過ぎていった。

5.3　飛び込むか、飛び出るか

5.3.1　目覚めたときには

「先輩？」

その声に、はっと顔を起こす。

僕の前には、大きな目をしたショートカットの女の子。少し心配そうな顔をしてこちらを見ている。

「……テトラちゃん？」

僕は周囲を見回す。たくさんの机。壁際には見慣れた本棚。遠くには、ブ

ロンズでできた哲学者の胸像。その隣には、本が積まれたキャスター付きの台……そうか、ここは高校の図書室だ。

「先輩？」後輩のテトラちゃんは繰り返す。「お忙しいところすみません。もうすぐ、下校時間になりますが——」

「ああ、もう、そんな時間なんだ」と僕は答える。確かに、窓の外はだいぶ暗くなっている。

放課後の図書室で、僕は演習を解いていた。計算にどっぷり浸かっていた僕は、テトラちゃんの声で我に返った。思考の世界から飛び出して、瞬時にこちらの世界に戻ってきたようだ。いや、それとも眠っていたのか？

「まもなく瑞谷先生の宣言です。先輩もお帰りになりますよね、それで、あのですね……」テトラちゃんは両手を握ったり広げたりして言葉を濁す。

「うん、いっしょに帰ろうか」

「はいっ！」

5.3.2 オイレリアンズ

僕とテトラちゃんは駅へ向かって歩く。

そういえば最近、テトラちゃんと二人になることが少なくなってるな。屋上昼食は寒すぎるし、数学のおしゃべりをするときにはミルカさんと三人のことが多いし。それに何より、僕自身が受験勉強で忙しくなっているし。

住宅地のジグザグな路地を抜けるとき、テトラちゃんが出し抜けに言う。

「あたし、**オイレリアンズ**を作ります」

「そういえば、このあいだから言ってたよね。オイレリアンズ——それって何のこと？」

「オイレリアンズは、数学サークルです」

「数学サークル？　人を集めてサークルを作るの？」

「はい、そうですっ！……といっても、メンバーは、あたしとリサちゃんの二人だけなんですけど。オイレリアンズというのは、あたしとリサちゃんのグループ名——ユニット名です。オイラーさんのファン、愛好家のつどいです！　リサちゃんはコンピュータのプログラムを書いて、ポアンカレ円板のようなグラフィックスも作ります。あたしも作りたいんですけれど、まだそこ

まで力がありません。ですから、あたしは文章を書こうと思います」

　テトラちゃんは身振り手振りを交えて語るけれど、僕はまだ、彼女の考えていることがいま一つ飲み込めない。

　「それでですね。あたしは、あたしたちはその活動を、《オイレリアンズ》という名前のユニットマガジンとして冊子にまとめようと思っているんです。ユニットマガジン、ブックレット、会誌……ともかく、小さな本です。何ページになるかわかりませんけれど、あたしたちが考えたことや、やったことをまとめて印刷したいと思っているんですっ！」

　「ああ、同人誌みたいなもの？」と僕は言う。愛すべき《元気少女》は、そんなことを考えてたんだ。

　「あたしは学んだことを形にしたいんです」テトラちゃんは、熱心に語り続ける。「昨年、双倉図書館で乱択クイックソートの発表をしました[*2]。あのアイアダイン講堂で、たくさんの中学生と高校生に向かって……とても緊張して失敗もしましたが、あの経験はあたしにとって大切なものでした。たくさんの人に喜んでもらえましたし、あたし自身も学ぶことができました。そして──手応えをつかんだように思うんです。あたしが、ここにいる、確かな手応えです」

　「……」僕は、言葉が出なくなった。

　「でも」とテトラちゃんは話を続ける。「あたしの発表を聞いてくださった方は、あのとき講堂に集まった人たちだけです。口頭で発表できなかった分は紙に書いて配りましたが、時間の都合もあってそれほど詳しい話は書けませんでした。ですから、あたしのあの日の発表は空間に散らばってしまったんです」

　テトラちゃんはそう言って、何かをまき散らすように両手を夜空に広げた。まるで、全世界に向かって宣言するみたいに。

　交差点。

　赤信号で、僕たちは立ち止まる。僕は無言のまま。テトラちゃんは、大きなジェスチャで自分の思いを語り続ける。

　「あたしは、知ったことを形にしたい。考えたことを形にしたい。学んだ

────────────
　[*2]　『数学ガール／乱択アルゴリズム』

ことを形にしたいんです。でも、あたしひとりでは限界があります。ですから、リサちゃんに協力してもらって《オイレリアンズ》を作ろうと決心したんです。あの発表のときもリサちゃんには助けていただきましたし——」

青信号で、僕たちは歩き出す。僕は無言のまま。《元気少女》の話はずっと続いているけれど、僕は何も言えない。それはいいね! 応援するよ!……と言おうとしたけれど、言葉がうまく出てこない。

「それでですね、あたしはフィボナッチ・サインの他にも新しいハンドサインを……先輩?」

誰もいない公園を二人で通り抜ける途中、テトラちゃんは、僕が何も話していないのに気づいたようだ。彼女は立ち止まって僕を見上げる。

僕は、言葉に詰まっている。テトラちゃんの活動を素直に喜べない。

「僕には、余裕がない」

口から出てきたのは、そんな言葉だった。そんなことを言うつもりはなかったんだけど。

「えっ、いえいえ。先輩にご迷惑はお掛けしません。先輩は、受験勉強でお忙しいですから。あたしは、ただ——」

「僕は、弱点だらけだ」

「先輩?」

「僕は、恐い」

「……」

「僕は、手応えがほしい。余裕がなく、弱点だらけで、恐がりなのに、手応えはほしい。でも、それは《第一志望の合格判定》のような、ちっぽけな手応えだ。それしか考えていないんだ」

公園の常夜灯に照らされたベンチに座り、半ば独り言のように言う。

「テトラちゃんの決心——《オイレリアンズ》という同人誌の計画はすごいと思うよ。僕は応援する。それに比べると自分の考えがちっぽけで、情けなくて」

テトラちゃんは隣に座る。僕の背中に彼女の手の感触。そして、甘い香り。

「先輩……そんなこと、おっしゃらないでください。あたしは、先輩やミルカさんにお会いできて、たくさんのことを学びました。学ぶことは素敵で、おもしろくて、楽しくて、美しくて、感動があると知りました。ですから、

その感動を他の人にも伝えたいと思ったんです。先輩がいろんなことを教えてくださったから、あたしはもっと学びたいと思うようになりました。ですから、先輩。そんなこと、おっしゃらないでください……」

テトラちゃんは涙声になり、背中に置かれた彼女の手が微かに震える。

僕は、夜空を見上げる。
そこには星がある。

天空の星々は、同じ所を回っているように見える。
でも、同じ所を回っているのは、ほかならぬ僕だ。
僕は、ぐるぐる回っている。
飛び込んだこの空間の中で、
もがきながら、
同じところを回り続けている。

空間の構成を測れぬほど大きな場合に拡張する際には，
涯のないことと無限とを区別しなければならない．
前者は拡がりの問題に属し，後者は量の問題に属する．
——ベルンハルト・リーマン [25]

第6章
見えない形を捕まえる

> 私の研究の目標としたのは、
> 方程式が根号によって解けるためには、
> どういう特質をもてばよいかということであった。
> 純粋解析の問題のうちでこれほど扱い難い、
> またおそらくこれほど他のすべての問題から孤立したものはないであろう。
> ──エヴァリスト・ガロア[*1]

6.1　形を捕まえる

6.1.1　沈黙の形

　F1レーサーは、レース前の自分をチューンナップする。僕は、試験前の自分をチューンナップする。早めにトイレに行き、それから軽くストレッチ。筆記用具と受験票とアラームの鳴らない時計を机上に置く。すべてを整え、試験時間中の全意識が問題解決に向かうよう気を遣う。

　模擬試験の場数を踏めば、そんな手順にも慣れてくる。しかし、いくら場数を踏んでも慣れないものがある。それは、沈黙だ。試験開始までの沈黙の時間。それには慣れない。

[*1] 彌永昌吉『ガロアの時代 ガロアの数学 第二部 数学篇』

教員は問題用紙を配りながら回る。会場に満ちた受験生はその動きを意識の中で追う。耳に聞こえるのは緊張した生徒の咳払いだけなのに、心はこれ以上ないほどざわめいている。その騒がしい沈黙にはなかなか慣れない。
　いったん開始すればどうということはない。頭をフル回転させてひたすら考えていくしかないからだ。しかし、開始までの時間は何もできない。沈黙の中、考える材料がない自分の頭は余計なことを考え始める。
　余計なこと——たとえば、自分がテトラちゃんに晒してしまった醜態のこと。僕は先日の公園で、彼女にみっともない姿を見せてしまった。次の日の学校で、何事もなかったかのように笑顔を見せてくれた彼女は、まるで天使のようだ……などと表現したら大げさだろうか。誠実で、元気いっぱいで、僕の話を熱心に聞いてくれる。いささかバタバタしているけれど、邪気はない。あわてんぼうの天使——
　そこで、教室のベルが鳴る。全員がいっせいに問題用紙を開く。
　模擬試験——開始。

6.1.2　問題の形

問題 6-1（漸化式）

$\theta = \frac{\pi}{3}$ とする。

実数の組 (x, y) を、実数の組 $(x\cos\theta - y\sin\theta, x\sin\theta + y\cos\theta)$ へ移す写像を f として、

$$f(x, y) = (x\cos\theta - y\sin\theta, x\sin\theta + y\cos\theta)$$

と表す。数列 $\langle a_n \rangle$ と $\langle b_n \rangle$ の各項は、

$$\begin{cases} (a_0, b_0) & = (1, 0) \\ (a_{n+1}, b_{n+1}) & = f(a_n, b_n) \qquad (n = 0, 1, 2, 3, \ldots) \end{cases}$$

という漸化式を満たすものとする。このとき、

$$(a_{1000}, b_{1000})$$

を求めよ。

時間が限られた試験で複雑な数式が現れると焦る。それは当然だ。しかし、落ち着いて式の形に注目するなら道は開ける。

この問題もそうだ。ここに書かれている、

$$f(x, y) = (x\cos\theta - y\sin\theta, x\sin\theta + y\cos\theta)$$

という式の形を見抜くことが大事。この写像 f は、座標平面上の点 (x, y) を点 $(x\cos\theta - y\sin\theta, x\sin\theta + y\cos\theta)$ に移動するものだと見なせる。この写像 f で、座標平面上の点は原点を中心に θ だけ回転する。僕にとっては見慣れた式だ。写像 f は、

$$\begin{pmatrix} \cos\theta & -\sin\theta \\ \sin\theta & \cos\theta \end{pmatrix}$$

198　第6章　見えない形を捕まえる

という行列を使って表した方がすっきりする。行列と縦ベクトルの積は、

$$\begin{pmatrix} \cos\theta & -\sin\theta \\ \sin\theta & \cos\theta \end{pmatrix} \begin{pmatrix} x \\ y \end{pmatrix} = \begin{pmatrix} x\cos\theta - y\sin\theta \\ x\sin\theta + y\cos\theta \end{pmatrix}$$

となるから、確かに点は、

$$\begin{pmatrix} x \\ y \end{pmatrix} \overset{f}{\longmapsto} \begin{pmatrix} x\cos\theta - y\sin\theta \\ x\sin\theta + y\cos\theta \end{pmatrix}$$

と移動している。夜の星座が北極星を中心に回転するように、点は原点中心に回転していく。

　ここまで見抜くことができれば、あとは簡単だ。この問題は要するに写像 f を 1000 回適用するということ。

$$\begin{pmatrix} 1 \\ 0 \end{pmatrix} \overset{f}{\longmapsto} \begin{pmatrix} a_1 \\ b_1 \end{pmatrix} \overset{f}{\longmapsto} \underbrace{\cdots \overset{f}{\longmapsto} \begin{pmatrix} a_{999} \\ b_{999} \end{pmatrix} \overset{f}{\longmapsto} \begin{pmatrix} a_{1000} \\ b_{1000} \end{pmatrix}}_{f \text{ を } 1000 \text{回適用}}$$

　回転の角度は $\theta = \frac{\pi}{3}$ つまり $60°$ だから、6 回で $360°$ になりもとに戻る。1000 回という大きな数にも驚愕しなくていい。6 回でもとに戻るので、結局 1000 を 6 で割った余りを計算すればいいからだ。1000 を 6 で割った余りは 4 になる。剰余を求める mod の計算だ！

$$\begin{pmatrix} a_{1000} \\ b_{1000} \end{pmatrix} = \begin{pmatrix} a_{1000 \bmod 6} \\ b_{1000 \bmod 6} \end{pmatrix}$$
$$= \begin{pmatrix} a_4 \\ b_4 \end{pmatrix}$$

　θ の 4 回分は、4θ の 1 回分に相当するから、点 $\begin{pmatrix} a_0 \\ b_0 \end{pmatrix} = \begin{pmatrix} 1 \\ 0 \end{pmatrix}$ を 4θ 回転すればいいことになる。

$$\begin{pmatrix} a_{1000} \\ b_{1000} \end{pmatrix} = \begin{pmatrix} \cos 4\theta & -\sin 4\theta \\ \sin 4\theta & \cos 4\theta \end{pmatrix} \begin{pmatrix} a_0 \\ b_0 \end{pmatrix}$$

$$= \begin{pmatrix} a_0 \cos 4\theta - b_0 \sin 4\theta \\ a_0 \sin 4\theta + b_0 \cos 4\theta \end{pmatrix}$$

$$= \begin{pmatrix} 1 \cdot \cos 4\theta - 0 \cdot \sin 4\theta \\ 1 \cdot \sin 4\theta + 0 \cdot \cos 4\theta \end{pmatrix} \qquad a_0 = 1, b_0 = 0 \text{ より}$$

$$= \begin{pmatrix} \cos 4\theta \\ \sin 4\theta \end{pmatrix}$$

になる。これでよし。答えは $(\cos 4\theta, \sin 4\theta)$ だ。では、次の問題へ——

6.1.3 発見

試験終了のベル。

自分の力を出し尽くした試験では、解答用紙が回収されていくときの深い安堵感が何ともいえない。特に数学の試験。数式の扱いには普段から慣れているので、苦手意識はない。テトラちゃんの表現を借りるなら《数式とお友達になってる》といえる。他の科目はともかく、今回の数学は満点のはずだ。

模擬試験会場になっている塾からの帰り道、僕は最高の気分で駅に向かう。風はやや冷たかったけれど、ハイになった頭と火照った頬にはむしろ気持ちがいい。

与えられた式の形を見抜くことは大事だ。今回の数学、最初の問題もそうだった。回転を表している式だと見抜けるかどうか。

回転で、僕はミルカさんのことを思い出す。ずいぶん前のことだ。あのとき、《振動は回転の影》に気づかなかった僕は、彼女から「頭が固い」と言われたんだった。僕とミルカさんは、たくさんの問題をいっしょに解き、たくさんの数学をいっしょに考えてきた。

今回の問題、6回でもとに戻るんだから、巡回群 C_6 を考えているんだな。

群の公理——

> **群の定義（群の公理）**
> 以下の公理を満たす集合 G を**群**と呼ぶ。
>
> - **演算** $\star$ に関して閉じている。
> - 任意の元に対して、**結合法則**が成り立つ。
> - **単位元**が存在する。
> - 任意の元に対して、その元に対する**逆元**が存在する。

回転行列全体の集合が行列の積に関して群をなすことはすぐにわかる。行列の積について閉じているし、結合法則は行列の積で成り立っている。単位元は $\begin{pmatrix} 1 & 0 \\ 0 & 1 \end{pmatrix}$ という単位行列が存在し、これは $\theta = 0$ の回転行列だ。そして逆元は……もちろん逆行列。そう、回転行列の逆行列は逆回転になっている。回転した結果をもとに戻す操作だ。θ の回転行列と $-\theta$ の回転行列の積は単位行列になる。

$$
\begin{pmatrix} \cos\theta & -\sin\theta \\ \sin\theta & \cos\theta \end{pmatrix} \begin{pmatrix} \cos(-\theta) & -\sin(-\theta) \\ \sin(-\theta) & \cos(-\theta) \end{pmatrix}
$$

$$
= \begin{pmatrix} \cos\theta & -\sin\theta \\ \sin\theta & \cos\theta \end{pmatrix} \begin{pmatrix} \cos\theta & \sin\theta \\ -\sin\theta & \cos\theta \end{pmatrix}
$$

$$
= \begin{pmatrix} \cos^2\theta + \sin^2\theta & \cos\theta\sin\theta - \sin\theta\cos\theta \\ \sin\theta\cos\theta - \cos\theta\sin\theta & \sin^2\theta + \cos^2\theta \end{pmatrix}
$$

$$
= \begin{pmatrix} 1 & 0 \\ 0 & 1 \end{pmatrix}
$$

つまり、$-\theta$ の回転行列は、確かに θ の回転行列の逆行列だ。

$$
\begin{pmatrix} \cos\theta & -\sin\theta \\ \sin\theta & \cos\theta \end{pmatrix}^{-1} = \begin{pmatrix} \cos(-\theta) & -\sin(-\theta) \\ \sin(-\theta) & \cos(-\theta) \end{pmatrix}
$$

回転行列全体の集合が、行列の積に関して群をなすことがこれでわかる。「かくのごとき——」と僕はミルカさんの宣言を思い出す。「かくのごとき集

合を**群**と呼べ」彼女の宣言と息づかいとを思い出す。

家に帰ってきた「僕」は玄関を開けて驚愕する。僕を出迎えてくれたのが、ほかならぬミルカさんだったからだ。

「おかえり。遅かったな」

6.2 　形を群で捕まえる

6.2.1 　数を手がかりに

リビングルーム。ミルカさんは僕の向かいの席に座っていて、母がさかんに勧めてくる紅茶のお代わりを固辞している。

「どうぞおかまいなく」とミルカさんが微笑む。

「だったら、ケーキはいかがかしら」と母が言う。

彼女が僕の家にやってくるなんていつ以来だろう。彼女がいるだけで周りの空気が変わる。緊張とも違う。何かまっすぐな気持ちになるのだ。

「ケーキの話はいいけど」と僕は言う。「いったいどうしたの、ミルカさん」

「楽しくおしゃべりしていたのよね」と母が割り込んでくる。

「お母さまのお見舞いと、久しぶりにユーリの顔を見たくて。しかし、ユーリはいつもここにいるわけじゃないんだな。で、模試は？」

「まあまあだよ。たぶん、数学は満点だけど」

「だろうな」ミルカさんは軽く頷く。

「頭は、だいぶ柔らかくなったと思うよ」と僕はミルカさんのセリフを思い出して言った。「今日は漸化式の問題が出てきた。$\frac{\pi}{3}$ の回転行列を思い出したよ。うんうん」

「機嫌がいい」と彼女が言う。

「この子は、数学の問題を解くといつも機嫌が良くなるんですよ」

ケーキの皿を運んできた母がまた口を挟んできた。そういう母も、なぜかご機嫌である。

「母さん、あのね」

「はいはい。お母さんはもう黙ってますから」と母はキッチンに戻る。

「回転行列から、巡回群も思い出したわけだ」とミルカさんが話を続ける。

「うん。そういえば、このあいだ群を《形を知る道具》と言ってたね」

「群は形を調べ、形を知り、形を分類する道具になる」と彼女は言う。

「形の分類って、三角形や四角形のことかしら？」

僕の紅茶を持ってきた母がまた話に割り込んできた。

「お母さまのおっしゃる通りです」とミルカさんは言った。「形の分類では、数が役に立つことがあります。多角形は頂点の数で分類できますし」

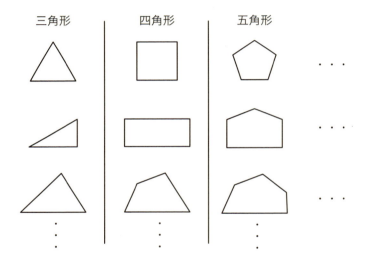

「そうよね」と母はミルカさんに言う。

「ねえ、母さん。いいかげんに……」

「ミルカさんはちゃんとお話ししてくれるのに、わが息子は冷たいわねえ」と母はすねて引っ込んでいった。

「多角形を分類するときに、頂点の数を使うのは自然だ」とミルカさんは言う。「n 角形というネーミング自体、頂点の数が等しい形を同じ種類と見なす表現だ。頂点の数を基準にした類別といえる。しかし、類別の基準は唯一ではない。たとえば三角形は、鋭角三角形、直角三角形、鈍角三角形の 3 種類

に類別できるが、このときは最大の角の大きさを基準に類別しているわけだ」

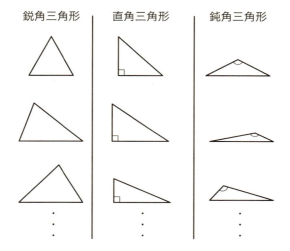

「それはいいけど、群が形を知る道具というのは？」

「頭が固いな」とミルカさんが言った。「いま君は回転行列という例を持ち出したじゃないか。$\frac{\pi}{3}$ の回転行列は正六角形の特徴をうまくとらえている。《原点中心で、反時計回りに $\frac{\pi}{3}$ 回転する》という操作を a と表し、その操作の繰り返しを積として表すことにする。そうすると、a が生成する群 $\langle a \rangle$ を作ることができる。このときの単位元 e は？」

「うん。単位元 e は、回転しないという操作で $e = a^0$ だね」

「a の逆元 a^{-1} は？」

「逆元 a^{-1} は、《原点中心で、反時計回りに $-\frac{\pi}{3}$ 回転する》という操作だよ。そうすると、$aa^{-1} = e$ になる。結合法則も成り立つ。n を整数だとすると、a^n 全体の集合は群を作る」

「その群の位数は？」とまるで口頭試問のようにミルカさんは言う。

「群の位数は群をなしている集合の要素数だよね。もちろん6で、正六角形の回し方の場合の数になるわけだ」と僕は答える。

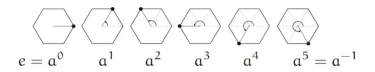

「この群は、
$$\{e, a, a^2, a^3, a^4, a^5\}$$
と書けるし、
$$\{a^0, a^1, a^2, a^3, a^4, a^5\}$$
と書けるし、
$$\{a^{n \bmod 6} \mid n は整数\}$$
とも書ける」とミルカさんは言う。

「それはわかっているよ。だからこそ問題も解けたんだし」

「$\frac{\pi}{3}$ の回転 6 回は a^6 に相当し、それは a^0 に等しくなる。一つの元 a からすべての元が生成される群を巡回群といい、$\langle a \rangle$ と書く。ここでの群 $\langle a \rangle$ は、位数が 6 の巡回群 C_6 と同型になる」

「それは 6 という数で分類しているともいえるね。群を持ち出すまでもなく。6 回でぐるっと回ってくる感覚」

「その《ぐるっと回ってくる感覚》は形が持つ側面の一つ。巡回群はその感覚を数学的に表してくれる」

「巡回群が形を調べる助けになるということ?」

「巡回群に限らない。巡回群は、最も単純な群の一つだ。群はもっと複雑な操作も表せる。たとえば、回転だけではなく裏返しという操作も考えたらどうなるか。今度は並んだ頂点二つに異なる印を付けておけばいいな」

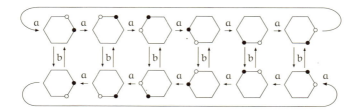

「なるほど。回転 a と裏返し b が作り出す全操作も群になるんだ。a が作り出す群は巡回群 C_6 で、b が作り出す群は巡回群 C_2 で、その両方を合わせた群……」

「この図で見ているのはその操作が生み出すパターン全体になる。私たちはいま、正六角形という形を確かめるとき、回転と裏返しを使った。形を変えない操作全体を群で表せる。これを一般に二面体群という。表と裏という2個の面を区別する多角形が作る群だ。頂点の数を数えるのもいい、角の大きさを調べるのもいい。しかし、群を使えばより複雑な形もとらえ、表現できる。群は形を知るいい道具だ。群を利用して形の分類ができる」

「なるほどね」

「回転する。裏返す。そんな図形的な言い回しも、群で代数的に表現できる。図形として実際に描けなくても、群を使って表現できる。たとえば代数的位相幾何学では、代数的手法で位相空間を研究する。そこでは群が重要な役割を果たす」

「群で位相空間を研究する……いや、それは変じゃないかな。だって、いまも正六角形を回転するときも裏返すときも辺の長さは変わっていないよね。位相幾何学——トポロジーだと、辺の長さは自由に伸ばせるはずじゃない？どうやって群を使うんだろう」と僕は言う。

「群の公理を満たしさえすれば、群は作れる。回転したり、裏返したりする操作を群の演算と見なすのは、群の一例にすぎない。代数的位相幾何学ではまた別の群を作り、それを使って研究することになる。トポロジーの関心事は位相不変量にあるのだから、進む方向は明確だ。すなわち、同相写像によって不変な群を作りたくなるだろう。もしも、同相写像で不変な群があったとしたら、何がわかると思う？」とミルカさんは楽しそうに問いかける。

「何がわかるか……何がわかるんだろう」

「二つの多角形があったとして、頂点の数をそれぞれ調べてみよう。もしも頂点の数が異なっていたら、同じ多角形とはいえない」

「そりゃそうだね」

「それと同じことだ。二つの位相空間があったとして、同相写像で不変な群をそれぞれ調べてみよう。もしも群が同型でなければ、位相空間は同相とはいえない。テトラの言葉を借りるなら、群が位相空間を識別する武器になる——かもしれないのだ」

「……」

「位相空間にはどんな群が入るだろうか。位相空間の形を探るために役に立つ群はどんなものだろうか。どんな群を使えば、位相幾何学のどんな問題を代数学に移せるのだろうか。それが、代数的位相幾何学。研究すべきことは無数にある」

やがて、僕たちが存在する空間が消える。自宅も、リビングルームも意識から消える。僕はただ、ミルカさんが語る《講義》にじっと耳をすませる。

6.2.2　何を手がかりに？

夜になった。

僕はミルカさんを駅まで送る。

「やさしいお母さま」

「母さんは、ミルカさんが大好きだからね」

「ふうん……」

母がミルカさんを夕食に強行に引き留めようと試みたため、家を出るまでが大騒動だったのだ。彼女といっしょに夕食の時間を過ごせたら、それは楽しいだろうけれど、無理に引き留めるわけにはいかない。

僕たちは駅までの遊歩道をゆっくりと抜けていく。

「群というアイディアを生んだのはガロアになるのかな」と僕は言った。

「萌芽はずっと昔からあっただろう」とミルカさんは静かな声で言う。「形の対称性、パターンの発見、規則的な運動、音楽のリズム、そこには群が見え隠れしているからだ。ガロアはそこに光を当て、数学の表舞台に立たせよ

うとした。ガロアは、方程式が代数的に解けるかどうかを判定するために係
数体を調べようとし、体を調べるために対応する群を調べた」

「そうだったね」僕は、ガロア・フェスティバルでの冒険[*2]を思い出しなが
ら相づちを打つ。

「ガロアは方程式の解の問題を『純粋解析の問題のうちでこれほど扱い難
い、またおそらくこれほど他のすべての問題から孤立したものはないであろ
う』と表現した。実際、彼が生み出した群論は当時の数学者にとって、まっ
たく新しいものだった。しかし、現代の数学者にとって群は基本的道具の一
つとなっている。数学的対象が持つ対称性や相互関係を表現する言葉として、
群は欠かせないものだ。その意味で、ガロアの言葉はいまや正しくない。他
のすべての問題から孤立してなどいない。むしろ、群はすべての問題を結び
つけているといえる」

「確かにそうだけど」と僕は言う。「ガロアは群を当時の問題から孤立して
いるといいたかったんじゃないかな。つまり、ガロアは当時の数学者とは別
次元の問題意識を持っていたんだよ。誰も気づかない関連性を見抜いていた
のかも」

「ふむ……なるほど」

僕の言葉に、ミルカさんの目が輝いた。

「ガロアが体を調べるために群を調べたように」と僕は続けた。「代数的位
相幾何学では、位相空間を調べるために群を調べることになるんだね！　数
学でよく出てくる話だ。数学者は、二つの世界に橋を架けるのが好きだから」

僕たちは、駅前の歩道橋を渡る。眼下の道路には車が川のように流れてい
る。ミルカさんは歩道橋の真ん中で立ち止まり、僕の方を向く。

「数学者は、世界に橋を架けるのが好き。それは確かにそうだ。しかし、そ
れだけではつまらない。物足りない。せめてもう一歩、数学的に踏み込みた
いとは——思わない？」

僕は頷く。

そうだ。これまでに何度も同じことがあった。せっかくここまで来たのだ
から、せめてもう一歩踏み込みたい。

[*2] 『数学ガール／ガロア理論』

「もちろん。もう一歩、踏み込みたい」と僕は言葉にする。

ミルカさんは一歩近づき、僕に手を伸ばす。

細い指先が、頬に触れる。

（あたたかい）

彼女の指が、僕の頬を撫で回す。

「君は、こんな形をしている。こんなふうに撫で回せば、形を探ることができる。私たちは位相空間の形を知りたい。では、位相空間はどうやって撫でたらいいだろうか」

僕は、何も言わない。

彼女は、僕の頬を思いっきりつねる。

「痛い！」

「位相空間はどうやって撫でたらいいだろうか」と彼女は質問を繰り返す。

「どうやって？」

「**ループ**を作ろう。明日、図書室で」

黒髪の才媛はそう言い残すと、さっさと歩道橋を渡り、駅前の人混みに消えていった。

頬が痛い。

6.3　形をループで捕まえる

6.3.1　ループ

次の日の放課後。僕とミルカさん、それにテトラちゃんは図書室に集まる。

「位相空間に入れる群の一つ、**基本群**について話そう」とミルカさんは言う。「基本群を使うと位相空間を撫で回すことができる」

「撫でるんですか」テトラちゃんは自分のほっぺたを両方の手のひらで撫でながら問い返した。

「手のひらじゃなくて、指で撫でる。トーラスや球面を指先で撫で回す。形を調べるために」ミルカさんは自分の腕を人差し指でそっと撫でる。

「ねえ、数学の話をしているんだよね」と僕が言う。
「基本群を構成するには、位相空間の中にまず**ループ**を作る」
「ループ……輪？」テトラちゃんは両手の親指と人差し指を合わせてハート型を作る。
「ループはこうだ」ミルカさんは人差し指をくるりと回す。「位相空間の一点を始点とする。その始点から位相空間の中に曲線を描く。そして、曲線の終点を始点と一致させる。それがループだ。ループでは始点と終点が一致するから、その点を**基点**と呼ぼう」
「ぐるっと回るんですね」
「位相空間の中に曲線を描くというのは、位相空間に属している要素、すなわち点を連続的に結んでいくことを意味する。連続的に結ぶために《近さ》の概念が必要だけれど、位相空間だから問題はない。《近さ》は位相空間の開近傍を使って定義できるからだ」
「すみません——例がほしいです」とテトラちゃんが言う。
「たとえばドーナツの表面、すなわちトーラスの上に一つの点 p を固定して考えることにする。そしてその点 p を基点として、こんなループが描ける」
「ぽつんとしたループですね。《ぽつんループ》……」

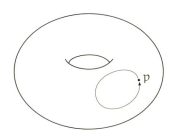

トーラスに描く《ぽつんループ》

「ループというと、こういうものかと思ったよ」と僕が描く。
「細いところを回る《小ループ》ですね」

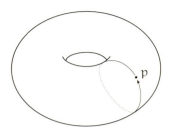

トーラスに描く《小ループ》

「うん、《大ループ》でもいいよね」と、僕はもう一つ図を描いた。

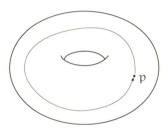

トーラスに描く《大ループ》

「いま描いたのはすべてトーラスという位相空間に描いたループになる」とミルカさん。「始点と終点が一致していなくてはいけないし、途中で途切れてはいけないし、トーラスの外に飛び出してはいけない。それがループだ」

「ループのイメージはわかりました」とテトラちゃんが頷く。

「では、そのイメージを数学的に表現してみよう」とミルカさんが続ける。「$[0,1]$ という閉区間を考える。閉区間 $[0,1]$ は、$0 \leqq t \leqq 1$ を満たす実数 t 全体の集合だ。この閉区間 $[0,1]$ から位相空間への連続写像 f を考える。すなわち、$0 \leqq t \leqq 1$ を満たす実数 t に対して、$f(t)$ は位相空間内の一点を表す。写像 f はさらに、$f(0) = f(1)$ という条件を満たすものとする。この連続写像 f が数学的に表現されたループとなる」

「え、ええと、この $f(0) = f(1)$ という条件はどこから来たんでしょうか」

とテトラちゃんが言う。

「始点と終点が一致することを表してるんじゃないかなあ」と僕が言う。「f(0) = f(1) = p ということだよね」

「そうだ。《大ループ》を図示しよう」とミルカさんが言う。

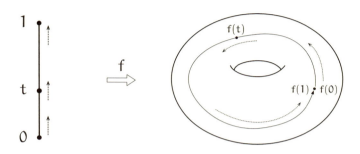

大ループを連続写像 f で表現する

「ははあ……そういう意味なんですね。f(0) は始点で、f(1) は終点を表している。t を 0 から 1 まで動かすと、トーラス上の点 f(t) が動いていく、と。ちょうど、指をくるっと回すようなものですね」テトラちゃんは、さっきのミルカさんのように人差し指を回す。

「点 f(t) が動いてトーラスを撫で回しているんだね」と僕も言う。

「ところで、トーラスに描けるループは無数にある」とミルカさんは言う。「それに、ループの途中を少し曲げただけでも別のループになってしまう。そこで、ループを連続的に変形してできるループはすべて《同一視》したくなる。連続的に変形したループ同士は、同じものとして扱う。私たちはいま、ループを連続写像として表現したから、ループを連続的に変形するというのは、連続写像を連続的に変形することになる」

「連続写像を連続的に変形する？」

「**ループとしてホモトピックな関係**について話そう」とミルカさんが言う。

6.3.2 ループとしてホモトピック

「私たちは位相空間上のループを思い浮かべることができる。トーラスに貼り付けた輪ゴムのように」とミルカさんは言う。「位相空間上のループを連続的に変形させる様子は、輪ゴムを這わせる様子を思い浮かべればいい。そしてそれは、直積 $[0,1] \times [0,1]$ から位相空間への連続写像 H を考えることにほかならない。たとえば、トーラス上のループ f_0 からループ f_1 へ、H を使って連続的に変形させてみよう。ここで考えるループはすべて共通の基点を持つものとする」

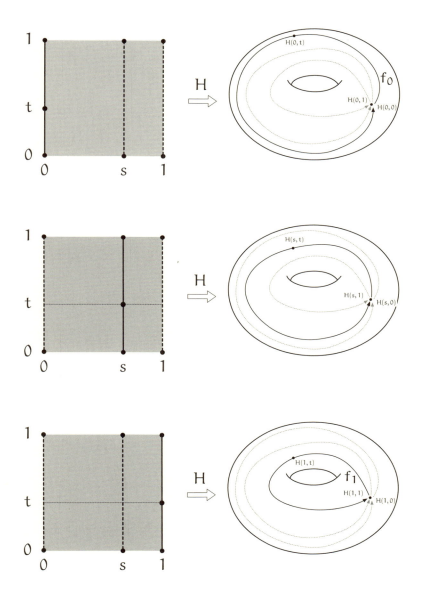

僕とテトラちゃんは、ミルカさんの描いた図をしばらく見る。
「そうか……連続写像で表現したループを《連続的に変形する》という意味

がわかったよ」と僕は言う。「トポロジーの本で見かけるぐにゃっとした変形は、こんなふうに考えればいいのか。《つながっている》は連続写像を考えればよくて、《つながっているものを切らずに変形する》というのは連続写像が連続的に変化すると考えればいいんだね」

「す、すみません……この連続写像 H というのが、まだわかりません」とテトラちゃんが言う。

「まず、$[0,1] \times [0,1]$ というのは、$[0,1]$ と $[0,1]$ の直積と呼び、こんな集合を表している」とミルカさんが言う。

$$[0,1] \times [0,1] = \bigl\{ (s,t) \bigm| s \in [0,1], t \in [0,1] \bigr\}$$

「……これは、0 から 1 まで動ける二つの実数を組 (s,t) として、その組をすべて集めた集合ということですね？」

「そう。そして、(s,t) に対応する位相空間の点を $H(s,t)$ で表す」

「わかりません……」

「テトラちゃん」と僕が解説に割り込んだ。「$H(s,t)$ で、まずは s を固定して考えるといいよ。s を固定しておいて t を動かして、$H(s,t)$ がループになるようにする。そして、f_0 と f_1 をそれぞれループとして、

- $s = 0$ のときは $H(0,t) = f_0(t)$ になり、
- $s = 1$ のときは $H(1,t) = f_1(t)$ になる。

そのような $H(s,t)$ を考える。そして、s を 0 から 1 まで動かすと、f_0 から f_1 までループが連続的に変形していくんだ。t を変化させると点が動いてループになったのと同じアイディアだよ。今度は s を変化させてループを変形していくんだ」

「ループを変形……ループのまま、ですか？」

「もちろん」とミルカさんが頷く。「いまは基点 p を固定して考えているから、H に対して、$0 \leqq s \leqq 1$ のどんな s についても $H(s,0) = H(s,1) = p$ という条件を付けることになる」

「……こういうことでしょうか。$H(0,t)$ で t を動かすのは一つのループ f_0 になって、$H(1,t)$ で t を動かすのは別のループ f_1 になる。そして $H(s,t)$ で s を動かしていくと、f_0 から f_1 までたどり着ける……？」テトラちゃん

は指をくるくるくるっと回した。

「それでいい。位相空間——たとえばトーラス——を考えたとき、そこには無数のループを作ることができるだろう。ありとあらゆる撫で回し方だ。その無数のループは、連続的に変形して一致させられるかどうかで類別できる」

「なるほど。同一視だね。伸ばしたり縮めたりして一致させられるなら——つまり連続写像 H が存在するなら——同じものとみなそうと」

「まさにそうだ。基点 p を固定して考えて、ループ f_0 と f_1 が移り合えるようにする連続写像 H を**ホモトピー**と呼ぶ。そして、ホモトピー H が存在するとき、f_0 と f_1 は**ループとしてホモトピック**であると呼ぶ。ループとしてホモトピックであるというのは、f_0 から f_1 にループを連続的に変形できるということだ。f_0 と f_1 がループとしてホモトピックであることを、

$$f_0 \sim f_1$$

のように書く。$\sim$ は同値関係になるから、基点を p とするループ全体の集合 F をこの同値関係で割る。そうして、**ホモトピー類**ができる。一つのホモトピー類は同一視したループをまとめた一つの集合だ」

6.3.3 ホモトピー類

「位相空間を考えて、その位相空間の上にループを考えて……」とテトラちゃんは頭を整理するようにつぶやく。「ループはたくさん作れるので、連続的に変形できるループは同一視する……？」

「そう」とミルカさんが言う。

「あ、あたしたちはまだ、基本群の話には入ってないですよね？ あたしが聞き漏らしているわけじゃないですよね？」

「まだ基本群の話にはなっていない。いまは、基本群を作るための要素を作ろうとしている段階だ」

「ループが基本群の要素なんですね」とテトラちゃんが言う。

「ループそのものではない。《連続的に変形して同一視できるループを一つにまとめたもの》が基本群の要素になる。ループ全体の集合をループとしてホモトピックという同値関係で割ればいい。そうするとホモトピー類がいく

つか得られる」

「す、すみません。トーラスの例でいうと……？」

「トーラス上で、ループとしてホモトピックなもの同士を一つの集合にまとめよう。それが一つのホモトピー類になる。たとえば《大ループ》のホモトピー類は、点 p を通る《大ループ》をすべて集めたループの集合になる」

《大ループ》のホモトピー類

「なるほど……要するに、連続的に移り合えるループをぜんぶ集めればいいんですね。わかってきました！　それなら、《小ループ》のホモトピー類はこうでしょうか」

《小ループ》のホモトピー類

「《ぽつんループ》のホモトピー類はこうだね」と僕。

《ぽつんループ》のホモトピー類

「ちょっとお待ちください。一番左にはループがありませんよ？」

「いやいや、テトラちゃん。ループはちゃんとあるよ。これは一点からな

るループ。だって f(0) = f(1) は満たしているからね。途中、動かなきゃいけないというルールはないし」

「あっ、なるほど……ループという言葉に惑わされてはいけないんですね。ということは、トーラスの場合、ホモトピー類は《大ループ》《小ループ》《ぽつんループ》の 3 個ということになりますね」

「そうだね」

「いや、違う」とミルカさんは首を振る。「トーラス上のホモトピー類は無数にある。テトラは、こういうループを見逃している」

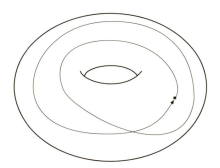

「あっ！ 2 重ループ！」とテトラちゃんは大きく目を開く。

「そうか……」と僕はうなった。「トーラス上の 2 重ループを連続的に 1 重ループにはできないのか」

「また、こういうループもある」とミルカさんが図を描く。

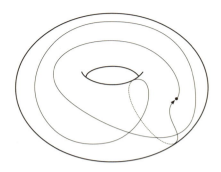

「なるほどです……」

「待てよ、そうか。《大ループ》と《小ループ》をつないだループは別のホモトピー類を生み出すんじゃないかな」

「ということは、何重にも回ったり、つないで回ったり、いろんなパターンがありますね!」

「その通り。そのアイディアが**ホモトピー群**となる」

6.3.4 ホモトピー群

そのアイディアがホモトピー群となる。
ループを《つなぐ》操作を群の演算とするのだ。順を追えばこうなる。

- 位相空間 X 上の一点を固定し、基点を p とする。
- p を基点とするループ全体の集合 F を考える。
- ループとしてホモトピックな同値関係 ~ で集合 F を割り、ホモトピー類全体の集合 F/~ を得る。
- 集合 F/~ の要素は《連続的に変形し合えるループを同一視したループの集合》になる。
- 群の演算を入れて、集合 F/~ を群にする。集合 F/~ の要素、すなわちホモトピー類同士を《つなぐ》という操作を考え、それを群の演算としよう。ループはすべて基点 p を共有しているから、必ず《つなぐ》ことができる。

- このようにして作った群を《位相空間 X の、基点を p とする**基本群**》といい、

$$\pi_1(X, p)$$

と書く。

◎　　◎　　◎

「お、お待ちください！　それは円周率じゃないですよね？」

「円周率とは無関係。$\pi_1(X, p)$ の π は単にアルファベット代わりに使っているだけ」とミルカさん。

「ちょっとびっくりしました」

「$\pi_1(X, p)$ が群の公理を満たすことの確認は難しくない」とミルカさんは続ける。「たとえば、単位元は？」

ミルカさんがテトラちゃんを指さした。

「単位元は、つないでも変わらないループですから《ぽつんループ》？」

「《ぽつんループ》のホモトピー類だね」と僕が補足する。

「そうなる」とミルカさんが答える。「言い換えると、点 p のみからなるループが属しているホモトピー類が単位元となる」

「その単位元は……」と僕は言った。「直観的には《連続的な変形で一点 p まで潰すことができるループ全体の集合》ということだよね？」

「それでいい」とミルカさんが頷く。「ここまでは《つなぐ》演算を作るために基点 p を固定したけれど、実は、基点 p を固定しなくても基本群を考えることができる。ある基点 p と別の基点 q を考え、p と q を行き来する曲線を考えればいいからだ。ただし、そのときには位相空間 X の任意の二点を曲線でつなぐことができるという条件——弧状連結——を入れる必要がある。位相空間 X が弧状連結なら、$\pi_1(X, p)$ のように点 p を明示する必要はもうない。《弧状連結な位相空間 X の基本群》は

$$\pi_1(X)$$

と書く」

「ミ、ミルカさん……」

「さらに、**基本群は位相不変量である**ことも証明できる。二つの弧状連結な位相空間 X と Y が同相ならば、それぞれの基本群 $\pi_1(X)$ と $\pi_1(Y)$ は同型になることが証明できるということだ」

「そ、そろそろテトラの頭はぐるぐるしてきました……」

「トーラスの基本群は二つの加法群 $\mathbb{Z}$ の直積 $\mathbb{Z} \times \mathbb{Z}$ になる。二つの加法群は《大ループ》と《小ループ》をそれぞれ何度回ったかに対応している」とミルカさんは言った。「トーラスよりも簡単な位相空間で基本群を考えてみよう。たとえば、1 次元球面 S^1 の基本群 $\pi_1(S^1)$ はどんな群だろうか」

問題 6-2（S^1 の基本群）
1 次元球面 S^1 の基本群 $\pi_1(S^1)$ を求めよ。

「下校時間です」

瑞谷先生の宣言で、ミルカさんの《講義》はいったん中断された。

6.4 球面を捕まえる

6.4.1 自宅

受験勉強は深夜 0 時までに終える。それから入浴——というのが最近の生活パターンだ。できるだけ同じ時間に同じ行動をとる。受験日が近づいたら、もっと朝型にスタイルを変えていくつもり。

いまは 23 時 53 分。23 と 53 はどちらも素数。僕は机の上を片づけて浴室に向かう。服を脱ぎながら、僕は今日のミルカさんの《講義》をテトラちゃんの反応と共に振り返っていた。二人が互いに頬を撫で回すのを見てると……まあ、それはいい。ミルカさんが出した問題に集中しよう。

6.4.2　1次元球面の基本群

浴室で身体を洗いながら、僕は考えを進める。

1次元球面 S^1 という位相空間は、円周を想像すればいいだろう。円周の中にループを作り、連続的に変形して移り合えるループ同士を同一視する……と。一回りする途中で《行きつ戻りつ》するループはすべて同一視できる。

でも、S^1 での一回りループと二回りループは異なる。連続的に移り合えないからだ。ということは、回る回数で類別ができる。逆回りもあるから、《行きつ戻りつ》の部分をほぐしてやって、最終的にどちら向きに何周したか、それだけで S^1 の基本群は決まる。結局、整数が作る群——整数全体の集合が演算 + で作る加法群——になるはずだな。

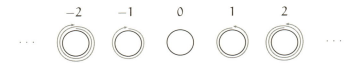

言い換えると、1次元球面 S^1 の基本群 $\pi_1(S^1)$ は、加法群 $\mathbb{Z}$ と同型だ。

$$\pi_1(S^1) \simeq \mathbb{Z}$$

そして、$\mathbb{Z}$ における 0 に相当するのは——単位元 e に相当するのは——1 点からなるループのホモトピー類だ。どちら向きにも回り切らないループ全体の集合だ。

うーん……なるほど。《基本群はループで形をとらえようとする》という感覚がちょっぴりわかってきたぞ。1次元球面 S^1 という形に対して僕たちが感じている構造は、$\mathbb{Z}$ に対して感じる構造と、確かに似ている。

「1 周してから 2 周すると、3 周したことになる」のは $1 + 2 = 3$ のこと。「2 周した後に回らなければ、2 周したままである」は $2 + 0 = 2$ のこと。「3 周してから逆回りで 4 周すると、逆回りで 1 周したことになる」のは $3 + (-4) = -1$ のこと。「n 周してから逆回りで n 周すると、回っていないことになる」のは $n + (-n) = 0$ のこと。そのような、1 次元球面 S^1 をぐるぐる回るイメージすべてを、《S^1 の基本群は $\mathbb{Z}$ と同型》と一言で伝えること

222　第6章　見えない形を捕まえる

ができるのか……。

解答 6-2（S^1 の基本群）
1次元球面 S^1 の基本群 $\pi_1(S^1)$ は整数の加法群 $\mathbb{Z}$ に同型である。

6.4.3　2次元球面の基本群

　シャンプーで頭を洗いながら、ふと、僕は次元を上げてみたくなった。2次元球面の基本群はどうなるだろうか。

問題 6-3（S^2 の基本群）
2次元球面 S^2 の基本群 $\pi_1(S^2)$ を考えよ。

　2次元球面は、ボールの表面として考えればいい。そしてボールの表面上でループを考える。ループは始点と終点が一致していて、この位相空間からはみ出てはいけない連続曲線。さらに、ループの連続的な変形は同一視して考える——僕は、ボールの上にループを這わせる様子を想像する。

　イメージだけで考えているから確かなことはいえないけれど、2次元球面上のループは、連続的な変化を同一視したら、たった1種類しかないと思う。一点からなるループだ。なぜなら、どんなループでも一点まで潰すことができるから。言い換えるなら、2次元球面のすべてのループはループとしてホモトピックといえる。

2次元球面上のループを一点まで潰す

　ということは、2次元球面の基本群は、たった一つの元しか存在しない群だといえる。単位元 e のみからなる自明な群、すなわち**単位群** $\{e\}$ じゃないだろうか。2次元球面の基本群 $\pi_1(S^2)$ は単位群 $\{e\}$ に同型のはず！

$$\pi_1(S^2) \simeq \{e\}$$

解答 6-3（S^2 の基本群）
2次元球面 S^2 の基本群 $\pi_1(S^2)$ は単位群 $\{e\}$ に同型である。

　その感覚は、1次元球面と2次元球面との違いもはっきりさせてくれる。1次元球面には、ループが引っ掛かる《穴》がある。1次元球面でループを小さくしようとしても、一点まで潰すことはできない。でも、2次元球面には、ループが引っ掛かる《穴》がない。どんなループでも一点まで連続的に潰していくことができる。

6.4.4　3次元球面の基本群

　僕は浴槽に浸かって、さらに次元を上げる。

ちょっと待てよ。3 次元球面 S^3 の基本群も同じじゃないか？ 3 次元球面
——それは球面というよりも空間に感じるけれど——でループを作ろう。そ
のループをきゅっと引き締めれば、簡単に一点まで潰すことができるだろう。
そうか！ ポアンカレ予想のテレビ番組では宇宙船がループをひっぱる話を
してたぞ！ あれは、この話か！

位相空間 M	基本群 $\pi_1(M)$
1 次元球面 S^1 （円周）	整数の加法群 $\mathbb{Z}$
2 次元球面 S^2 （ボールの表面）	単位群 $\{e\}$
3 次元球面 S^3	単位群 $\{e\}$

……ここまでは正しいはず。でも、変だな。2 次元球面と 3 次元球面は同
じ基本群になる。それじゃ、基本群で形を区別できないじゃないか。

6.4.5 ポアンカレ予想

僕は、浴室から出ると髪を乾かすのもそこそこに本棚に向かう。ずいぶん
前に買ってたけれど、難しすぎて読んでいなかったトポロジーの本を開く。
そこには 1 次ホモトピー群を基本群と呼ぶと書かれていた。
基本群ではループを使って群を作った。これはループという 1 次元球
面をもとにして作った群。1 次元球面をもとに作った群が **1 次ホモトピー
群** $\pi_1(M)$ で、これが基本群のこと。なるほど、基本群 $\pi_1(M)$ の添字 $_1$ の
意味がこれでわかった。n 次元球面をもとに作った群が n 次ホモトピー群
$\pi_n(M)$ か。基本群の概念を一般化した群だ！
3 次元の生物である僕が感じる S^2 の中空の感じは、もしかしたら、2 次ホ
モトピー群 $\pi_2(S^2)$ を考えればわかるんじゃないだろうか！
僕は、続けて本を読んでいく。
ポアンカレ予想が出てきた。

> **ポアンカレ予想**
>
> M を 3 次元の閉多様体とする。
> M の基本群が単位群に同型ならば、M は 3 次元球面に同相である。

うん！

僕はいまや、この命題の意味を何とか理解できる。

- 《3 次元の閉多様体》は、わかる。3 次元の閉多様体というのは、3 次元の位相空間で、局所的には 3 次元ユークリッド空間に同相で、大きさが有限で、端がないものだ。もしもその中に自分が飛び込んで周りを眺めたら、ちょうど宇宙にいるように見えるだろう。どちらの向きにもいくらでも進むことができる空間だ。いくらでも進めるけれど、大きさは有限。《有限で、果てがない》空間だ。
- 《M の基本群》も、わかる。連続的に移り合えるループを同一視して作った群 $\pi_1(M)$ のことだ。
- 《3 次元球面》も、わかるぞ！ 2 個の 3 次元球体を表面で貼り合わせたような位相空間 S^3 のことだ。

そして僕は、ポアンカレ予想として提示された命題——

M の基本群が単位群に同型ならば、M は 3 次元球面に同相である。

——この命題の内容だけじゃなく、意義もわかる。

ポアンカレ予想は、基本群の能力を知ろうとしているのだ。

ポアンカレ予想が成り立つなら、S^3 と同相かどうかを調べる判定手段として、基本群が使えることになる。ある 3 次元の閉多様体 M を調べるとしよう。M はどんなものだろうか。たとえば M は S^3 と同相だろうか。知りたければ基本群を調べよ。$\pi_1(M)$ が単位群なら、M は S^3 と同相だ。そうでなければ、同相ではない。

位相空間の世界で M と S^3 を比べる代わりに、群の世界で $\pi_1(M)$ と $\pi_1(S^3)$ を比べればいいといえるか、否か。基本群は、位相空間の世界から群

の世界に渡る橋として使えるか、否か。ポアンカレ予想は、それを問うているのだ。

　ポアンカレ予想。

　それは位相幾何学の問題であると同時に代数学の問題であるといえる。なぜなら、基本群という群の能力を調べる問題だからだ！

6.5　形に捕らわれて

6.5.1　条件の確認

　「久しぶりに夜更かしをしてしまったよ」と僕は二人に言う。「おもしろかった。もちろん、僕の理解なんて大したことはないんだろうけれど、でも、おもしろかった。ポアンカレ予想が何の話なのか、僕はぼんやりとしかわかっていなかったんだね」

　ここは図書室。僕の話を、二人——もちろん、ミルカさんとテトラちゃん——は黙って聞いていた。昨晩の僕の成果だ。

　「……基本群が、判定の武器になるってことですか？」とテトラちゃんも言う。「あれ、でも、基本群は位相不変量なんですから、基本群が同型ならば位相空間が同相になるのは当たり前ではないんでしょうか？」

　「そこには注意が必要になる」とミルカさんが言った。「必要条件と十分条件を注意深く区別する必要があるからだ」

◎　　◎　　◎

　必要条件と十分条件を注意深く区別する必要があるからだ。

　《M の基本群は単位群に同型である》という条件を P(M) で表し、《M は 3 次元球面に同相である》という条件を Q(M) で表そう。

　ポアンカレ予想の主張はこうだ。

$$P(M) \implies Q(M)$$

それに対して、基本群が位相不変量であることからいえるのは《逆》だ。

$$P(M) \impliedby Q(M)$$

基本群が位相不変量で、3 次元球面の基本群は単位群に同型だから、$Q(M)$ ならば $P(M)$ であるといえるのだ。テトラ、位相不変量の意味はわかった？

◎　◎　◎

「テトラ、位相不変量の意味はわかった？」

「わかった……と思います。あたし、考え方がずいぶん粗雑なんですね」

「同じところに引っ掛かったよ」と僕も言った。「《基本群が位相不変量だ》というのは、《X と Y が同相ならば、$\pi_1(X)$ と $\pi_1(Y)$ は同型だ》という主張。だから、基本群が位相不変量であるというだけでは弱い。X と Y が同相ではない証拠としては使えるけど、X と Y が同相である証拠には使えないから」

6.5.2　見えない自分を捕まえる

「あたし、もっともっと勉強しないといけないですね」とテトラちゃんが言った。「先輩がそんなに時間を掛けてらっしゃるのに、あたしは駄目です。夜十時には、ぐっすりすやすや夢の中です……」

「いやいや、昨晩夜更かししたのは失敗。しかも受験と関係ない勉強でね」と僕は言った。睡眠不足のせいか、今日は妙に口が軽く動くな。「僕はいちおう受験生だから。そういえば、先日は模試があったんだよ。F1 レーサーみたいに、自分をチューンナップして試験に臨まないと。自分の力を試す場だから。真剣に模試を受けて、受験のための手応えをつかむんだ。そうそう、そこで出た問題で、巡回群のことを思い出したなあ。ちょうど巡回群 C_6 と同型な問題が出ていたんだ。いや問題が同型なわけじゃないけど」

「巡回群！　受験でもそんなものが出るんですか？」

「違う違う。それは僕のイメージだよ。問題に出てきたのは単純な回転行列なんだ。いや、行列の形にもなってなかったけどね。$\frac{\pi}{3}$ 回転だから、正六

角形という形が見えて……あれ？」

僕の心臓が大きく跳ねる。

あの問題……確か、$\theta = \frac{\pi}{3}$ だったな。回転角は具体的に与えられていた。具体的に与えられていたからこそ mod 6 で解けたわけだ。僕は、

$$(a_{1000}, b_{1000}) = (\cos 4\theta, \sin 4\theta)$$

と解答した——そこから先、計算していなかったぞ！

$$\begin{cases} \cos 4\theta &= \cos \frac{4\pi}{3} = -\frac{1}{2} \\ \sin 4\theta &= \sin \frac{4\pi}{3} = -\frac{\sqrt{3}}{2} \end{cases}$$

だから、

$$(a_{1000}, b_{1000}) = (-\frac{1}{2}, -\frac{\sqrt{3}}{2})$$

を答えとすべきだった。代入忘れ。馬鹿なミスだ！

解答 6-1（漸化式）

$$(a_{1000}, b_{1000}) = (-\frac{1}{2}, -\frac{\sqrt{3}}{2})$$

「……先輩？」
テトラちゃんが怪訝そうに声を掛ける。
「いや——ちょっとしたミスに気づいただけだよ。模試で……」
「数学？」とミルカさんが訊く。
「うん……最後に θ への代入を忘れた」
「部分点だな」とミルカさんはいつもの調子で淡々と言う。
しかし、いまの僕にはその「いつもの調子」が耐え難かった。
「ミルカさんは、意地が悪いな！」と僕は声を上げる。
「意地が悪い？」彼女は目を細めて僕を見る。

「進学先は決まっている。模試も受ける必要がない。そのくせ、そうやって『部分点だな』とすまし顔で言う！」

「すまし顔」と彼女は僕の言葉を繰り返す。

「いつもそうだ。『私は何でも知っている』という顔で、達観して」

「達観」

「飄々としていて」

「飄々」

「超然としていて……」

「超然」

違う。僕は、そんな情けないセリフを言いたいんじゃない。

「……」

「語彙が尽きたか。君は、そんなふうに私を見ていたんだね」

違うんだ。でも、声が出ない。こんなことを言い出した自分が悔しくて、涙を堪えているからだ。

「君は――」彼女はゆっくりと言う。「君は、模試の一問が部分点というだけで、言葉を失うほどのショックを受けるのか。百万回の模試を受けて百万個の手応えを手に入れても、模試は模試にすぎない。合格判定のコレクションは合格じゃない」

「……」

「私は、ミルカだ」と彼女は続ける。「君は、君だ。

　　君が見る私の形は、私のすべてではない。

　　私が見る君の形は、君のすべてではない。

今日は、君の新しい形を見させてもらったよ」

基本群が自明な 3 次元閉多様体で、
3 次元球面と同相にならないものはあるか。
——アンリ・ポアンカレ

第7章
微分方程式のぬくもり

温度変化の速度は、温度差に比例する。
——ニュートンの冷却法則

7.1　微分方程式

7.1.1　音楽室

「そら、あんたが悪い」とエィエィは言った。「あいかわらずの未熟王子」

ここは音楽室。彼女はピアノに向かって演奏中。僕は、そばに立って彼女のよく動く長い指を眺めている。曲は、ジャズ風にアレンジしたバッハだ。

エィエィは僕と同じ高校三年生。美しくウェイビーな髪が人目を引く、鍵盤大好き少女だ。リーダーをしていたピアノ愛好会の活動は終わっているけれど、彼女はいまでも音楽室に入り浸っている。

「僕が悪いなんてことはわかってるよ」

僕は、昨日の顛末——ミルカさんとのいざこざ——を話していた。

「要するに、八つ当たり」と彼女は言う。「ミルカたんは、ただ事実を言っ

てるだけ。『部分点だな』なんて、いかにも言いそうや。悪意なく、淡々と、事実を述べる女王さま」

「まあ、そうなんだけど」と僕は認める。「僕はミスばっかりだ」

確かにエィエィの言う通り。試験でたった一問ミスしただけで、動揺して八つ当たり。何だか、もう……。

「音楽は時間芸術、時間は不可逆」と彼女は言った。「どんなミスしても、鳴らした一音は取り返せへん。ミスしても、音楽では先に進まんとあかん。音楽を進めんとあかん」

「先に進む……」

「音楽は時間芸術、時間は一次元」と彼女が繰り返す。「でも人には記憶があって、聞いた音を覚えてる。音の記憶が連なって、心にパターンが生まれる。いい音楽を作りたかったら、いい音を重ねていくしかあらへん。《一音は一曲のため、一曲は一音のため》——ってお師匠さんは言わはる」

彼女は音楽の道に進もうとしていて、小さい頃から専門の先生について学んでいる。何度か見たことがある白髪の紳士だ。

「いい音を重ねていくしかない……いい音って何だろう」

「音楽は時間芸術、時間は連続」と彼女はもう一度繰り返す。「音楽では、一音だけを取り出して『いい音はこれ』なんて言えへん。鳴らすべきタイミングで鳴らした音がいい音。そして、鳴らすべきタイミングは、他の音との兼ね合いで決まる」

そこで彼女は演奏の手を止め、僕の方を向く。

「語るべきタイミングで、語るべきセリフを言えるんかいな、未熟王子は」

そうだ。つまらない僕のミスを引きずっては駄目だ。情けない態度で、大切な人との関係をぐしゃぐしゃにしては駄目だ。

「エィエィ、ありがとう」僕はそう言って音楽室を出る。

僕の背後で、バッハが再開する。

7.1.2　教室

「先輩。何ぐったりなさってるんですか」とテトラちゃんが言った。「お昼をご一緒させていただいても？」

ここは僕の教室。いまは昼食の時間。

テトラちゃんは一学年下。以前は、上級生である僕の教室に入ってくるのを躊躇していたけれど、最近はためらうことなく入ってくる。

「もちろん、いいよ」と僕は顔を上げて答える。もうすっかり寒くなってしまったから、屋上昼食も難しい。

「ミルカさんは、今日いらっしゃらないんですね」空いている机を僕の机にくっつけながらテトラちゃんは言った。「お休みでしょうか」

「そうみたいだよ」と僕も弁当を広げながら言う。

そうなんだ。せっかくミルカさんに昨日のことを言おうと——謝ろうとしたのに、肝心の彼女は不在。語るべきタイミングを逃した感が強い。

僕の口数が少ないからか、テトラちゃんは居心地が悪そうだ。弁当を食べ終えてからも、何だかもじもじしている。

「最近は、どんな問題に挑戦してるの？」と僕は水を向ける。

「はい！」彼女はほっとしたように言う。「先輩、**微分方程式**とはどんなものですか？」

「微分方程式？　ずいぶん難しいことをやってるんだね」

「いえいえ、あたしは何もやっていないのです。先日リサちゃんとおしゃべりしていたときに微分方程式の話題が出て——図書室で本を見てみたのですが、いまひとつよくわからなくて……先輩なら詳しくご存じかと思いまして、ついお昼にお邪魔をば」

「うん、いいよ。たとえば——」

◎　　◎　　◎

たとえば、$f(x)$ を実数全体から実数全体への微分可能な関数だとしよう。でも、$f(x)$ が具体的にどんな関数なのかは、まだわかっていないものとする。ただ一つわかっているのは、どんな実数 x に対しても、

$$f'(x) = 2$$

という式が成り立つということ。たとえば、だよ。$f(x)$ を x で微分した $f'(x)$ がいつも 2 に等しいことがわかっているとき、関数 $f(x)$ は具体的にどんな関数だといえるだろうか。テトラちゃんは、わかるよね？

234　第7章　微分方程式のぬくもり

◎　　◎　　◎

「はい……待ってください。$f'(x) = 2$ から、$f(x)$ を求めよということですね？　これは $y = f(x)$ のグラフの傾きが、常に 2 になるということです。ですから、

$$f(x) = 2x$$

ではないでしょうか。$y = 2x$ のグラフは直線で、傾きが常に 2 ですから！」
「そうだね。テトラちゃんが見つけた $f(x) = 2x$ という関数は、確かに $f'(x) = 2$ という式を満たしている」
「よかったです……」
「でも、$f'(x) = 2$ を満たす関数はそれだけじゃないよね。たとえば、

$$f(x) = 2x + 3$$

という関数はどう？」
「ははあ、$f'(x) = (2x + 3)' = 2$ ですから、確かにこれでもいいですね。あっ、だったら、$f(x) = 2x + 1$ でもいいことになります」
「そうだね。$f'(x) = 2$ を満たすような $f(x)$ は一般的に、

$$f(x) = 2x + C \qquad C は定数$$

と書くことができる。C は任意の定数だよ」
「はい」
「テトラちゃんは $y = f(x)$ というグラフの傾きを考えたよね。それは正しい考えだけど、$f'(x) = 2$ の両辺を積分して求めてもいい。そうすれば、

$$f(x) = 2x + C \qquad C は定数$$

が得られる」
「あ、そうですね」
「それで、いま例として出した $f'(x) = 2$ というのは、関数 $f(x)$ についての微分方程式の例になっているんだよ」

$$f'(x) = 2 \qquad\qquad f(x) についての微分方程式の例$$

「えっ、これが微分方程式？」

「うん、そうだよ。とてもシンプルな形だけど」

「そうなんですね。確かに微分は出てきますけれど、方程式とは……」

「僕たちが方程式と呼んでいるものは、たとえば、こんな形だよね。

$$x^2 = 9 \qquad\qquad x \text{ についての方程式の例}$$

この文字 x はある数を表しているけれど、どんな数を表しているかはわからない。x は、どんな数なのかわからない。でも、わかることは皆無じゃない。だって、その数を 2 乗したら 9 に等しくなることはわかっているから。では、この $x^2 = 9$ という方程式を満たす数 x は何だろうか——この x を求めるのが、**方程式を解く**ということ」

「はい、わかります」

「いまのは方程式の話。それで、微分方程式もこれとよく似ている話なんだ。方程式で求めるものは数だったけど、微分方程式で求めるものは関数になる。$f(x)$ は、どんな関数なのかわからない。でも、わかることは皆無じゃない。だって、$f'(x) = 2$ という式を満たすことはわかっているから。では、この $f'(x) = 2$ という微分方程式を満たす関数 $f(x)$ は何だろうか——この $f(x)$ を求めるのが、**微分方程式を解く**ということなんだよ。微分方程式について、何となくわかった？」

「なるほど……」と彼女はゆっくり答える。「そういえば、あたしが読んだ本にも、いま先輩がおっしゃった内容が書かれていたような気がします。でも、なぜか、本を読んだときよりも先輩のお話の方がよくわかるんです……ともかく、微分方程式が何なのか、少しわかったように思います」

	例	求めるもの
方程式	$x^2 = 9$	数 x
微分方程式	$f'(x) = 2$	関数 $f(x)$

「ところでテトラちゃんは $x^2 = 9$ という方程式は解ける？」

「解けますとも。解は $x = \pm 3$ ですよね。あたしでもさすがに解けます」

「うん、$x^2 = 9$ を解くと $x = 3$ または $x = -3$ が解になる。$x = 3$ は

$x^2 = 9$ を満たすし、$x = -3$ も $x^2 = 9$ を満たすから。つまり、方程式の解は必ずしも一つとは限らない。方程式を解けと言われたら、普通はすべての解を求めることになる」

「はいはい、大丈夫です」

「さっき解いた微分方程式 $f'(x) = 2$ でも同じことがいえるんだ。テトラちゃんは $f(x) = 2x$ という解を見つけたけれど、微分方程式 $f'(x) = 2$ の解はそれだけじゃなかった。$f(x) = 2x + 1$ でも、$f(x) = 2x + 5$ でも、$f(x) = 2x - 10000$ でもいい。一般的には、$f(x) = 2x + C$ という形にして初めて、すべての解を見つけたといえる」

「確かに、方程式と微分方程式は似てますね……」

「$f(x) = 2x + 1$ のように、微分方程式を満たす一つの関数を**特殊解**や特解と呼ぶんだよ。それから、$f(x) = 2x + C$ のように、微分方程式を満たす関数を任意定数 C のようなパラメータを持つ形で表した解を**一般解**と呼ぶ」

「ええと……お待ちください。だとすると、$f'(x) = 2$ という微分方程式に**は解が無数にある**ことになりませんか。だって、C にどんな実数を代入しても $f'(x) = 2$ は成り立ちますから」

「その通り。微分方程式で解となる関数が無数にあるのは珍しくないよ」

「そうなんですね」

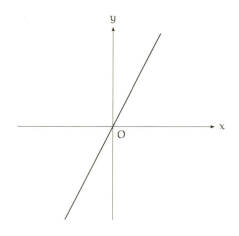

特殊解のグラフ $y = 2x$

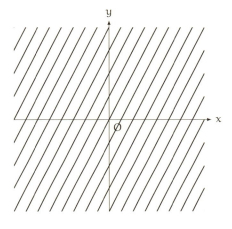

一般解のグラフ y = 2x + C の例

「ある数が、方程式 $x^2 = 9$ の解になるかどうか調べたいなら、話は簡単。その数を x に代入してみて、$x^2 = 9$ が成り立てば解だといえる。解を見つけるのは難しいかもしれないけど、一つの数が解になっているかどうかを調べるのは簡単。それと同じように——」

「お待ちください」とテトラちゃんが僕を制した。「微分方程式も同じということですね？ ある関数 f(x) が、微分方程式 $f'(x) = 2$ の解になるかどうかを調べたいなら……実際に、微分してみればいいと。ある関数 f(x) を微分した結果が 2 に等しくなれば、その関数は $f'(x) = 2$ の解だと？」

「そういうこと、そういうこと。微分方程式を満たしている関数を見つけたら、その関数は解の一つといえる。だから、具体的な f(x) が微分方程式を満たしているかどうかは、微分すれば確かめられる」

7.1.3 指数関数

テトラちゃんは熱心に聞いてくれるから、僕も話に熱が入ってしまう。

「$f'(x) = 2$ から $f(x) = 2x + C$ を求めた。だから、不定積分の計算は簡単な微分方程式を解いていると見なせる。不定積分の計算では積分定数が出て

くるけど、あれは、一般解でのパラメータになってるんだ。パラメータの値を具体的に決めれば、いろんな特殊解が得られる」

「ということは、微分方程式を解くときには両辺を積分すればいいんですね、先輩。それが微分方程式を解く方法」

「え？ ああ、違う違う。さっき例として出した $f'(x) = 2$ というのは、最も単純な微分方程式の一つだったから、それでうまくいったんだ。一般には、両辺を積分して $f(x)$ が得られるとは限らないよ」

「はあ……」

「一般に微分方程式は、$f(x)$ や $f'(x)$ や $f''(x)$ のような式が組み合わされているから、そう簡単には解けないね。たとえば、もう少し難しくなると、こんな微分方程式が考えられるよ」

僕はノートに別の微分方程式を書いた。

$$f'(x) = f(x)$$

「これは……なるほど。関数 $f(x)$ を微分した導関数 $f'(x)$ が $f(x)$ に等しくなる、という微分方程式ですか」

「そうだよ。導関数 $f'(x)$ がもとの関数 $f(x)$ と恒等的に等しい——つまり、x としてどんな実数 a を与えても、$f'(a) = f(a)$ が成り立つような関数 $f(x)$ を求めよ、というのがこの微分方程式」

「確かに、両辺を積分してもだめですよね。だって、

$$f(x) + C = \int f(x)\, dx$$

になるだけですから。$\int f(x)\, dx$ がわからないので、$f(x)$ もわかりません」

「そうだね」

「では、この $f'(x) = f(x)$ という微分方程式はどうやって解くんでしょう」

テトラちゃんはぐっと身体を寄せてきた。いつもの甘い香りが強くなる。

「解くというか、知っているというか……たとえば、$f(x) = e^x$ という関数だと考えてみよう。指数関数 e^x を微分すると、その導関数もまた e^x という式で表されるよね。ということは、指数関数 e^x は微分しても形が変わらない。つまり、

$$(e^x)' = e^x$$

という式が成り立つ。$f(x) = e^x$ なら $f'(x) = e^x$ なので、結局、

$$f'(x) = f(x)$$

が成り立つ。だから、$f(x) = e^x$ は微分方程式 $f'(x) = f(x)$ の特殊解だね」

「いやいやいや、先輩。ちょっとお待ちくださいっ！」テトラちゃんは右手を大きく左右に振る。「指数関数 e^x は知っています。そして、e^x を x で微分した $(e^x)'$ は e^x に等しくなるということも知っています。だって、それを使ってテイラー展開したことがありますから[*1]」

「そうだったね」

「でも、微分方程式 $f'(x) = f(x)$ をこれから解こうとしているのに……つまり、関数 $f(x)$ を求めようとしているのに、いきなり『$f(x) = e^x$ という関数だと考えてみよう』なんて……いいんでしょうか。それじゃあ、解をそもそも暗記していることになりませんか」

「ねえ、でも、考えてみてよ。たとえば $x^2 = 9$ という方程式の形を見たとき、テトラちゃんは『たとえば $x = 3$ は解の一つになる』ってすぐに見抜くよね」

「ええ、わかります。$3^2 = 9$ ですから」

「関数がその導関数に等しいという微分方程式の形を見て、『これは指数関数 e^x が使えるぞ』と思うのも、それと似ているような気がするけれど」

「うーん……そうなんでしょうか」テトラちゃんは腕組みをする。

「ところで、e^x 以外に、$f'(x) = f(x)$ を満たす関数はあると思う？」

「$f(x) = e^x + 1$ ですね。微分しても e^x は変わりませんから」

「え？　1 は消えるよ」

「すみません。ちゃんと書きます。もしも、

$$f(x) = e^x + 1$$

だとすると、$f(x)$ を x で微分して、

$$f'(x) = e^x$$

[*1] 『数学ガール／フェルマーの最終定理』

ですね。$f'(x) = f(x)$ になりません！ 駄目でしたっ！」

「だから、$f(x) = e^x$ は微分方程式 $f'(x) = f(x)$ の解だけど、$f(x) = e^x + 1$ は解じゃないといえる」

「それなら、微分方程式 $f'(x) = f(x)$ の解は、$f(x) = e^x$ 以外にはないような気がします。何を加えても影響してしまいますから」

「たとえば、$f(x) = 2e^x$ はどう？」

「あっ！ 成り立ちますね。$f(x) = 2e^x$ を微分すると $f'(x) = 2e^x$ ですから、確かに $f'(x) = f(x)$ が成り立ちます。あれ、でも、それなら、$f(x) = 3e^x$ でも $f(x) = 4e^x$ でもいいのではないでしょうか」

「もちろん、そうだね。だから、C を定数として

$$f(x) = Ce^x$$

は解になる。微分方程式 $f'(x) = f(x)$ の一般解は、C というパラメータを含んだ $f(x) = Ce^x$ だね」

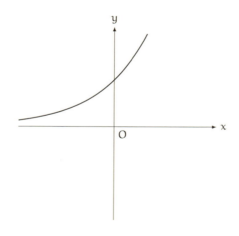

特殊解のグラフ $y = e^x$

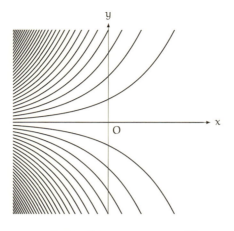

一般解のグラフ $y = Ce^x$ **の例**

「……」

テトラちゃんは、解せない顔をしている。

「あれ？ 難しくないよね」

「あ、これは大丈夫です。話を蒸し返してもいいでしょうか。さっきのこと、やはりまだ納得できていないようです」

「さっきのこと？」

「あのですね。$f'(x) = 2$ という微分方程式では、積分して $f(x) = 2x + C$ という関数が得られたので納得しました。でも、$f'(x) = f(x)$ という微分方程式では、$f(x) = e^x$ という特殊解がいきなり出てきて、それから $f(x) = Ce^x$ という一般解に移りました。ですから、まだ、もやもやっとしていて……」

「なるほど。じゃあ、ちゃんと解いてみよう」

◎　◎　◎

じゃあ、ちゃんと解いてみよう。

いまから、$f'(x) = f(x)$ という微分方程式を解く。

僕たちの目標は関数 $f(x)$ を求めること。

何で何を微分しているかを明確にするために、いったん、$y = f(x)$ と置いて、y は x の関数であるとしよう。そうすると、僕たちの微分方程式、

$$f'(x) = f(x)$$

は、$f'(x)$ を $\frac{dy}{dx}$ に置き換えて、$f(x)$ を y に置き換えて、

$$\frac{dy}{dx} = y$$

と書くことができる。僕たちの目標は関数 y を求めること。

いきなり $y = e^x$ を持ち出すのは気に掛かるとしても、y はどんな関数だろうと考えるのは大切だよね。

たとえば y が、

$$y = C$$

という定数関数になることはあるだろうかと考えてみる。$y = C$ が微分方程式 $y = \frac{dy}{dx}$ を満たすかどうかは、微分してみればわかる。$y = C$ の両辺を x で微分すると、

$$\frac{dy}{dx} = 0$$

になる。だから $y = C$ は、$C = 0$ のときに限り、$y = \frac{dy}{dx}$ という微分方程式を満たすことがわかる。つまり、

$$y = 0$$

という定数関数は、微分方程式 $y = \frac{dy}{dx}$ の特殊解だといえる。

ここまでは、大丈夫だよね。

ここからは、$y \neq 0$ として考えていこう[*2]。

僕たちの微分方程式は、

$$\frac{dy}{dx} = y$$

で、$y \neq 0$ が成り立つから両辺を y で割る。そうすると、

$$\frac{1}{y} \cdot \frac{dy}{dx} = 1$$

[*2] 定数関数以外で $y = 0$ になる点を持つ関数は、微分方程式における解の一意性によって除外することができる。

を得る。両辺を x で積分すると、

$$\int \frac{1}{y} \cdot \frac{dy}{dx}\, dx = \int 1\, dx$$

となる。右辺は、1 を x で積分したもの。だから、積分定数を C_1 として、

$$\int \frac{1}{y} \cdot \frac{dy}{dx}\, dx = x + C_1$$

がいえる。左辺は、置換積分を使って、

$$\int \frac{1}{y}\, dy = x + C_1$$

になる。$y > 0$ として $\frac{1}{y}$ の不定積分を取ると、積分定数を C_2 として、

$$\log y + C_2 = x + C_1$$

となる。だから、$C_1 - C_2$ を改めて C_3 と置いて、

$$\log y = x + C_3$$

になる。対数の定義から、

$$y = e^{x + C_3}$$

がいえる。右辺は $e^{x + C_3} = e^x \cdot e^{C_3}$ となって、ここで、e^{C_3} を改めて C と置くと、

$$y = Ce^x$$

が得られる。$y < 0$ で考えても同じ形になる。ここで仮に $C = 0$ としてみると、最初に考えた定数関数、

$$y = 0$$

という特殊解も表現できている。これで、僕たちの微分方程式、

$$\frac{dy}{dx} = y$$

は解けた。一般解として、

$$y = Ce^x$$

244 第7章 微分方程式のぬくもり

が得られたから[*3]。

　これはさっきの結果と同じになったね。

◎　　◎　　◎

「これはさっきの結果と同じになったね」
「確かに同じですね……」

7.1.4　三角関数

「別の例として、こんな微分方程式はどう？」

$$f''(x) = -f(x)$$

「これは、$f(x)$ を2回微分しています……わかりません。指数関数 e^x なら $(e^x)'' = e^x$ ですから、マイナスは付かないですね」
「2回微分したらマイナスが1個付く。ということは4回微分したらもとに戻るね。$f''''(x) = f(x)$ だ」
「それでは、よけい難しくなっていますが……」
「テトラちゃんは4回微分したらもとに戻る関数を知ってると思うけど」
「知ってます！　$\sin x$ です！」

$$(\sin x)' = \cos x \qquad \sin x \text{ を微分すると } \cos x \text{ になる}$$
$$(\cos x)' = -\sin x \qquad \cos x \text{ を微分すると } -\sin x \text{ になる}$$
$$(-\sin x)' = -\cos x \qquad -\sin x \text{ を微分すると } -\cos x \text{ になる}$$
$$(-\cos x)' = \sin x \qquad -\cos x \text{ を微分すると } \sin x \text{ になる（最初に戻る）}$$

「ですから、$f(x) = \sin x$ ですね！　$(\sin x)'' = (\cos x)' = -\sin x$ で、確かに $f''(x) = -f(x)$ です」
「うん、$f(x) = \sin x$ は解の一つだね。他には？」
「$f(x) = \cos x$ もです。$(\cos x)'' = (-\sin x)' = -\cos x$ ですから」

[*3] 厳密には、他の形をした解は存在しないことを示す必要がある（微分方程式における解の一意性）。詳細は、巻末の「参考文献と読書案内」に挙げた [37] や [38] を参照。

「他には？」

「……わかりません」

「たとえば、定数 A を使って $f(x) = A \cos x$ としてもいいし、定数 B を使って $f(x) = B \sin x$ としてもいいよね。一般解は、A と B をパラメータとして、

$$f(x) = A \cos x + B \sin x$$

の形になるよ[*3]」

「確かめます！ 微分方程式で解が見つかったら、微分して確かめるんですよね。まず、$f(x) = A \cos x + B \sin x$ を微分すると——

$$
\begin{aligned}
f'(x) &= (A \cos x + B \sin x)' \\
&= (A \cos x)' + (B \sin x)' \\
&= A(\cos x)' + B(\sin x)' \\
&= A(-\sin x) + B \cos x \\
&= -A \sin x + B \cos x
\end{aligned}
$$

です。そして $f'(x) = -A \sin x + B \cos x$ を微分すると——

$$
\begin{aligned}
f''(x) &= (-A \sin x + B \cos x)' \\
&= (-A \sin x)' + (B \cos x)' \\
&= -A(\sin x)' + B(\cos x)' \\
&= -A \cos x + B(-\sin x) \\
&= -A \cos x - B \sin x \\
&= -(A \cos x + B \sin x) \\
&= -f(x)
\end{aligned}
$$

ですから確かに、

$$f''(x) = -f(x)$$

という微分方程式が成り立っていますね」

「テトラちゃんは素直だなあ……ちゃんと確かめるんだね」と僕は言った。

7.1.5 微分方程式の目的

「先輩が具体例を出してくださったので、微分方程式のイメージが少しつかめてきました。解き方はまだまだわかっていませんが……」

微分方程式	一般解	
$f'(x) = 2$	$f(x) = 2x + C$	（C は任意定数）
$f'(x) = f(x)$	$f(x) = Ce^x$	（C は任意定数）
$f''(x) = -f(x)$	$f(x) = A\cos x + B\sin x$	（A, B は任意定数）

「まあ、僕がわかるのもこれくらいだよ」

「ところで先輩」テトラちゃんが声を潜めた。「そもそも、微分方程式って何のためにあるんでしょうか」

これだ。テトラちゃんの質問は決して侮れない。最初のうちはとても基本的な質問をする。でも、ある段階になると本質的な質問に切り替わる。きっと、彼女の理解はそのように進んでいるのだろう。自分の《理解の最前線》を先に進めるため、自然な質問を繰り出しているのだ。

「うん、それはすごい質問だと思うよ」と僕は答える。「微分方程式が何のためにあるか。それは、方程式が何のためにあるのかと同じだと思うな。たとえば、x に関する方程式を立ててそれを解くのは、なぜだと思う？」

「それは、きっと、x を求めたいから——？」

「そう。x を求めたい。x に関する方程式を満たすような数 x を求めたい。僕たちの手元には x の性質がある。たとえばそれは、$x^2 = 9$ を満たすという性質。その性質を手がかりにして x を求めたいんだね」

「微分方程式も、それと同じということですか」

「うん。関数 f(x) を求めたい。僕たちの手元には f(x) の性質がある。たとえばそれは、$f'(x) = 2$ を満たすという性質。あるいは、$f'(x) = f(x)$ でもいいし、$f''(x) = -f(x)$ でもいいよ。とにかく微分方程式という形で f(x) の性質がわかっている。その知識を手がかりにして、何とかして関数そのものを

手に入れたい。それが微分方程式というものを考える理由だと思うな」

「……」

「関数を手に入れるというのはすごいことだよ。だって、関数を知っていれば、x を与えるだけで f(x) の値がわかるんだから。x を動かして f(x) の変化を調べたり、x をとても大きくして f(x) の漸近的な性質を調べたり」

「なるほど……」

「関数を求める気持ちは、未来の予言を求める気持ちかもしれないね」

僕は、エィエィが言ってた《音楽は時間芸術》という言葉を思い出す。

「予言……それは、未来を予め知るという意味ですね」とテトラちゃんがゆっくり言った。「未来を知るというのは、少し恐いです。人間がそんなことをしてもいいんでしょうか」

「未来を知るといっても、限界はあるよ。誤差もあるし」

「関数を手に入れると予言になるというのが、まだ……」

「予言は言いすぎたかなあ。未来のすべてを言い当てるという意味じゃなくて、時刻の関数として物理量が表されれば、未来の物理量もわかるって意味だよ。たとえば星の位置。もしも三十年後に星がどの位置にあるかわかるとしたら、それは予言といえそうだよね」

僕はそう言いながら（三十年後なんて途方もない未来だな）と思った。受験まであと数か月。そんな近くの未来すらわからないのに。

「関数で物理量を表す？」

「たとえば、物理で出てくるバネの振動を考えてみようか」

7.1.6 バネの振動

バネが置いてあって、バネの先についている質量 m の重りを引っ張ってバネを伸ばす。時刻 t = 0 でそっと手を離すと、重りは振動し始める。摩擦を考えないと振動はずっと続く。重りが振動するということは、時刻が経過するごとに重りの位置 x が変化するということだね。そのとき、位置 x はどのような変化をするのか——それが問題になる。

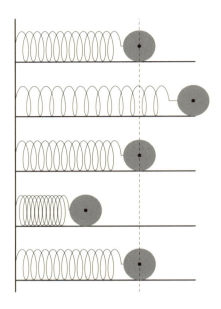

バネの振動

　いま、重りの位置を x と書いたけど、位置を時刻 t の関数と考えれば x(t) と書いてもいいね。位置は時刻の関数になってるから。
　さてと。力学の問題を解くときには**力**に注目することが多いんだ。力がわかれば**ニュートンの運動方程式**が使えるからだね。質量 m の質点に、F という力が掛かっているとき、質点の加速度を α とすると、ニュートンの運動方程式は F = mα という式で書ける。これは、物理学の法則。

$$F = m\alpha \quad \text{ニュートンの運動方程式}$$

　ところで、力をいま F と書いたけど、ここにも時刻 t が隠れている。だって、時刻 t が変化したとき、力もそれにつれて変化するかもしれないから。変化するなら、力 F も時刻 t の関数 F(t) として考えなくちゃだめ。
　それから、加速度 α も時間の関数として考えられる。位置 x(t) を時刻で微分したものが速度 v(t) = x′(t) で、速度 v(t) を時刻で微分したものが加速度 α(t) = v′(t) だから、加速度 α(t) は x″(t) と表せる。

時刻 t が変化しても質量 m が一定で変わらないとする。F を F(t) に、α を x''(t) にすれば、ニュートンの運動方程式はこう書き換えられる。

$$F(t) = mx''(t) \qquad ニュートンの運動方程式（書き換え）$$

ここまでは、ニュートンの運動方程式の話。

ここからは、バネの話。

バネを伸ばしたり縮めたりしたときに、どのような力がバネから質点に掛かるかを考えてみようね。

バネから質点に掛かる力は、バネの伸び縮みの関数として表される。バネが伸びても縮んでもいない状態——つまり、自然長になってる状態——のときには力は 0 になる。

- バネが自然長から伸びると、
  伸びた向きとは逆向きに、伸びた長さに比例した大きさの力が働く。
- バネが自然長から縮むと、
  縮んだ向きとは逆向きに、縮んだ長さに比例した大きさの力が働く。

バネにはこんな性質がある。これは**フックの法則**という物理学の法則だよ。

バネの伸び縮みは重りの位置で決まるから、バネから質点に掛かる力 F(t) と重りの位置 x(t) の関係を表したくなる。表現しやすいように、バネが自然長のときの重りの位置を 0 とすると、フックの法則は、$F(t) = -Kx(t)$ として表せる。

$$F(t) = -Kx(t) \qquad フックの法則$$

ここに出てきた比例定数 $K > 0$ は、バネ定数と呼ばれていて、大きければ大きいほど強いバネを表すことになる。$-K$ のようにマイナスが付いているのは、重りに掛かる力の向きが伸び縮みの向きと逆向きであることを表しているんだよ。

ここまでで、ニュートンの運動方程式とフックの法則が出てきた。どちらも質点に掛かる力 F(t) が関係しているね。

$$\begin{cases} F(t) & = mx''(t) & ニュートンの運動方程式（書き換え） \\ F(t) & = -Kx(t) & フックの法則 \end{cases}$$

250　第7章　微分方程式のぬくもり

この二つを連立して F(t) を消すと、

$$mx''(t) = -Kx(t)$$

という式が得られる。両辺を m で割ると、

$$x''(t) = -\frac{K}{m}x(t)$$

になる。式を見やすくするために、K と m という二つの文字を $\overset{\text{オメガ}}{\omega}$ の一文字にまとめてみよう。つまり、$\frac{K}{m}$ を、ω^2 と書く。$\frac{K}{m} > 0$ なんだから、2 乗の形で書いてもいいよね。

さあできた。バネにつながれた重りの位置を x(t) としたとき、関数 x(t) の微分方程式ができたよ。

$$x''(t) = -\omega^2 x(t) \qquad 《バネの振動》の微分方程式$$

この微分方程式の《形》をよく見ると、さっきの微分方程式、

$$f''(x) = -f(x)$$

にそっくりだとわかる (p.244)。だから、さっきと同じように三角関数が使えそうだ。違いは ω^2 という係数が出てくるところだけ。

x(t) = sin ωt と置けば、$x''(t) = -\omega^2 \sin \omega t$ なので、確かに微分方程式を満たしている。

もっと一般的には、さっきと同じように定数 A, B を使って、

$$x(t) = A \sin \omega t + B \cos \omega t$$

と書くことができる。これが、微分方程式の一般解だよ。

◎　　◎　　◎

「微分方程式の一般解だよ」と僕は言った。

テトラちゃんは、僕の説明を真剣な表情で聞いていた。ときどき爪を噛んでいたけれど、無言で式を追っていた。いつもなら、さっと手を挙げて「質問です！」と言いそうなものだけれど――

「先輩、ちょっといいですか。実際に微分して確かめてみたいんですが」

彼女はそう言って、ノートで計算を始めた。

$$x(t) = A \sin \omega t + B \cos \omega t$$ 　　　微分方程式の一般解

$$x'(t) = (A \cos \omega t) \cdot \omega - (B \sin \omega t) \cdot \omega$$ 　　両辺を t で微分した

$$= \omega A \cos \omega t - \omega B \sin \omega t$$ 　　　　　整理した

そこで、テトラちゃんの手が止まる。

「もう一回、同じように微分すればいいんだよ」と僕は言う。

「はい。大丈夫です。ちょっと考えていることがあって……」

そして彼女は計算を続ける。

$$x'(t) = \omega A \cos \omega t - \omega B \sin \omega t$$ 　　　　上の式

$$x''(t) = \omega(-A \sin \omega t) \cdot \omega - \omega(B \cos \omega t) \cdot \omega$$ 　両辺を t で微分した

$$= -\omega^2 A \sin \omega t - \omega^2 B \cos \omega t$$ 　　　　整理した

$$= -\omega^2 (A \sin \omega t + B \cos \omega t)$$ 　　　　$-\omega^2$ でくくった

$$= -\omega^2 \underbrace{(A \sin \omega t + B \cos \omega t)}_{x(t)}$$ 　　　　$x(t)$ が見つかる

「確かに、

$$x''(t) = -\omega^2 x(t)$$

になりますね……」

「そうだね。テトラちゃんはきちんと確かめるから偉いなあ。ところで、何を考えていたの？」

「はい。先輩は A, B という定数を使って一般解を書いてくださいました。あたしはいつも、こんなふうに文字が増えると『うっ』と思ってしまいます。難しくなった、と感じるからです。それでも、ふと声がしたんです。『この A, B もただの数だぞ……何を恐がっているテトラ』って」

「うん。なるほど。確かに A, B は文字になっているけれど、ただの数だね」

「x(t) は重りの位置という物理的な意味がありますよね。だったら、先輩が見せてくださった重りの振動の中で、A, B はどんな意味がある数なんだろう……って考えていたんです」

「⋯⋯それで？」

「一般解の式、

$$x(t) = A \sin \omega t + B \cos \omega t$$

を見ていて、$t = 0$ にすれば A, B も決まるんじゃないでしょうか。だって、あたしは $\sin 0 = 0$ で、$\cos 0 = 1$ だということを知っていますから！ こうなりますよね？

$$
\begin{aligned}
x(t) &= A \sin \omega t + B \cos \omega t \qquad & & x(t) \text{ の式} \\
x(0) &= A \sin 0\omega + B \cos 0\omega \qquad & & t = 0 \text{ を代入した} \\
&= A \sin 0 + B \cos 0 \qquad & & 0\omega = 0 \text{ だから} \\
&= B \qquad & & \sin 0 = 0, \cos 0 = 1 \text{ だから}
\end{aligned}
$$

ですから B は、$B = x(0)$ と決まります！ それから、$x'(t)$ でも同じことをします。

$$
\begin{aligned}
x'(t) &= \omega A \cos \omega t - \omega B \sin \omega t \qquad & & x'(t) \text{ の式} \\
x'(0) &= \omega A \cos 0\omega - \omega B \sin 0\omega \qquad & & t = 0 \text{ を代入した} \\
&= \omega A \cos 0 - \omega B \sin 0 \qquad & & 0\omega = 0 \text{ だから} \\
&= \omega A \qquad & & \sin 0 = 0, \cos 0 = 1 \text{ だから}
\end{aligned}
$$

ですから A は、$A = \frac{x'(0)}{\omega}$ と決まります！」

「そうだね！」と僕は言った。

「関数として $x(t)$ を考えていたときは——」とテトラちゃんが言う。「そのときは数学のことを考えていました。でも、時刻 t での重りの位置 $x(t)$ といったときには物理のことを考えています⋯⋯数式って《生きた言葉》なんですね！」

「生きた言葉？」

「はい。位置を $x(t)$ という式で表したとき、$x(t)$ という関数には位置という物理的な意味があって、フックの法則を数式として書けました。でも、数式として書けるだけじゃないんです。移項しても、微分しても、数式はずっと生きていて、意味を持ち続けています！ $x(0)$ というのは、時刻 0 におけ

る重りの位置。$x'(0)$ というのは時刻 0 における重りの速度。$t = 0$ にするというのは、重りの時刻 0 の様子を観察していることになるんですね！」

「テトラちゃんの言う通りだよ」と僕は頷く。「ω は質量 m とバネ定数 K で決まるから、定数 A, B は、時刻 0 における重りの位置と速度で決まる。あとは時刻を定めれば、そのときの位置と速度がわかることになる。さっき ω とした量に物理的な意味もあるよ。重りの振動を円運動の影だと考えたとき、一定時間に同じ角度だけ進む円運動となるけれど、その**角速度**がちょうど ω になるんだ」

「ああ！ 不思議です！」テトラちゃんは両手を胸の前で握りしめ、感極まったように言う。「数式を変形しても、ちゃんと意味があるのが不思議です。数式という《生きた言葉》は、すごいです。まるで、まるで、意味を作り出しているみたいじゃありませんか！ このことも《オイレリアンズ》に書きます！」

「同人誌」

「微分方程式って、まるで、自然がささやく《たとえ話》を書き留めたものみたいです。微分方程式とも《お友達》になれそうです！」

テトラちゃんの顔が微笑みでいっぱいになる。彼女はこれまでどれだけたくさんの《お友達》を作ってきたんだろう——数学的概念の中に。

「それにしても、テトラちゃんはしっかり考えるね！」

「い、いえ……あたしだって、いつまでも文字が多くて苦手なんて言ってられません！」軽くガッツポーズするテトラちゃん。「あたしも、先に進まなくてはっ！」

僕とテトラちゃんはにっこりと微笑みを交わす。

254　第7章　微分方程式のぬくもり

7.2　ニュートンの冷却法則

7.2.1　午後の授業

　午後の授業が始まった。といっても自習時間。周りを見回すと、ほとんどの生徒が自分の問題集に取り組んでいる。

　英語の長文読解を二つこなしてから、僕はテトラちゃんとのおしゃべりを思い出す。

　彼女に簡単な微分方程式の説明をして、ニュートンの運動方程式とフックの法則の説明をしているうちに、物理学と数学の関係について改めて考えさせられた。ニュートンの運動方程式 $F = m\alpha$ も、フックの法則 $F = -Kx$ も、物理学の法則を数式で表したものだ。数学は、物理学の法則を正確に表現する《言葉》として使われている。しかし単なる《言葉》ではない。式変形によって新たな数式を得ると、そこでもまた物理的意味を探ることができる。つまり、最初の式だけに意味があるのではなく、それを変形して導いた式にもまた意味がある。テトラちゃんが言ったように、物理学にとって数学は確かに《生きた言葉》になっているんだ。

　僕は、物理の本を取り出して微分方程式の問題を考え始めた。

問題 7-1（ニュートンの冷却法則）
室温が定温 U の部屋に物体を置き、時刻 t での物体の温度を $u(t)$ とする。時刻 $t = 0$ での温度 $u_0 > U$ と、時刻 $t = 1$ での温度 u_1 がわかっているとき、関数 $u(t)$ を求めよ。ただし、温度変化の速度は温度差に比例すると仮定する（ニュートンの冷却法則）。

　ここでもまず、物理学の法則——ニュートンの冷却法則——を数式で表現することが重要になってくる。そして「速度」が登場するから、微分方程式

を使うことになる。

- 物体の「温度変化の速度」は $u'(t)$ と表せる。
- 物体と室温との「温度差」は $u(t) - U$ と表せる。

だから、「温度変化の速度は温度差に比例する」というニュートンの冷却法則を素直に数式で表すとこうなるだろう。

$$u'(t) = K\big(u(t) - U\big) \qquad \text{K は定数}$$

ここまでが、物理学の世界。

ここからが、数学の世界。

僕はいま、二つの世界に橋を架けている。物理学の世界から数学の世界へ。

関数 $u(t)$ を知りたい。つまり、既知の U, u_0, u_1 を使って、関数 $u(t)$ を表したいのだ。

さっきの式から、僕の知っている微分方程式へ変形する。

$$u'(t) = K\big(u(t) - U\big) \qquad \text{ニュートンの冷却法則}$$
$$\big(u(t) - U\big)' = K\big(u(t) - U\big) \qquad \text{左辺の $u'(t)$ を $\big(u(t) - U\big)'$ とした}$$

左辺をこう変形したのは、

$$\big(\underset{\wr\wr\wr\wr\wr}{u(t) - U}\big)' = K\big(\underset{\wr\wr\wr\wr\wr}{u(t) - U}\big)$$

のように、両辺に $u(t) - U$ という同じ形を作りたかったからだ。こうすれば、さっきテトラちゃんに話した、

$$f'(t) = f(t)$$

とそっくりの形の微分方程式で、一般解に指数関数が出てくるはず。ただし、微分したときに係数 K が出てこないと困るから、Ce^t ではなく Ce^{Kt} という形にしなくてはいけない。つまり、

$$\underset{\wr\wr\wr\wr\wr}{u(t) - U} = Ce^{Kt} \qquad \text{C と K は定数}$$

ということだ。確認のため、両辺を t で微分してみよう。

256　第7章　微分方程式のぬくもり

$$
\begin{aligned}
\bigl(u(t) - U\bigr)' &= Ce^{Kt} \cdot K \\
&= KCe^{Kt} \\
&= K\bigl(u(t) - U\bigr)
\end{aligned}
$$

確かに、微分方程式を満たしていることがわかる。ここまでで、$u(t) - U = Ce^{Kt}$ つまり、

$$
u(t) = Ce^{Kt} + U \qquad \cdots \text{⓪}
$$

という式が得られた。時刻 t における物体の温度を表す関数 $u(t)$ はだいぶわかってきた。でも、C と K という二つの定数はまだわからない。

　問題 7-1 を読み返し、与えられている条件を確認する。

- $t = 0$ のとき、温度は u_0 である。
- $t = 1$ のとき、温度は u_1 である。

とあるから、先ほどの $u(t)$ の式 ⓪ で $t = 0$ と $t = 1$ を考えよう。つまり、

$$
\begin{cases}
u_0 &= Ce^{K \cdot 0} + U \qquad \cdots \text{①} \\
u_1 &= Ce^{K \cdot 1} + U \qquad \cdots \text{②}
\end{cases}
$$

から C と K を求めればいい。

　C を求めるのは簡単だ。① で、$e^{K \cdot 0} = e^0 = 1$ だから、$u_0 = C + U$ が得られる。つまり、

$$
C = u_0 - U
$$

として C が得られる。この C を ② に代入すると、次の式を得る。

$$
u_1 = \underbrace{\bigl(u_0 - U\bigr)}_{C} e^{K \cdot 1} + U
$$

ここから計算を続けて e^K が得られる。

$$u_1 = (u_0 - U)e^{K \cdot 1} + U$$

$$u_1 - U = (u_0 - U)e^K$$

$$e^K = \frac{u_1 - U}{u_0 - U}$$

$u_0 > U$ つまり $u_0 - U \neq 0$ だから、$u_0 - U$ で割ってもかまわない。これで e^K が得られたので、あとは式にまとめるだけだ。

$$u(t) = Ce^{Kt} + U$$

$$= (u_0 - U)e^{Kt} + U$$

$$= (u_0 - U)(e^K)^t + U$$

$$= (u_0 - U)\left(\frac{u_1 - U}{u_0 - U}\right)^t + U$$

これで u_0, u_1, U を使って $u(t)$ を表すことができた。

$$u(t) = (u_0 - U)\left(\frac{u_1 - U}{u_0 - U}\right)^t + U$$

あとは検算だ。

$u(0) = u_0$ になるか。

$$u(0) = (u_0 - U)\left(\frac{u_1 - U}{u_0 - U}\right)^0 + U$$

$$= (u_0 - U) + U$$

$$= u_0$$

大丈夫。

$u(1) = u_1$ になるか。

$$u(1) = (u_0 - U)\left(\frac{u_1 - U}{u_0 - U}\right)^1 + U$$

$$= (u_0 - U)\left(\frac{u_1 - U}{u_0 - U}\right) + U$$

$$= u_1 - U + U$$

$$= u_1$$

こっちも、大丈夫。

解答 7-1（ニュートンの冷却法則）

室温が定温 U の部屋に物体を置き、時刻 t での物体の温度を $u(t)$ とする。時刻 $t = 0$ での温度 $u_0 > U$ と、時刻 $t = 1$ での温度 u_1 がわかっているとき、関数 $u(t)$ は、

$$u(t) = (u_0 - U)\left(\frac{u_1 - U}{u_0 - U}\right)^t + U$$

と表せる。ただし、温度変化の速度は温度差に比例すると仮定した（ニュートンの冷却法則）。

答えは出た。ここで物理学の世界に戻ってこよう。温度を表す関数 $u(t)$ の形から、何がわかるだろうか。

$u_0 - U$ という式が出てきた。u_0 は時刻 0 の温度であり、U は室温だから、$u_0 - U$ は時刻 0 での温度差になる。$u_0 > U$ という条件があるから、$u_0 - U > 0$ だ。

では、

$$\left(\frac{u_1 - U}{u_0 - U}\right)^t$$

の部分はどう読めばいいか。全体としては時刻 t の指数関数だ。何しろこれは、e^{Kt} に相当する部分だから。ただし、指数関数といっても増加していく

わけじゃない。$u_0 > U$ だったから、時刻 t が 0 から 1 に進むと、物体の温度 $u(t)$ は室温 U に近づいていくはず。しかし、室温 U を越えていくことはないから $u_1 > U$ だ。$u_0 - U$ と $u_1 - U$ はどちらも正。しかも、

$$u_0 - U > u_1 - U > 0$$

になっている。とすると、

$$0 < \frac{u_1 - U}{u_0 - U} < 1$$

がいえる。つまり、

$$\left(\frac{u_1 - U}{u_0 - U}\right)^t$$

は、t が増えていくと 0 へ近づいていく。

$y = u(t)$ のグラフを描いてみよう。

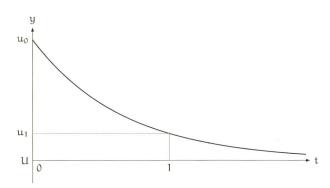

$y = u(t)$ のグラフ

物体の温度が室温に近づいていく様子を知ることができた。物理法則から微分方程式を立て、その微分方程式を解き、時刻の変化に対する物理量の変化を知る。うん、確かに数式は《生きた言葉》だな。

ぱらぱらと参考書をめくると、放射性物質の崩壊が出てきた。

260　第7章　微分方程式のぬくもり

問題 7-2（放射性物質の崩壊）
時刻 t における放射性物質の残存量を r(t) とする。時刻 t = 0 での残存量 r_0 と、時刻 t = 1 での残存量 r_1 がわかっているとき、関数 r(t) を求めよ。ただし、放射性物質の崩壊速度は、残存量に比例すると仮定する。

　同じだ。この問題は、ニュートンの冷却法則と同じだ。

　放射性物質の崩壊を数式で表現しよう。「速度」が登場するから、微分方程式を使う。

- 放射性物質の「崩壊速度」は $r'(t)$ と表せる。
- 放射性物質の「残存量」は $r(t)$ と表せる。

だから、「放射性物質の崩壊速度は、残存量に比例する」という性質は、

$$r'(t) = Kr(t) \qquad \text{K は定数}$$

と書ける。

　《温度の変化》と《放射性物質の崩壊》は物理現象としてはまったく異なる。関数が表す物理量も《温度》と《放射性物質の残存量》だからまったく異なる。でも、その物理量が満たす微分方程式の《形》は同じだ。

　そして当然、解となる関数も同じ《形》となる。$u(t) - U$ を $r(t)$ とし、$u_0 - U$ を r_0 とし、$u_1 - U$ を r_1 とすればいい。

$$u(t) - U = (u_0 - U)\left(\frac{u_1 - U}{u_0 - U}\right)^t \qquad \text{ニュートンの冷却法則}$$

$$r(t) = r_0 \left(\frac{r_1}{r_0}\right)^t \qquad \text{放射性物質の崩壊}$$

たとえばここで $U = 0$ とするなら、完全に同じ形になる。

$$u(t) = u_0 \left(\frac{u_1}{u_0} \right)^t \qquad \text{ニュートンの冷却法則 (U = 0 とした)}$$

$$r(t) = r_0 \left(\frac{r_1}{r_0} \right)^t \qquad \text{放射性物質の崩壊}$$

数式という《生きた言葉》が「この二つの現象は、共通した振る舞いをする」と教えてくれる。微分方程式と関数の《形》がそれを教えてくれる。

解答 7-2（放射性物質の崩壊）

時刻 t における放射性物質の残存量を $r(t)$ とする。時刻 $t = 0$ での残存量 r_0 と、時刻 $t = 1$ での残存量 r_1 がわかっているとき、関数 $r(t)$ は、

$$r(t) = r_0 \left(\frac{r_1}{r_0} \right)^t$$

で表される。ただし、放射性物質の崩壊速度は、残存量に比例すると仮定した。

テトラちゃんは微分方程式のことを、自然がささやく《たとえ話》と表現していた。おもしろいなあ……待てよ。放射性物質には**半減期**というものがある。ということは、温度変化についても、半減期に類似した物理的概念を考えることができるのかも——こんなふうにして、僕は、僕の時間を過ごす。僕の時間を、先に進める。

そして、今日という時間が過ぎていく。

放射性物質の崩壊速度は、放射性物質の残存量に比例する。

第 8 章
驚異の定理

ガウスよりずっと以前に、
もし非ユークリッド平面なるものが存在するとすれば、
それは半径 i の球面に似ているはずだということが、
すでにランベルトによって示唆されていた。
——H.S.M. コクセター [21]

8.1　駅前

8.1.1　ユーリ

　学校帰りの夕方、駅を出て家に帰ろうとしたところで、僕はユーリとばったり会った。

　「おっと！　ユーリか！」

　「おっと！　お兄ちゃんか！　いっしょに帰ろ！」

　ユーリと朝に会うのはめずらしいけれど、夕方に会うのはもっとめずらしいな。僕たちは駅前の歩道橋を並んで渡る。彼女の家はすぐ近所だから、帰り道はほとんど同じだ。

　「ユーリ、また背伸びた？」と僕は言った。「会うたび巨大化してるよね」

　「巨大化ゆーな！」と彼女は僕の背中を鞄で叩く。

「いてて」

駅前は自動車がうるさいけれど、角を曲がって住宅街に入ると静かになる。

「ねーお兄ちゃん、**クイズ出したげるよ**」とユーリが言う。

ユーリのクイズ（？）

- A 地点から、ある距離をまっすぐ歩くと、B 地点へ到着した。そこで、$\frac{\pi}{2}$ 左を向く。
- B 地点から、同じ距離をまっすぐ歩くと、C 地点へ到着した。そこで、$\frac{\pi}{2}$ 左を向く。
- C 地点から、同じ距離をまっすぐ歩くと、A 地点へ到着した。そこで、$\frac{\pi}{2}$ 左を向く。
- すると、歩き始めと同じ向きになった。

歩いた道が描く三角形の面積を求めよ。

「ちょっと待った。そのクイズはおかしいぞ」と僕が言う。

「あ、$\frac{\pi}{2}$ってゆーのは 90° のことだよ。知ってると思うけど。90° は $\frac{\pi}{2}$ ラジアン、180° は π ラジアン、そして、360° は 2π ラジアン」

「いやいや、そんなことじゃなく。A, B, C の 3 地点を巡るのはいいんだけど、$\frac{\pi}{2}$ つまり 90° を 3 回繰り返しても三角形はできないじゃないか！」

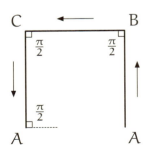

「早くも降参?」とユーリはうれしそうに言う。

「いや、降参じゃないよ、ユーリ。要するに三角形の角がすべて $\frac{\pi}{2}$ になっているということだから——平面上を歩いているんじゃなくて、球面上を歩いているんだろ?」

「ちぇっ、ばれたか。さすがお兄ちゃん」

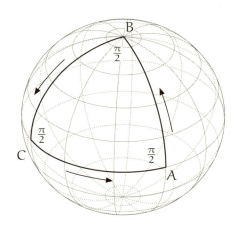

「球面上での測地線——つまり大円を歩くことを*まっすぐ*と呼ぶことにするなら、角の大きさがすべて $\frac{\pi}{2}$ の三角形を描くことは確かにできるよ。球面幾何学なら三角形の大きさはそれで決まる。でも、このクイズはひどいなあ。だって、一辺の長さが北極から赤道ほどもあるような巨大な三角形を歩くことになるなんて」

「地球なんて言ってないもん」とユーリ。

「いや、だとしても条件不足だよ。だって、球面の半径 R が与えられてない。半径 R の 2 乗に比例して三角形の面積は変わるはず」

「まーそこは条件を補って」

「ユーリらしくないぞ。バシッと決めなきゃ」

> **ユーリのクイズ修正版(球面三角形の面積)**
> 半径 R の球面上で球面三角形 ABC を考える。角の大きさが、
> $$\angle A = \angle B = \angle C = \frac{\pi}{2}$$
> であるとき、球面三角形の面積 △ABC を求めよ。
>
>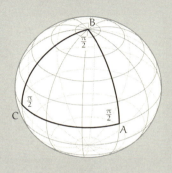

「そんで? クイズの答えは?」とユーリが言う。

「簡単だよ。この球面三角形 ABC と同じ大きさの球面三角形が 8 個あれば球面全体を覆えるからね。地球でいえば、4 個で北半球、4 個で南半球を覆える。半径 R の球の表面積は $4\pi R^2$ だから、求める球面三角形の面積は、その $\frac{1}{8}$ で、$\frac{\pi R^2}{2}$ だ。これが答え」

> **ユーリのクイズ修正版の答え（球面三角形の面積）**
> 半径 R の球の表面積は $4\pi R^2$ である。球面三角形 ABC の面積 $\triangle$ABC は球の表面積の $\frac{1}{8}$ にあたる。よって、求める面積は、
>
> $$\triangle ABC = \frac{4\pi R^2}{8} = \frac{\pi R^2}{2}$$
>
> である。

8.1.2 あっと驚く話

「やっぱ、お兄ちゃんには簡単すぎたかー……ところでね、$\triangle$ABC は、

$$\triangle ABC = R^2 \left(\frac{\pi}{2} + \frac{\pi}{2} + \frac{\pi}{2} - \pi \right)$$

で計算できるんだって、とある知り合いが言ってたよ」

僕は、混乱した。ユーリが言ってることの意味がわからない。

「その計算は、いったい何？」

「だからね、3 個の角を足して、π を引いて、R^2 倍したのが面積」

$$\begin{aligned}
\triangle ABC &= R^2 \left(\angle A + \angle B + \angle C - \pi \right) \\
&= R^2 \left(\frac{\pi}{2} + \frac{\pi}{2} + \frac{\pi}{2} - \pi \right) \\
&= \frac{\pi R^2}{2}
\end{aligned}$$

「なんだその計算？」

「ほら、お兄ちゃんが《球面幾何学では合同と相似が同じになる》って教えてくれたじゃん？　こないだ、《あいつ》にそれを問題にして出したんだけど、そんなの知ってるって反撃くらったの。角の大きさがすべて決まれば、球面三角形の形が決まる。球面三角形の形が決まれば、面積が決まる。

3 個の角の大きさから、面積を求める公式がこれなんだって！ 《あいつ》に
教えてもらった」

球面三角形の面積
半径 R の球面上に描かれた球面三角形 ABC の面積 △ABC は、

$$\triangle ABC = R^2 \left(\angle A + \angle B + \angle C - \pi \right)$$

で求められる。

「そうなんだ」と僕は困惑しながら言う。

《あいつ》というのはユーリのボーイフレンド。別の中学校に転校していっ
たけれど、ユーリとときどき会っているらしい。二人の間では数学の問題バ
トルが繰り広げられているようだけど、詳しくは知らない。

それにしても、こんなにシンプルな数式で面積が求められるんだ。

「そだそだ。あっと驚く話があるんだけど……あーあ、着いちゃった」

数学トークに夢中になって歩いているうちに、僕の家に到着していた。

「あっと驚く話？」

「続きはまた今度ねー。バキュン！」

ユーリは指を拳銃の形にして片目をつぶり、僕を撃つ真似をする。

仮想の弾丸で撃たれた僕は、シンプルな数式と共に家に倒れ込む。

8.2 自宅

8.2.1 母

夕食前。配膳する母を手伝いながら、僕はユーリが教えてくれた式のこと
を考えていた。球面三角形の面積の式だ。∠A, ∠B, ∠C をそれぞれ α, β, γ

と置くと、

$$\triangle ABC = R^2 \left(\alpha + \beta + \gamma - \pi \right)$$

になる。シンプルな数式。

　この式で何かおもしろいことはないか。そう考えるのは、数学で最もどきどきする時間だ。問題が与えられて正解を求めるのではない。命題が与えられて証明するのでもない。どんなことでもいいから《何かおもしろいこと》を探す。論理的に導けることでなければ意味がないし、数学的な意味がなければつまらないけれど……。

　「ミルカさん、またいらっしゃらないかしら」と母がサラダの大皿を運びながら言う。「三角形のお話、また聞きたいわ」

　「どうだろうね」と僕は言う。「そういえば、ミルカさんは母さんのことを尊敬しているみたいだよ」

　「あらまあ！　詳しく聞かせて！」

　僕はミルカさんのことを話しながら、ずっと数学を考えていた。早く食事を終えて、考えを紙に書き留めたい。それまでは頭の中だけで考える。

　球面三角形の面積が R^2 に比例する形になっているのは理解できる。不思議なのは $\alpha + \beta + \gamma - \pi$ の部分だ。角度がそんなふうにダイレクトに面積へつながっていくなんて。よし、$\alpha + \beta + \gamma - \pi$ に注目してみるか。R^2 で割ってみよう。

$$\triangle ABC = R^2 \left(\alpha + \beta + \gamma - \pi \right)$$

$$\alpha + \beta + \gamma - \pi = \frac{1}{R^2} \triangle ABC \qquad \text{両辺を交換して } R^2 \text{ で割った}$$

　「そうか！」と僕は声を上げる。

　「きゃあ！」と母も声を上げる。「どうしたの？　熱かった？」

　気がつくと、僕は母と二人で食卓に向かい、かぼちゃスープを飲んでいた。頭の中で式を展開しながら、半ば自動的に食事を進めていたのだ。

　「ごめん。何でもないよ。ちょっと発見しただけ」

　「もう、びっくりしたわ。それでね……」

　母の話を上の空で聞きながら、僕は考えを進める。

この式で、△ABC を一定に保ちながら R → ∞ という極限を考えてみよう。

$$\alpha + \beta + \gamma - \pi = \frac{1}{R^2} \triangle ABC$$

$\frac{1}{R^2}$ があるから、R → ∞ での極限を考えるなら、

$$\alpha + \beta + \gamma - \pi = 0$$

となるはずだ。つまり、

$$\alpha + \beta + \gamma = \pi$$

となる。π ラジアンは 180° だから、この式は、小学校以来おなじみの公式、

　　《三角形の内角の和は 180° に等しい》

じゃないか！

　そこには一貫性がある。R → ∞ の極限を考えるというのは、球面の半径を大きくしていった極限を考えること。巨大な球面を想像すればわかるけれど、球面の半径を大きくしていけば平面に近づく。だから、《球面上に描かれた三角形の性質》が、R → ∞ の極限で、《平面上に描かれた三角形の性質》に変貌するのは自然といえる。

　最初は不思議に思えた球面三角形の面積の式、

$$\triangle ABC = R^2 (\alpha + \beta + \gamma - \pi)$$

が、親しみが持てる式に形を変えた。まるで、よそよそしかった人が友人に変わったみたいに。この式は《三角形の内角の和は 180° に等しい》という主張の球面バージョンなんだ！

　そして——どこからか、声が聞こえる。証明せよ、という声が。

> **問題 8-2（球面三角形の面積）**
> 半径 R の球面上にある球面三角形 ABC の面積 △ABC が、
>
> $$\triangle ABC = R^2 \left(\alpha + \beta + \gamma - \pi \right)$$
>
> で求められることを証明せよ。ただし、α, β, γ は球面三角形 ABC の角の大きさとする。

「……でしょ？ ねえ、お母さんの話、聞いてた？」と母が言う。

「まあね」僕は急いで夕食を済ませて自室にこもる。

8.2.2 ありがたきもの

しかし、球面三角形の面積を求める問題は、そんなに簡単ではなかった。ユーリがクイズとして出したような、$\alpha = \beta = \gamma = \frac{\pi}{2}$ という特別な形ならわかる。でも、任意の球面三角形でも面積が求められるんだろうか。

3 次元の座標空間に球面を浮かべ、大円を表す方程式を x, y, z を使って書き、なす角を計算し、球面三角形の面積を積分で求める――のか？ それは、おおごとになりそうだな……と、そこで僕は机の前に張り出しているカレンダーを見る。そこには受験までの日程が書き込まれている。その隣には科目ごとのスケジュール表も張ってある。

時間がない。

ユーリのクイズをきっかけに考え始めた球面三角形の問題。深く追いたいのはやまやまだけど、いまの僕には時間がない。

ため息をつきながら計算用紙をいったん片づけ、先日返送されてきた模擬試験の結果を取り出す。科目ごとの点数、偏差値、順位が表になっている。第一志望は B 判定だった。

やはり、数学は部分点。あの痛恨の代入ミスさえなければ満点だったのに――そして、ミルカさんに情けないセリフをぶつけなくて済んだのに。

しかし、それより問題なのは古文だ。古文読解で思ったよりも点数を落と

していた。弱点補強が必要だ。科目平均はそれほど悪くなかったが、弱点科目が足を引っ張るのは困る。第一志望 A 判定が遠ざかってしまう。

　読解ミスの内容を確認しながら、僕は思う。古文を読むことは理系の僕にどんな意味があるんだろう。どうして受験に古文なんてものがあるのか。

　　かたち、こころ、ありさますぐれ、
　　世に経るほど、いささかの疵なき。

清少納言『枕草子』第七十五段。いわゆる「ものづくし」の一つである。

　　姿形も、性格も、態度も優れていて、
　　世の中を渡っていく間、欠点がまったくない人。

　それが何、と言いたくなる文章だけれど、この段の冒頭に「有り難きもの」つまり「めったにないもの」と書かれているから、「そんな人はめったにいない」と補って読むのだろう。

　天は二物を与えず。でも、すべてに優れている人も存在する。僕は、ミルカさんのことを思い出す。賢くて美しい彼女のことを。成績がいいとか、顔がきれいだとか、そういう表面的な話だけではない。深さと、強さ、その両方を兼ね備えている彼女。それに比べたら僕は、ぜんぜんだ。世に経るほど、という表現には時刻 t というパラメータが入っている。時刻 t を動かしていったなら、彼女と僕の差は開くばかりじゃないだろうか。

　ため息をもう一つ。しかし、そんなことばかり考えていてもしょうがない。いまの僕は、いまの僕にできることをするしかない。もうすぐやってくる《合格判定模擬試験》が最後の模試だ。そこまでには弱点をなくし、なんとか第一志望 A 判定を取っておきたい。僕は、天から二物を与えられている才媛とは違う。勉強を進め、模試を受け、合格判定の手応えを確かめ、受験本番に備えるしかないじゃないか。

8.3 図書室

8.3.1 テトラちゃん

次の日は驚くほどよく晴れたけれど、気温はとても低い。

放課後、僕はいつものように図書室へ向かう。今日は古文単語を総チェックして読解演習を……うわっ！ 僕は入口で赤い髪のリサとぶつかりそうになった。

「失礼」と彼女は一言。愛用の真っ赤なノートブック・コンピュータを抱えて、足早に去って行く。

図書室内に目を向けると、窓の近くの席にテトラちゃんが座っていた。彼女にしてはめずらしく、憮然とした表情だ。

「どうかしたの？ いま、リサちゃんとすれ違ったよ」僕はテトラちゃんのそばの席に座った。いつもと違う香りがする。

「いえ、ちょっと、意見の相違がありまして……」

「意見の相違」

「ええ、あの《オイレリアンズ》についてです。あたしは載せる内容をいくつも提案したのですけれど、リサちゃんは『無理』と言うだけで、何も考えてくれないんです」

彼女たちは学校の授業と無関係に、独自の活動として《オイレリアンズ》という同人誌を作ろうと計画しているのだ。

「なるほど。編集方針にずれがあるんだね」

僕がそう言うと、彼女は両手で球をたくさん作るジェスチャをしながら話し出す。

「はい……あのですね。あたしは、連続と、位相空間と、$\varepsilon\text{-}\delta$ 論法と、開集合と、同相写像と、球面幾何学と、平面幾何学と、双曲幾何学を《オイレリアンズ》に載せようと思っているんです。具体例と数式と図を合わせて、概念の歴史的なつながりと数学的なつながりを文章にまとめたいんですっ！」

「もしかして、ケーニヒスベルクの橋渡りも？」

「そうですそうです！ 位相幾何学——トポロジーのことを書くなら、その
エピソードは外せませんっ！」

テトラちゃんは厚いノートをぱらぱら開いて言う。

何だかこんな場面、以前もあったぞ。

「ねえ、テトラちゃん。もしかして、盛り込みすぎなんじゃない？ ほら、
乱択アルゴリズムを発表したときも、発表内容があふれてたよね」

「でも、きちんと順番を追って積み上げていかないと、読んでいる人には
わかりませんよね。ですから、どうしてもぜんぶ必要なんです。だって、あ
たし、幾何学って、すごくおもしろいと思うんです。形をめぐるさまざまな
こと——大小・合同・相似・直線・曲線・角度・面積——いろんなことが詰
まっているからです」とテトラちゃんは力説する。

「そうだけどね」

「位相幾何学や非ユークリッド幾何学のことをお聞きして思ったのは、変
えられないと思っていた概念でも変えることができる驚きでした。変えられ
ないというか、そもそも変えようとすら思えない概念です。たとえば直線な
らぬ "直線" や、長さならぬ "長さ" や……」

「なるほど、確かにテトラちゃんの言う通りだ」

「そういう《あたしが感じたおもしろさ》をちゃんと書き留めたいんです。
しっかり書かないと、伝わりませんよね？ ……でも、いくらそう言っても、
リサちゃんは『無理』ばっかりで」

不満げに言うテトラちゃん。

「ねえ……」と僕はそっと言う。「どのくらいの分量を《オイレリアンズ》
に書こうとしているかわからないけど、ぜんぶ書こうとすると、かえって伝
わらないこともあるんじゃないかなあ」

「と、言いますと？」

「うん。テトラちゃんは文章を読むのも書くのも早いし、英語も数学もで
きる。でも、みんながみんなそうじゃない。ぜんぶ伝えようと思って大量の
文章を書いても、読む人がついていけなかったら伝わらないよね、結局」

「でも……」

「テトラちゃんは、自分が感じたおもしろさを伝えたい。としたら、なんで
もかんでも伝えようとするんじゃなくて、厳選することも必要だよ。たとえ

ばこのあいだ、テトラちゃんはおもしろいこと言ってたよね」

「あたし、何か言いましたっけ？」

「微分方程式のことを『自然がささやく《たとえ話》を書き留めたもの』って言ってたよ。数式のことを《生きた言葉》とも言ってたよね。僕はそういう言葉を聞いて、なるほどと思ったんだ」

「き、恐縮です」

「テトラちゃんは、自分の理解を言葉で表現するのがとてもうまいよ。だから、無理にぜんぶ説明するんじゃなくて、題材を一つにしぼる。そして、テトラちゃんの《理解の最前線》をきちんと書いていけば、十分おもしろい《オイレリアンズ》になると思うんだけど」

「そうでしょうか……」

「『無理』と拒否しているみたいなリサちゃんも、何か考えているかもね」

「えっと、でも、お言葉ですが、あたしがいくら『どう思う？』って尋ねても、リサちゃんは『無理』や『自己満足』と言うばかりなんです……」

「リサちゃんはしゃべるのがあまり得意じゃないみたいだから、時間を掛けてじっくり話を聞く方がいいんじゃないかなあ」

「時間を掛けて……？」

「テトラちゃんは、一人ではできないことも協力すればできるって言ってたよね。テトラちゃんにはテトラちゃんの得意なこと、リサちゃんにはリサちゃんの得意なことがある。協力するっていうのは、互いの得意な部分を持ち寄って、不得意な部分を補い合うってことだし」

「な、なるほどです。あたしはリサちゃんの不得意な部分を補う」

「そうだね。そしてリサちゃんはテトラちゃんの不得意な部分を補う。それが形になると、二人の《オイレリアンズ》が生まれるんじゃない？」

僕の言葉に、テトラちゃんはハッとしてこちらを見た。

8.3.2 当たり前のこと

「何だか、当たり前のことを偉そうに語っちゃったね」と僕は言う。

「いえ、《当たり前のことから始めるのは良いこと》ですから」とテトラちゃんは真面目な顔で答える。「あたし、リサちゃんの言葉をちゃんと聞いてい

ませんでした」

「当たり前から始めるといえば、《三角形の内角の和は 180° に等しい》で、昨日驚くようなことを知ったよ」

僕は、昨晩の興奮を思い出しながら、球面三角形の面積の問題を伝えた。

$$\triangle ABC = R^2 (\alpha + \beta + \gamma - \pi)$$

僕の話が終わると、テトラちゃんは目をきらきらさせた。

「これで、面積が求められるんですか！」

「そうみたいだよ。しかも、$R \to \infty$ の極限で、球面上の三角形が平面上の三角形に近づくというのもおもしろいよね。半径を大きくしていくと球面は平面に近づいていくから、とても自然だと思う」

「無限へ向けてずうううっと進めて行くんですね……あっ、数学から離れちゃうんですが、こういうのはどうでしょう。**インフィニティ・サイン**です」

テトラちゃんは立ち上がり、右手の親指と左手の人差し指、左手の親指と右手の人差し指の先をそれぞれ触れ合わせ、ぎこちなく僕に見せた。確かに、クロスさせた指がねじれた輪を作り、$\overset{\text{infinity}}{\infty}$ に見えないこともない。

「それって……無限大のハンドサインってこと？」

「そうです！ 胸の前でこのサインを作り、その形のまま相手に向けて腕を伸ばして『インフィニティ！』って宣言するんです。インフィニティ！……いまひとつ魅力に欠けるでしょうか？」

「——いいんじゃないかな」と僕は言う。（とてもかわいい）と心の中で思いつつ。

「インフィニティ！」テトラちゃんは楽しそうだ。

「まあ、それはそれとして」と僕は言う。「球面三角形 ABC の面積が、$R^2 (\alpha + \beta + \gamma - \pi)$ になることは証明できなかったんだ。積分が出てきてちょっと大変そうだったから……またいつか、考えてみるよ」

時間があれば、と僕は言いかけて口を閉じる。正直、時間はないのだ。

「ミルカさんなら、ご存じですよ」と無邪気王女テトラちゃんは言う。

「ああ、そうだね。でも最近学校に来てないからなあ。またアメリカに行ってるのかもしれない」

八つ当たりをひとこと謝ろうと思っているのだけれど、ここしばらく会えていない。タイミングを逸してばかりだ。そんなことをしているうちに、ぎくしゃくしたまま、受験、そして卒業を迎えて——

「あれ、あれれ？　ミルカさんなら、いらっしゃいますよ。先ほど、チョコいただきましたもの。ほら」

彼女はそう言って小さな袋を見せる。さっきからの香りはチョコか。

「それ、いつの話？」

「えっと、三十分くらい前でしょうか。《がくら》に行くとおっしゃってました。これ、美味しいですよ。いい香りですし」

「ごめん、またね」僕は、図書室を飛び出した。

8.4 《がくら》

8.4.1 ミルカさん

僕は校内の並木道を抜け、別館のアメニティ・スペース《がくら》に急ぐ。《がくら》の広いラウンジでは、何人かの生徒が小声でクラブの打ち合わせをしていた。自習している生徒もいる。

ミルカさんは一人、ラウンジの隅で本を読んでいた。座っているテーブルには、たくさんの紙が広げられている。彼女は本を読みながら、万年筆で手元の紙に何かを書き込んでいた。

ミルカさんを見つけたとたん、僕は何も言えなくなった。書き物をしている彼女の周りには結界が張られているようで、気軽に声を掛けられない。

僕は馬鹿だ。どうして「ミルカさんは何もしなくても賢い」なんて思っていたんだろう。「天は二物を与えた」とか言って。彼女がさまざまなことに詳しいのは、学んでいるからだ。当たり前じゃないか。僕たちと話しているときが彼女のすべてではない。ミルカさん自身が言っていたように、僕が見ている彼女の形が、彼女のすべてではない。時間を使って読み、考え、計算しているからこそ、現在のミルカさんがあるのだ。僕がうじうじしている間

も、彼女は学び続けている。僕は何をやっているんだろう。

　と、ミルカさんがこちらを見る。わずかに微笑み、人差し指をついっと動かす。僕は、見えない糸に引かれるようにして彼女の向かいに座った。

8.4.2　言葉を聞く

　「来たね」とミルカさん。「"Brotkrumen" が功を奏したか」

　意味がわからない。僕は「何を読んでるの？」と間抜けな質問をする。

　「双倉博士から読むようにアドバイスされた本」彼女は、両手で本を軽く上げて僕に表紙を見せる。洋書だ。

　「それは——専門を決めるためなんだね」

　「いや、私はまだまだ専門を決めるような段階ではない。先走って難解なものを読もうとせず、基本的な数学の教科書をきちんと読むこと——だそうだ。日本語だけではなく英語も読むようにといくつか本を紹介してもらった。大学で使われている教科書らしい。しばらくは偏りなく読むように言われている。まあ、興味に合わせて好きな論文も読んでいくつもりだが」

　「へえ……」英語で書かれた数学の教科書。何だか、別世界だな。

　「ゼミも始まる。学んでいるうちに、おもしろいテーマを見つける。いつか十分に研究ができたなら、論文を書く。そして、ずっと論文を書き続けていく。オイラー先生は無数の論文を書いた。私もそれに倣いたい。自分が考えたこと、自分が計算したもの、それらを論文としてまとめて残す。論文を書くのは自分のためであると同時に、次の世代に伝えるためでもある——というあたりは、双倉博士の受け売りだ」

　「これからずっと《ひと仕事おしまい》を繰り返していくんだね」

　「おそらくは」ミルカさんはそこでにっこりと微笑む。「論文は手紙だから。未来の誰かに伝えるために、論文という名の手紙を書く」

　彼女の微笑みと、彼女の前に広げられた計算——ブルーブラックの万年筆で書かれた大量の数式——とを交互に見ているうちに、僕は胸が苦しくなってきた。

　ミルカさんには、僕のような受験はないかもしれない。でも彼女は彼女で、新しい世界へ向かう準備を整えているのだ。

「……ミルカさんは、すごいね」

「急にどうした」

「本当にすごいよ。あっというまに僕なんかが届かない世界に行ってしまいそうだ。僕は――ミルカさんに会えてよかった」

彼女はすっと目をそらし、窓の方を向く。

リサちゃんの言葉を聞くように、と僕はテトラちゃんに言った。しかし、僕自身はどうか。ミルカさんの言葉を、大切な人の話を、どれだけしっかり聞いてきたんだろう。

自分自身を過大評価も過小評価もせず、未来の形をしっかりとらえ、まっすぐ前に進もうとしているミルカさん。そんな彼女の言葉を、僕はどれだけ聞いてきたのか。

8.4.3　謎を解く

「私のことはいい」とミルカさんは僕に視線を戻す。「最近の君は？」

「あ、そうだ。球面三角形の問題を知ってる？　証明しようと思ったけどできなかったんだよ」

問題 8-2（球面三角形の面積）（再掲）

半径 R の球面上にある球面三角形 ABC の面積 △ABC が、

$$\triangle ABC = R^2 \left(\alpha + \beta + \gamma - \pi \right)$$

で求められることを証明せよ。ただし、α, β, γ は球面三角形 ABC の角の大きさとする。

「ふうん……当たり前のことから始めてみよう」

◎　　◎　　◎

当たり前のことから始めてみよう。

たとえば、半径 R の球の表面積は、$4\pi R^2$ だ。

<u>球面に大円一つ</u>を描けば、2 個の半球面が生まれる。半球面 1 個の面積は、もちろん $2\pi R^2$ だ。

<u>球面に大円二つ</u>を描けば、一般に 4 個の三日月形が生まれる。球面幾何学の《二角形》ともいえるこの三日月形を仮に**ルーン**（lune）と呼ぶことにしよう。一つのルーンは大きさが等しい二つの角を持つ。角の大きさが α であるルーンを α ルーンと呼ぶことにする。大円二つで生まれる 4 個のルーンというのは、α ルーンが 2 個と、$(\pi - \alpha)$ ルーンが 2 個だ。では、α ルーン 1 個の面積はどうなるか。

α ルーン

α ルーン 1 個の面積を S_α とすると、S_α は α に比例する。π ルーンは半球面になるから、

$$S_\pi = 2\pi R^2$$

がいえる。ということは比例定数は $2R^2$ で、

$$S_\alpha = 2\alpha R^2$$

となる。α ルーンの面積は R と α で表せるのだ。

<u>球面に大円三つ</u>を描けば、一般に球面三角形が生まれる。そのとき球面三

角形 ABC は α ルーン、β ルーン、γ ルーンと、どんな関係にあるか。
　あとは、君ならわかるだろう。

　　　　　　　　　◎　◎　◎

「あとは、君ならわかるだろう」
　ミルカさんは僕にバトンを渡す。いや、バトンじゃない。彼女の使っている万年筆だ。
　僕は図を見ながら続きを考えようとする。球の表面積はわかる。ルーンの面積もわかる。でも、だから、何だというんだろう……。僕はしばらく図を見つめるけれど、わからない。
「うーん……」
「にらんでいても考えは進まない。図を描くんだよ、君」ミルカさんは僕の手から万年筆を取り、こんな図を描いた。

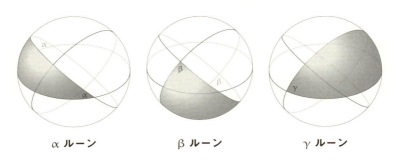

α ルーン　　　　β ルーン　　　　γ ルーン

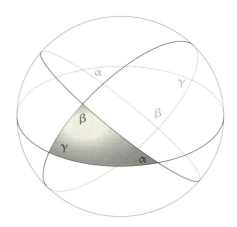

球面三角形 ABC

「……」僕は、まだわからない。

「αルーンが2個、βルーンが2個、そしてγルーンが2個。合計6個のルーンで球の表面全体を覆える」

「……なるほど？」僕は、ルーンが球を覆う様子を想像する。

「6個のルーンで球の表面全体を覆える——しかし？」ミルカさんは語尾を不意に上げて疑問文を提示する。

「しかし……そうか！ だぶりがあるね。球面三角形 ABC のところだけ、ルーンは三重になってる！ ということは、球の表面積はルーン6個の合計面積からだぶりの分を引いたものに等しくなるのか。△ABC の2個分を引けばいい！」

「それでいいが、球面三角形 ABC と同じ球面三角形がちょうど裏側にもう一つある。だから、だぶりは2個分ではなく4個分だ」

「わかったよ。式はもう立てられる」と僕はもう一度万年筆を受け取る。

$$\underbrace{4\pi R^2}_{\text{球の表面積}} = \underbrace{2S_\alpha + 2S_\beta + 2S_\gamma}_{\text{ルーン6個の合計面積}} - \underbrace{4\triangle ABC}_{\text{だぶりの分}}$$

「それでいい」とミルカさんは言う。

僕は計算を続ける。証明すべき式はわかっている。そこへ向かって進め！

$$4\pi R^2 = 2S_\alpha + 2S_\beta + 2S_\gamma - 4\triangle ABC \qquad \text{上の式から}$$

$$4\pi R^2 = 4\alpha R^2 + 4\beta R^2 + 4\gamma R^2 - 4\triangle ABC \qquad S_\alpha = 2\alpha R^2 \text{ などを使った}$$

$$\pi R^2 = \alpha R^2 + \beta R^2 + \gamma R^2 - \triangle ABC \qquad \text{両辺を } 4 \text{ で割った}$$

$$\triangle ABC = R^2(\alpha + \beta + \gamma - \pi) \qquad \text{移項して } R^2 \text{ でくくった}$$

解答 8-2（球面三角形の面積）

α, β, γ の角を持つルーン 2 個ずつで球面全体を覆うことができ、そのとき $\triangle ABC$ の 4 個分に相当するだぶりがある。このことから、

$$4\pi R^2 = 2S_\alpha + 2S_\beta + 2S_\gamma - 4\triangle ABC$$

が成り立つ。$S_\alpha = 2\alpha R^2, S_\beta = 2\beta R^2, S_\gamma = 2\gamma R^2$ から、

$$\triangle ABC = R^2(\alpha + \beta + \gamma - \pi)$$

を得る。（証明終わり）

「はい、これでひと仕事おしまい」とミルカさんは言った。

8.4.4 ガウス曲率

「球面三角形の面積を求めるのに、改めて積分しなくてもいいんだ！ うーん……」と僕はうめいた。悔しいから、一矢報いたくなる。「昨日、$R \to \infty$ の極限を考えたとき、この式が《三角形の内角の和は $180°$ に等しい》を拡張したものになっていることには気づいたんだけどな」

僕の言葉に、ミルカさんは軽く頷く。

「ああ、そうだな。だったら、

$$\triangle ABC = R^2(\alpha + \beta + \gamma - \pi)$$

よりも、

$$K = \frac{\alpha + \beta + \gamma - \pi}{\triangle ABC}$$

という定数 K を考えた方が楽しい。そうすると、測地線を使った三角形をどのような幾何学で考えているかがわかる。

- K > 0 のとき、球面幾何学
- K = 0 のとき、ユークリッド幾何学
- K < 0 のとき、双曲幾何学

といえる」

「へえ！」と僕は驚く。「K という定数で幾何学の分類ができるということ？ 分類……類別の基準になるこの定数 K は、いったい何だろう」

「K はユークリッド幾何学からのずれを表しているともいえるし、その空間の曲がり具合を表しているともいえる。実際 K は**ガウス曲率**と呼ばれる量に等しい」

「ガウス曲率……」

「曲率にはいろいろ種類がある。たとえば、平面上に描かれた円の半径を R としたときの円の曲率は $\frac{1}{R}$ として定義される。R が大きければ円の曲率は小さく、R が小さければ円の曲率は大きい。R が大きければ曲がり具合がゆるやかで、R が小さければ曲がり具合がきつくなるから、円の曲率を半径の逆数で定義するのは自然だ。そして、円の曲率を使って、曲線上の点における曲率も定義できる。大ざっぱにいうならば、その点で曲線に接する円を考え、その円の曲率 $\frac{1}{R}$ を使えばいいからだ。そして逆向きに曲がっているなら曲率は $-\frac{1}{R}$ とする」

「なるほど。その場合、直線の曲率は 0 と定義するんだね」

「そういうこと。もしも、曲線ではなく曲面に対して曲率を定義しようとするなら、曲面の広がりを考慮する必要がある。たとえば円筒を考えると、ある方向では円のように曲がっているけれど、別の方向では直線のようにまっすぐだ。曲がり具合が方向によって異なるわけだ」

「確かに、そうなるね」

「曲面上の点 P でのガウス曲率の定義はこうだ。点 P における曲面の接べ

クトルの一つを法線ベクトルに持つ平面で、点Pを含むものを考え、その平面と曲面とが作る曲線の曲率を求める。平面の向きを変えたときの最大曲率と最小曲率を求め、その積が、点Pにおけるガウス曲率だ」

「うん……うん」僕は想像を駆使して、ミルカさんの説明を追いかける。

「簡単な曲面の例を挙げよう」

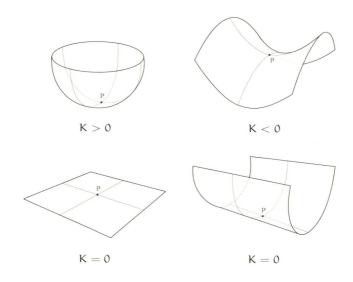

「この図では、点Pにおける最大曲率と最小曲率を作り出す曲線を各曲面上に描いている。半径がRである球面の場合、最大曲率も最小曲率も等しい。両方とも $\frac{1}{R}$ になるか、両方とも $-\frac{1}{R}$ になるかだ。いずれの場合も同符号だから、積で得られるガウス曲率は正になる。$K = \frac{1}{R^2} > 0$ だ。これが球面幾何学のガウス曲率。また、馬の鞍のような曲面の場合、点Pにおける最大曲率と最小曲率は異符号になるから、ガウス曲率は負になる。$K = -\frac{1}{R^2} < 0$ だ」

「なるほど。平面の場合、最大曲率も最小曲率も 0 だから、$K = 0 \cdot 0 = 0$ ということなんだね。平面のガウス曲率は $K = 0$ になる」

「その通り。そして円筒の場合には、最大曲率が $\frac{1}{R}$ で、最小曲率は 0 になるか、最大曲率が 0 で、最小曲率が $-\frac{1}{R}$ になるかのどちらか。いずれにせよ片方が 0 なので、積は 0 だ。$K = \pm \frac{1}{R} \cdot 0 = 0$ になる」

「へえ……円筒のガウス曲率も $K = 0$ になるんだね」

「曲面は方向によって曲がり具合が異なる場合がある。ガウス曲率では、最大曲率と最小曲率の積を取ることで、方向による変化を考慮したのだ」

「なるほど。僕だったら最大曲率と最小曲率の平均を取りたくなるな」

「ガウスは平均曲率という概念も提示している。まさに最大曲率と最小曲率の平均を使う」

「そうか……いろんな種類の曲率が定義できるんだね」

「球面幾何学では $K > 0$ となり、ユークリッド幾何学では $K = 0$ になる」ミルカさんは急に声を潜める。「球面幾何学で $K = \frac{1}{R^2}$ が正になるのは不思議ではないし、$R \to \infty$ の極限を考えると、ユークリッド幾何学でも $K = \frac{1}{R^2}$ といえなくはない。では、双曲幾何学ではどうだろう」

「双曲幾何学では $K < 0$ ということだよね。$K = \frac{1}{R^2}$ は負になれないけど……え？」

「$K = \frac{1}{R^2}$ のままで考えると、$K < 0$ ということは、R は虚数単位 i の実数倍ということになる。たとえば $K = -1$ なら、$R = \pm i$ ということだ」

「虚数単位 i が半径の球面幾何学？」

「式の形の上ではそうなる」ミルカさんは楽しそうに話を続ける。「ユークリッド幾何学は、無限大の半径を持つ球面幾何学と見なせるし、双曲幾何学は、虚数の半径を持つ球面幾何学と見なせる。ガウス曲率を考えるのはとても楽しい」

「ガウスはすごいな……」

「興味深い話がある。非ユークリッド幾何学を研究していたランベルトは、『非ユークリッド幾何学の"平面"は、半径が i になっている球面に似ている』という主張を行っている。これもまた予言的な発見といえる」

8.4.5　驚異の定理

ミルカさんは立ち上がり、僕の周りを歩きながら興奮気味に話を続ける。「先ほど、円筒のガウス曲率を計算した」

◎　　◎　　◎

先ほど、円筒のガウス曲率を計算した。$K = 0$ で、平面のガウス曲率に等しい。実はこれは重要な意味を持つ。

ガウスは曲面について研究し『曲面論』という小冊子を書いた[*1]。ガウスは『曲面論』の中でガウス曲率を定義した。ガウス曲率は、曲面上の各点における《曲がり具合》を表現した量になる。そして、

《ガウス曲率は曲面を伸び縮みさせない限り不変である》

という定理を証明したのだ。

紙に描いた三角形は、その紙を円筒状に変形させても面積が変化しない。紙を筒状に丸めようが、くねくね波打たせようが、伸び縮みさせない限り、三角形の面積は変わらないし、ガウス曲率も変わらない。

不変量は極めて重要だ。曲面上の任意の点におけるガウス曲率は伸び縮みさせない限り不変だ。球面上のガウス曲率は任意の点で等しく $\frac{1}{R^2}$ という値になる。一方、平面上のガウス曲率は任意の点で等しく 0 になる。ということは、伸び縮みさせることなしに、球面を平面に展開することはできないといえる。ガウス曲率が異なれば平面に展開できないと判定できるのだ。

さらにすばらしいことがある。

曲面の中で長さと角度から得られる量を**内在的**な量と呼び、曲面が空間の中にどのように埋め込まれているかを調べないとわからない量を**外在的**な量と呼ぶことにしよう。ガウス曲率 K は外在的な量で定義されているが、K が内在的な量で表せることをガウスは計算の末に証明した。ガウス曲率は、初めて発見された内在的な量なのだ。

三次元空間における平面と、その一部を円筒状にたわめた曲面を想像するとき、違う曲面であるように見える。実際その二つは、平面と円筒では三次元空間への埋め込み方が異なるといってもいい。しかし、三次元空間で平面をどのように曲げたとしても、各点でのガウス曲率は変化しない。ガウス曲率という量は、その曲面が埋め込まれている空間とは無関係に、曲面自体が持っている曲がり具合を表しているといえる。

こんなふうに表現することもできる。2 次元空間の生物は、自分の空間の

[*1] "Disquisitiones generales circa superficies curvas"（曲面の一般的研究）,1827 年.

「中」で長さと角度を調べればガウス曲率が計算できる。自分の空間の「外」の空間を考える必要はない。

　ガウス曲率は外在的な量で定義されているのに、内在的な量で表現できる。これは驚異だ。ガウスはこの定理を**驚異の定理**と呼んだ。

8.4.6　等質性と等方性

　ガウス曲率が持つ内在性は、幾何学にとって重要な意味を持っていた。数学者リーマンは、曲面におけるガウス曲率を一般化し、n 次元空間における曲率を考えた。

　さまざまな一般化ができる。

　球面幾何学、ユークリッド幾何学、双曲幾何学では、ガウス曲率 K は定数となる。ガウス曲率 K が定数であるという条件は**等質性**と呼ばれている。ガウス曲率が空間内の位置に依存しないという意味だ。

　等質性の前提をなくして、一般化することができる。それは、ガウス曲率 K が空間の点 p に依存するということ。そのときガウス曲率は K(p) という関数になるわけだ。

　そのとき、君が考えていた △ABC の面積を求める式は、積ではなく積分になる。ボンネによる拡張を加えて**ガウス・ボンネの定理**と呼ばれている。

$$\alpha + \beta + \gamma - \pi = K \triangle ABC \qquad \text{ガウス曲率が定数 K の場合}$$

$$\alpha + \beta + \gamma - \pi = \iint_{\triangle ABC} K(p) dS \qquad \text{ガウス曲率が関数 K(p) の場合}$$

　ガウス曲率が関数 K(p) ということは、曲面中の位置さえわかればガウス曲率がわかるという意味だ。ここにも一般化の余地がある。向きによって曲がり具合が変わらないという前提があるからね。その性質を**等方性**という。もっと高次元の空間では、等方性の前提を取り除いて一般化した曲率を考えることもできる。数学的には、ある点 p における曲がり具合を、ガウス曲率のような実数ではなく、**曲率テンソル**として考えることになる——のだけれど、残念ながら、それ以上話せるほど私はまだ詳しくない。要勉強だ。

◎　　◎　　◎

「要勉強だ」とミルカさんは頬を紅潮させて僕を見る。

そこで、下校のチャイムが鳴る。

8.4.7　おかえし

「そろそろ、私は帰るよ」ミルカさんは手早く本と計算用紙を片づけた。

「僕も帰る」

もう《がくら》には僕たち二人しか残っていない。

「そういえば、君の語彙は増えたのかな？」彼女はいたずらっぽく言う。

「語彙？」

「意地が悪くて、すまし顔で、達観して、飄々として、超然としていて——それから？」

「このあいだのことは、謝るよ」と僕は恥じ入りながら言った。「ミルカさん、ごめん。試験でミスしただけで、八つ当たりしてしまった」

「部分点だった？」

「そうだね。数学のミスは θ の代入忘れだけだった。いまは、弱点科目の補強をしているところ。古文の点がひどすぎたから。《合格判定模擬試験》までには何とかしないと」

「ふうん……」

「ええと、ずいぶんひどいことを言ってしまった。本当にごめん」

「特にひどくはない」と彼女は答える。「興味深い視点だったよ。これは、君への《おかえし》だ。手を出して」

僕は言われた通りに手を出す。おかえし？

ミルカさんは鞄から小さな袋を出し、僕の手のひらに乗せた。

「チョコレート？」これはきっと、ゆるしてくれた印なのだろう。

「ほら、良い香りだ」

彼女は一歩前に踏み出して、僕の手に乗った袋の口を開ける。カカオの香りが広がる。

そして、彼女の顔が近づく。

「……」
「……」
僕は、ミルカさんを見る。
彼女は、僕を見る。

沈黙。

「クリスマスイブの予定は？」とミルカさんが言う。
「予定……って？」と僕は聞き返す。受験生にイブなどない。
「オープンセミナーだよ。昨年はフェルマーの最終定理だったな」
「時間がないんだ。直前には《合格判定模擬試験》があるし……」
「ほんの数時間なのに？」
「第一志望で A 判定が出てないし」
「A 判定を出せばいい」とミルカさんは指を鳴らす。「要勉強だ」

曲面の「曲がり方」を表す量としてガウスが発見した曲率（ガウス曲率）は、
曲面における「内在的」概念の存在を初めて明らかにした（1827 年）。
……すなわち、「外の世界」がなくても、
我々の宇宙についてその「曲がり方」を語ることができることを
強く示唆したのだ。
——砂田利一『曲面の幾何』

第9章
ひらめきと腕力

> クータンスに著いたとき、
> どこかへ散歩に出かけるために乗合馬車に乗った。
> その階段に足を触れたその瞬間、
> それまでかかる考えのおこる準備となるようなことを何も考えていなかったのに、
> 突然わたくしがフックス関数を定義するに用いた変換は
> 非ユークリッド幾何学の変換とまったく同じである、という考えがうかんで来た。
> ——アンリ・ポアンカレ『科学と方法』（吉田洋一訳）

9.1　三角関数トレーニング

9.1.1　ひらめきと腕力と

　数学を、ひらめきの学問だと考える人は多い。数学読み物は、ひらめきのエピソードで満ちている。驚くべきドラマが展開し、天才のひらめきが世界を動かしていく——それが数学だという。確かに、数学者のひらめきがなかったら、数学はあり得ないのだろう。

　しかし、そのひらめきを生み出すまでには、気が遠くなるように泥臭い計算があったのではないか。そしてまた、ひらめきの後にそれを確かめ、定式化し、拡張し、一般化していく果てしない道のりがあったのではないか。

　受験勉強で長い計算をしているとき、頭の片隅でそんなことを夢想する。移項、展開、微分、積分、代入……当たり前で地道な式変形を続けなければ、

正解には行き着かないからだ。もっとも、天才のひらめきと受験勉強とを比べるのは筋違いかもしれないけれど。

ひらめき一発で解決できる問題もあるにはある。補助線を一本引くだけで証明が終わることもあれば、式の形を見抜くだけで計算が終わることもある。

けれど、多くの問題は違う。解法を思いついてからも、注意深く計算を続けなければ正しい答えには至らない。ひらめきで瞬殺できれば気持ちいいが、いつもそれを狙っては駄目だ。粘り強く計算を続ける腕力が必要なのだ。

ひらめきと腕力、その両方が必要になる。

要勉強だ、とミルカさんは言った。言われるまでもない。勉強するとも。受験勉強がいまの僕の仕事だからだ。

スポーツマンがトレーニングを怠らないように、僕は計算練習を怠らない。当たり前のことも確実にこなす力が必要だから。僕が頭の中で繰り返している**三角関数トレーニング**もそんな計算練習の一つだ。たとえば——

9.1.2 単位円

三角関数は円関数だ。$\cos\theta$ と $\sin\theta$ は単位円で定義できる。単位円とは、座標平面上で原点 O を中心とする半径 1 の円。単位円の円周上の点を (x, y) とし、その点と原点とを結ぶ線分が x 軸の正の部分となす角を θ とすると、$\cos\theta$ と $\sin\theta$ は次式で定義できる。

$$\begin{cases} \cos\theta &= x \\ \sin\theta &= y \end{cases}$$

つまり、$\cos\theta$ は点の x 座標、$\sin\theta$ は y 座標なのだ。単位円の方程式は $x^2 + y^2 = 1^2$ だから、次式が成り立つ。

$$\cos^2\theta + \sin^2\theta = 1^2$$

これは基本中の基本。

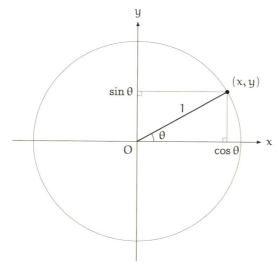

単位円

θ が 2π 増減しても点の座標は変わらない。だから、次式が成り立つ。

$$\begin{cases} \cos\theta &= \cos(\theta + 2\pi) &= \cos(\theta - 2\pi) \\ \sin\theta &= \sin(\theta + 2\pi) &= \sin(\theta - 2\pi) \end{cases}$$

n を整数として、一般的に書ける。

$$\begin{cases} \cos\theta &= \cos(\theta + 2n\pi) \\ \sin\theta &= \sin(\theta + 2n\pi) \end{cases}$$

x 座標と y 座標がそれぞれ 0 になるときの θ を考えると、次式がわかる。

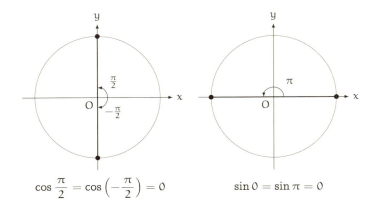

$$\cos\frac{\pi}{2} = \cos\left(-\frac{\pi}{2}\right) = 0 \qquad \sin 0 = \sin \pi = 0$$

n を整数として、一般的に書ける。

$$\begin{cases} \cos\left(n\pi + \dfrac{\pi}{2}\right) = 0 & \pi \text{ の整数倍} + \dfrac{\pi}{2} \\ \sin n\pi = 0 & \pi \text{ の整数倍} \end{cases}$$

単位円を想像すれば、

$$\sin(\pi \text{ の整数倍}) = 0$$

は当然だ。θ が π の整数倍のとき、点は必ず x 軸上にある。つまり、y 座標である sin θ は当然 0 になるからだ。

　点の x 座標と y 座標の値が取り得る範囲をそれぞれ考えると、cos θ と sin θ は、どちらも −1 以上 1 以下であることがわかる。

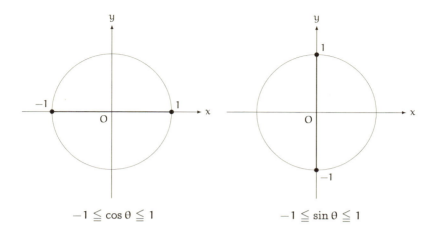

$$-1 \leqq \cos\theta \leqq 1 \qquad\qquad -1 \leqq \sin\theta \leqq 1$$

等号成立の条件を考える。x 座標が 1 と −1 になる θ を考えると、

$$\begin{cases} \cos 0 &= 1 \\ \cos \pi &= -1 \end{cases}$$

がいえる。一般的には次式が成り立つ。

$$\begin{cases} \cos(2n\pi + 0) &= 1 \qquad \pi\text{ の偶数倍} \\ \cos(2n\pi + \pi) &= -1 \qquad \pi\text{ の奇数倍} \end{cases}$$

つまり、こうなる。

$$\begin{cases} \cos(\pi\text{ の偶数倍}) &= 1 \\ \cos(\pi\text{ の奇数倍}) &= -1 \end{cases}$$

両方をまとめて書くこともできる。

$$\cos(\pi\text{ の n 倍}) = (-1)^n$$

y 座標が 1 と −1 になるときの θ を考えると、

$$\begin{cases} \sin \dfrac{\pi}{2} = 1 \\ \sin \left(-\dfrac{\pi}{2}\right) = -1 \end{cases}$$

がいえる。一般的には次式が成り立つ。

$$\begin{cases} \sin \left(2n\pi + \dfrac{\pi}{2}\right) = 1 \\ \sin \left(2n\pi - \dfrac{\pi}{2}\right) = -1 \end{cases}$$

9.1.3 サインカーブ

$x = \cos\theta$ と $y = \sin\theta$ のグラフを描く。

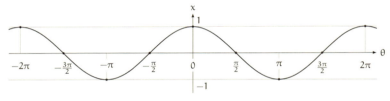

$x = \cos\theta$

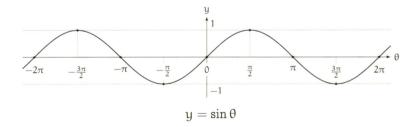

$y = \sin\theta$

$\cos\theta$ のグラフから $\sin\theta$ のグラフを作るには、$\frac{\pi}{2}$ だけ横に移動する。$\frac{\pi}{2}$ を足すか引くかはまちがえやすいので注意。

$$\begin{cases} \cos\left(\theta - \dfrac{\pi}{2}\right) = \sin\theta \\ \sin\left(\theta + \dfrac{\pi}{2}\right) = \cos\theta \end{cases}$$

対称性を考えると、次式が成り立つこともわかる。

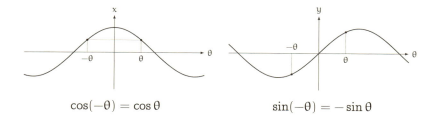

$\cos(-\theta) = \cos\theta$ 　　　　　　　$\sin(-\theta) = -\sin\theta$

$\cos\theta$ は偶関数で、$\sin\theta$ は奇関数ということだ。

9.1.4　回転行列から加法定理へ

点 (x, y) を、原点中心で反時計回りに θ 回転させた点 (u, v) は、

$$\begin{cases} u = x\cos\theta - y\sin\theta \\ v = x\sin\theta + y\cos\theta \end{cases}$$

で得られる。これを**回転行列**で書くなら、

$$\begin{pmatrix} u \\ v \end{pmatrix} = \begin{pmatrix} \cos\theta & -\sin\theta \\ \sin\theta & \cos\theta \end{pmatrix} \begin{pmatrix} x \\ y \end{pmatrix}$$

となる。

$(\alpha + \beta)$ 回転は、α 回転してから β 回転すると考えることができる。これは回転行列の積になる。

$$\begin{pmatrix} \cos(\alpha + \beta) & -\sin(\alpha + \beta) \\ \sin(\alpha + \beta) & \cos(\alpha + \beta) \end{pmatrix}$$

$$= \begin{pmatrix} \cos\beta & -\sin\beta \\ \sin\beta & \cos\beta \end{pmatrix} \begin{pmatrix} \cos\alpha & -\sin\alpha \\ \sin\alpha & \cos\alpha \end{pmatrix}$$

$$= \begin{pmatrix} \cos\beta\cos\alpha - \sin\beta\sin\alpha & -\cos\beta\sin\alpha - \sin\beta\cos\alpha \\ \sin\beta\cos\alpha + \cos\beta\sin\alpha & -\sin\beta\sin\alpha + \cos\beta\cos\alpha \end{pmatrix}$$

$$= \begin{pmatrix} \cos\alpha\cos\beta - \sin\alpha\sin\beta & -(\sin\alpha\cos\beta + \cos\alpha\sin\beta) \\ \sin\alpha\cos\beta + \cos\alpha\sin\beta & \cos\alpha\cos\beta - \sin\alpha\sin\beta \end{pmatrix}$$

ここで成分を比較すると**加法定理**を得る。

$$\begin{cases} \cos(\alpha + \beta) & = \cos\alpha\cos\beta - \sin\alpha\sin\beta \\ \sin(\alpha + \beta) & = \sin\alpha\cos\beta + \cos\alpha\sin\beta \end{cases}$$

9.1.5　加法定理から積和公式へ

加法定理は和の形だけ確実に覚えていればいい。

$$\begin{cases} \cos(\alpha + \beta) & = \cos\alpha\cos\beta - \sin\alpha\sin\beta \\ \sin(\alpha + \beta) & = \sin\alpha\cos\beta + \cos\alpha\sin\beta \end{cases}$$

なぜなら、$\alpha - \beta$ は $\alpha + (-\beta)$ と考えればいいからだ。ここで $\cos(-\beta) = \cos\beta$ と $\sin(-\beta) = -\sin\beta$ を使うと、次式を得る。

$$\begin{cases} \cos(\alpha - \beta) & = \cos\alpha\cos(-\beta) - \sin\alpha\sin(-\beta) \\ & = \cos\alpha\cos\beta + \sin\alpha\sin\beta \\ \sin(\alpha - \beta) & = \sin\alpha\cos(-\beta) + \cos\alpha\sin(-\beta) \\ & = \sin\alpha\cos\beta - \cos\alpha\sin\beta \end{cases}$$

加法定理で $\theta = \alpha = \beta$ の場合を考えれば、**倍角公式**が導ける。

$$\begin{cases} \cos 2\theta & = \cos^2\theta - \sin^2\theta \\ \sin 2\theta & = 2\sin\theta\cos\theta \end{cases}$$

$\cos^2\theta + \sin^2\theta = 1$ を使えば、$\cos 2\theta$ は次のようにも書ける。

$$\begin{cases} \cos 2\theta &= 1 - 2\sin^2 \theta \qquad \cos^2 \theta = 1 - \sin^2 \theta \text{ を使った} \\ \cos 2\theta &= 2\cos^2 \theta - 1 \qquad \sin^2 \theta = 1 - \cos^2 \theta \text{ を使った} \end{cases}$$

これを $\sin^2 \theta$ や $\cos^2 \theta$ について解くと、2乗を倍角に直す式になる。

$$\begin{cases} \sin^2 \theta &= \dfrac{1}{2}(1 - \cos 2\theta) \\ \cos^2 \theta &= \dfrac{1}{2}(1 + \cos 2\theta) \end{cases}$$

これは、**半角公式**と呼ばれている。

$$\begin{cases} \sin^2 \dfrac{\theta}{2} &= \dfrac{1}{2}(1 - \cos \theta) \\ \cos^2 \dfrac{\theta}{2} &= \dfrac{1}{2}(1 + \cos \theta) \end{cases}$$

さて、さっき導いた加法定理はこうだった。

$$\begin{cases} \cos(\alpha + \beta) &= \cos \alpha \cos \beta - \sin \alpha \sin \beta \qquad \cdots ① \\ \sin(\alpha + \beta) &= \sin \alpha \cos \beta + \cos \alpha \sin \beta \qquad \cdots ② \\ \cos(\alpha - \beta) &= \cos \alpha \cos \beta + \sin \alpha \sin \beta \qquad \cdots ③ \\ \sin(\alpha - \beta) &= \sin \alpha \cos \beta - \cos \alpha \sin \beta \qquad \cdots ④ \end{cases}$$

ここから、**積和公式**が導ける。

$$\begin{cases} \cos \alpha \cos \beta &= \dfrac{1}{2}\Big(\cos(\alpha + \beta) + \cos(\alpha - \beta)\Big) \qquad \tfrac{1}{2}(① + ③) \text{ から} \\ \sin \alpha \sin \beta &= -\dfrac{1}{2}\Big(\cos(\alpha + \beta) - \cos(\alpha - \beta)\Big) \qquad -\tfrac{1}{2}(① - ③) \text{ から} \\ \sin \alpha \cos \beta &= \dfrac{1}{2}\Big(\sin(\alpha + \beta) + \sin(\alpha - \beta)\Big) \qquad \tfrac{1}{2}(② + ④) \text{ から} \\ \cos \alpha \sin \beta &= \dfrac{1}{2}\Big(\sin(\alpha + \beta) - \sin(\alpha - \beta)\Big) \qquad \tfrac{1}{2}(② - ④) \text{ から} \end{cases}$$

　公式の暗記は重要だ。でも、公式は使えなくちゃ意味がない。三角関数トレーニングで公式を導くのは、公式を実際に使う練習でもある。さらに、自分で導けるとわかっていれば、たとえ度忘れしても焦らない。

9.1.6 母親

「――ねえ、お母さんの話、聞いてる？」

夕食後、皿を洗いながら頭の中で三角関数トレーニングをしていた僕は、母の声で我に返った。

「もちろん、聞いてるよ。体調はもう大丈夫なの、母さん」

「そんな話はしてなかったんですけどね！」母は皿を拭きながら、僕の脇腹を小突く。「でも、ありがと。もうすっかり元気よ」

「そう、よかった。父さんは今晩も遅いのかな」

僕は、父の話題を持ち出して話を取り繕う。

「お仕事、年末まで忙しいみたいね。あなたのお仕事の方は？」

「まあまあだよ。母さんはまるで、ミルカさんみたいなことを訊くね」

「あら！」母はうれしそうな声を上げる。「あなたは、いい友達に恵まれているわね」

「何の話？」

「お父さんの話よ」母は、明朝のために炊飯器をセットしながら言う。「お父さんはね、急に会社を辞めちゃったの」

「え？ 会社辞めた？」僕はびっくりして聞き返す。「どういうこと？」

「あ、違うの。昔の話よ。結婚したばかりのころ。そのときお父さんが勤めていた会社には友達がいなかったのね。毎日、ひどく疲れて帰ってきてたわ。悩んで悩んで、ある日、急に会社を辞めちゃって、しばらく何もしてない時期があったの。あなた知らないでしょ」

「知らなかった」

親の新婚時代なんて、考えたこともない。

「その時期お父さんは、何もしないで釣りをしてたの」

「釣り？……父さんが？」

「朝、釣り堀に行って、夜、帰ってくる。毎日ね。お母さんも、お父さんといっしょに釣り堀に行ったわ。水筒にお茶を入れて、おにぎりを作っていったのよ、毎日。お父さんが釣りをして、お母さんは隣でぼんやりしてた。冬のコートがまだ手放せないころから、桜のつぼみがふくらんで、満開になって、ぜんぶ散るまでの間のことね」

「へえ……」

「釣りが始まったのも、終わったのも突然だったわね。お母さんが、針に餌を付けてあげようとしたとき、手を切っちゃったの。ほら、左手のここ。傷痕が残ってるでしょ。ずいぶん血が流れて、服も汚れて……次の日から、お父さんは新しい仕事を探し始めたわ」

「そんなことあったなんて、さっぱり知らなかったよ」

「ふふふ。あなたの知らないこと、たくさんあるわよ」

母は意味ありげに笑う。

僕の親は、ずっと僕の親をしていたと錯覚しがちだが、もちろんそんなことはない。僕がいなかった時代があり、僕の知らない父と母がいる。

仕事を辞めて釣りをしていた父。桜の季節に毎日おにぎりを作って父のそばにいた母。うまく想像できない。

「そばにいるって大事なことかな」と僕はふと口にする。

「そばにいるって大事なことよ」と母は即答する。「でも、大事なのは距離じゃないの」

「距離じゃない？」

「はいはい。もう、台所はいいから、お風呂に入ってちょうだい。明日は模試でしょ？」

9.2　合格判定模擬試験

9.2.1　焦らないために

《合格判定模擬試験》当日。

早めにトイレに行き、それから軽くストレッチ。筆記用具と受験票とアラームの鳴らない時計を机上に置く。すべてを整え、試験時間中の全意識が問題解決に向かうよう気を遣う。

最後の模試――少なくとも現役最後の模試だ。こんなふうに会場にやってきて、他の受験生と一緒に試験を受けるのは今回が最後。いつもの慣れない

302　第9章　ひらめきと腕力

騒がしい沈黙に身を委ねる機会も今回が最後。次の機会は本番だ。

　生活リズムは試験時間に合わせてある。昨晩は予定通りに眠り、今朝は予定通りに起きた。焦らないためには平常心がいる。しかし粘り強く問題に取り組む熱い心もいる。必要なのは、熱い平常心なのだ。

　僕はこの模試で絶対に A 判定を取る。それが僕のいまの仕事だから。これまで重ねてきた受験勉強が、僕を支えてくれるはず。支えてくれ。

　そこで、教室のベルが鳴る。全員がいっせいに問題用紙を開く。

　現役最後の模試となる《合格判定模擬試験》——開始。

9.2.2　引っ掛からないために

問題 9-1（三角関数の積分）

m と n は正の整数とする。次の定積分を求めよ。

$$\int_{-\pi}^{\pi} \sin mx \sin nx \, dx$$

　式の形を見れば、方針はすぐに立つ。$\sin mx$ という x の関数と、$\sin nx$ という x の関数。その二つの《積の形》になっている。《積の形》は積分で扱いにくい。だから《和の形》に直そう。

　積を和に直す。三角関数トレーニングが生きるときだ。

$$\sin \alpha \sin \beta = -\frac{1}{2}\Big(\cos(\alpha + \beta) - \cos(\alpha - \beta)\Big) \qquad \text{積和公式}$$

この積和公式で、$\alpha = mx, \beta = nx$ と置けば《和の形》にできる。

$$\sin mx \sin nx = -\frac{1}{2}\Big(\cos(mx+nx) - \cos(mx-nx)\Big) \quad \text{積和公式より}$$

$$= -\frac{1}{2}\Big(\cos(m+n)x - \cos(m-n)x\Big) \quad \text{x でくくった}$$

《和の形》になったので、積分を進めていける。

$$\int_{-\pi}^{\pi} \sin mx \sin nx \, dx = -\frac{1}{2}\int_{-\pi}^{\pi}\Big(\cos(m+n)x - \cos(m-n)x\Big) \, dx$$

$$= -\frac{1}{2}\underbrace{\int_{-\pi}^{\pi}\cos(m+n)x \, dx}_{①} + \frac{1}{2}\underbrace{\int_{-\pi}^{\pi}\cos(m-n)x \, dx}_{②}$$

あとは、二つの定積分①と②を求めればいい。

①は、すぐにできる。なぜなら、積分して出てくる $\sin(m+n)x$ は、$x = \pm\pi$ のとき、0 に等しいからだ。

$$\int_{-\pi}^{\pi}\cos(m+n)x \, dx = \frac{1}{m+n}\Big[\sin(m+n)x\Big]_{-\pi}^{\pi} \quad \text{積分した}$$

$$= 0 \qquad \sin(\pi \text{ の整数倍}) = 0 \text{ より}$$

②も、同じようにすればいい……と焦るとミスを生む。②には $m-n$ が出てくる。$m-n \neq 0$ と $m-n = 0$ の場合分けが必要になる。《ゼロ割》を防ぐためだ。こんなところで減点されてたまるか。平常心、平常心。

②で $\underline{m-n \neq 0}$ のときは、①と同じ。

$$\int_{-\pi}^{\pi}\cos(m-n)x \, dx = \frac{1}{m-n}\Big[\sin(m-n)x\Big]_{-\pi}^{\pi} \quad \text{積分した}$$

$$= 0 \qquad \sin(\pi \text{ の整数倍}) = 0 \text{ より}$$

②で $\underline{m-n = 0}$ のときは、$\cos 0x$ が出てくる。もちろんこれは 1 に等しい。$\cos 0 = 1$ だから。

$$\int_{-\pi}^{\pi} \cos(m-n)x \, dx = \int_{-\pi}^{\pi} \cos 0x \, dx \qquad m-n=0 \text{ だから}$$

$$= \int_{-\pi}^{\pi} 1 \, dx \qquad \cos 0x = \cos 0 = 1 \text{ だから}$$

$$= \Big[\, x \,\Big]_{-\pi}^{\pi} \qquad \text{積分した}$$

$$= \pi - (-\pi)$$

$$= 2\pi$$

あとは、注意深く足し算をするだけ。

$$\int_{-\pi}^{\pi} \sin mx \sin nx \, dx = -\frac{1}{2}\underbrace{\int_{-\pi}^{\pi} \cos(m+n)x \, dx}_{①} + \frac{1}{2}\underbrace{\int_{-\pi}^{\pi} \cos(m-n)x \, dx}_{②}$$

①は m, n によらず 0 になる。②は $m-n \neq 0$ のときは 0 で、$m-n=0$ のときは 2π になる。だから、係数の $\frac{1}{2}$ に注意して、

$$\int_{-\pi}^{\pi} \sin mx \sin nx \, dx = \begin{cases} 0 & m-n \neq 0 \text{ の場合} \\ \pi & m-n = 0 \text{ の場合} \end{cases}$$

となる。これが解答だ。

解答 9-1（三角関数の積分）

m と n が正の整数であるとき、次が成り立つ。

$$\int_{-\pi}^{\pi} \sin mx \sin nx \, dx = \begin{cases} 0 & m-n \neq 0 \text{ の場合} \\ \pi & m-n = 0 \text{ の場合} \end{cases}$$

大丈夫。僕は焦っていない。熱い平常心でこのまま進め。

さあ、次の問題——

9.2.3 ひらめきか腕力か

> **問題 9-2（パラメータを持つ定積分）**
> 実数 a, b をパラメータに持つ定積分、
>
> $$I(a, b) = \int_{-\pi}^{\pi} \left(a + b\cos x - x^2\right)^2 dx$$
>
> を考える。$I(a, b)$ の最小値と、そのときの a, b の値を求めよ。

手順はこうなるだろう。

ステップ 1.　$(a + b\cos x - x^2)^2$ を展開して《和の形》を作る。

ステップ 2.　定積分 $I(a, b)$ を計算する。

ステップ 3.　$I(a, b)$ の最小値を求める。

ステップ 1 は単なる展開だ。そして、ステップ 2 の結果は a と b の 2 次式になるだろう。だから平方完成をすればステップ 3 もすぐにできるはず。難しいことは何もない。ひらめきは不要。ただ、展開するとたくさんの項が出てきて、めんどうな計算になりそうだ。腕力は必要。さあ、いったん他の問題に移るか、それともこのまま進むか。

迷う。しかし、3 秒で決断。大丈夫。僕は落ち着いている。熱い平常心で注意深く進めば確実に解ける。このまま進むぞ！

まずは**ステップ 1** だ。$(a + b\cos x - x^2)^2$ を展開して《和の形》を作る。

$$I(a, b) = \int_{-\pi}^{\pi} \left(a + b\cos x - x^2\right)^2 dx$$

$$= \int_{-\pi}^{\pi} \big(\underbrace{a^2}_{①} + \underbrace{b^2 \cos^2 x}_{②} + \underbrace{x^4}_{③} + \underbrace{2ab\cos x}_{④} - \underbrace{2bx^2 \cos x}_{⑤} - \underbrace{2ax^2}_{⑥} \big) dx$$

次に**ステップ 2** だ。定積分 $I(a, b)$ を計算する。①から⑥までの項を個別に積分していけばいい。

①は、定数 a^2 の積分だから難しくない。

$$\int_{-\pi}^{\pi} a^2 \, dx = a^2 \left[x \right]_{-\pi}^{\pi} \qquad \text{積分した}$$

$$= a^2 (\pi - (-\pi))$$

$$= 2\pi a^2 \qquad \cdots ①'$$

②は、2 乗をなくそう。$\cos^2 x = \frac{1}{2}(1 + \cos 2x)$ を使えば 2 乗を倍角に直せる。

$$\int_{-\pi}^{\pi} b^2 \cos^2 x \, dx = b^2 \int_{-\pi}^{\pi} \cos^2 x \, dx$$

$$= b^2 \int_{-\pi}^{\pi} \frac{1}{2}(1 + \cos 2x) \, dx \qquad \text{2 乗を倍角に直す}$$

$$= \frac{b^2}{2} \int_{-\pi}^{\pi} (1 + \cos 2x) \, dx$$

$$= \frac{b^2}{2} \left[x + \frac{1}{2} \sin 2x \right]_{-\pi}^{\pi} \qquad \text{積分した}$$

$$= \frac{b^2}{2} (\pi - (-\pi)) \qquad \sin(\pi \text{ の整数倍}) = 0 \text{ より}$$

$$= \pi b^2 \qquad \cdots ②'$$

③は、x^4 の積分だから難しくない。

$$\int_{-\pi}^{\pi} x^4 \, dx = \frac{1}{5} \left[x^5 \right]_{-\pi}^{\pi} \qquad \text{積分した}$$

$$= \frac{1}{5} (\pi^5 - (-\pi)^5)$$

$$= \frac{2\pi^5}{5} \qquad \cdots ③'$$

④は、$\cos x$ の積分だからこれも簡単。

$$\int_{-\pi}^{\pi} 2ab\cos x\, dx = 2ab\left[\sin x\right]_{-\pi}^{\pi} \qquad \text{積分した}$$

$$= 2ab\,(0-0) \qquad\qquad \sin(\pi \text{ の整数倍}) = 0 \text{ より}$$

$$= 0 \qquad \cdots ④'$$

⑤で、手が一瞬だけ止まる。$x^2\cos x$ の積分……うん、これは部分積分を使えばいい。係数の 2b は置いといて、$x^2\cos x$ を片づけよう。

$$\int_{-\pi}^{\pi} x^2\cos x\, dx = \int_{-\pi}^{\pi} x^2(\sin x)'\, dx \qquad\qquad \cos x = (\sin x)' \text{ だから}$$

$$= \left[x^2\sin x\right]_{-\pi}^{\pi} - \int_{-\pi}^{\pi}(x^2)'\sin x\, dx \qquad \text{部分積分}$$

$$= (0-0) - \int_{-\pi}^{\pi}(x^2)'\sin x\, dx \qquad \sin(\pi \text{ の整数倍}) = 0 \text{ より}$$

$$= -\int_{-\pi}^{\pi} 2x\sin x\, dx \qquad\qquad (x^2)' = 2x \text{ より}$$

$$= -2\int_{-\pi}^{\pi} x\sin x\, dx \qquad\qquad \int_{-\pi}^{\pi} x\sin x\, dx \text{ が残った……}$$

$\int_{-\pi}^{\pi} x\sin x\, dx$ のために、部分積分をもう一回。

$$\int_{-\pi}^{\pi} x\sin x\, dx$$

$$= \int_{-\pi}^{\pi} x(-\cos x)'\, dx \qquad\qquad \sin x = (-\cos x)' \text{ だから}$$

$$= \left[x(-\cos x)\right]_{-\pi}^{\pi} - \int_{-\pi}^{\pi}(x)'(-\cos x)\, dx \qquad \text{部分積分}$$

$$= 2\pi + \int_{-\pi}^{\pi}\cos x\, dx \qquad\qquad -\cos\pi = -\cos(-\pi) = 1 \text{ より}$$

$$= 2\pi + \left[\sin x\right]_{-\pi}^{\pi} \qquad\qquad \text{積分した}$$

$$= 2\pi \qquad\qquad \sin(\pi \text{ の整数倍}) = 0 \text{ より}$$

308　第9章　ひらめきと腕力

これで、$x^2 \cos x$ が片づく。

$$\int_{-\pi}^{\pi} x^2 \cos x \, dx = -2 \int_{-\pi}^{\pi} x \sin x \, dx$$
$$= -2 \cdot 2\pi$$
$$= -4\pi$$

おっと、さっき置いといた係数の $2b$ を忘れないように。

$$2b \int_{-\pi}^{\pi} x^2 \cos x \, dx = 2b \cdot (-4\pi)$$
$$= -8\pi b \qquad \cdots ⑤'$$

⑥は、x^2 の積分だからすぐ解ける。

$$2a \int_{-\pi}^{\pi} x^2 \, dx = \frac{2a}{3} \left[x^3 \right]_{-\pi}^{\pi}$$
$$= \frac{2a}{3} \left(\pi^3 - (-\pi)^3 \right)$$
$$= \frac{4\pi^3}{3} a \qquad \cdots ⑥'$$

ここまでを足し合わせると、

$$I(a, b) = \int_{-\pi}^{\pi} (\underbrace{a^2}_{①} + \underbrace{b^2 \cos^2 x}_{②} + \underbrace{x^4}_{③} + \underbrace{2ab \cos x}_{④} - \underbrace{2bx^2 \cos x}_{⑤} - \underbrace{2ax^2}_{⑥}) \, dx$$

$$= \underbrace{2\pi a^2}_{①'} + \underbrace{\pi b^2}_{②'} + \underbrace{\frac{2\pi^5}{5}}_{③'} + \underbrace{0}_{④'} - \underbrace{(-8\pi b)}_{⑤'} - \underbrace{\frac{4\pi^3}{3} a}_{⑥'}$$

$$= 2\pi a^2 - \frac{4\pi^3}{3} a + \pi b^2 + 8\pi b + \frac{2\pi^5}{5}$$

a と b でそれぞれ整理する。

$$= 2\pi \underbrace{\left(a^2 - \frac{2\pi^2}{3}a \right)}_{\text{Ⓐ}} + \pi \underbrace{\left(b^2 + 8b \right)}_{\text{Ⓑ}} + \frac{2\pi^5}{5}$$

ステップ 3 へ進もう。$I(a, b)$ の最小値を求める。そのために、a と b のそれぞれで平方完成をする。

$$\text{Ⓐ} = a^2 - \frac{2\pi^2}{3}a$$
$$= \left(a - \frac{\pi^2}{3} \right)^2 - \left(\frac{\pi^2}{3} \right)^2 \qquad \text{平方完成}$$
$$= \left(a - \frac{\pi^2}{3} \right)^2 - \frac{\pi^4}{9}$$

$$\text{Ⓑ} = b^2 + 8b$$
$$= (b + 4)^2 - 4^2 \qquad \text{平方完成}$$
$$= (b + 4)^2 - 16$$

よって、$I(a, b)$ は次のように表せる。

$$I(a, b) = 2\pi \times \text{Ⓐ} + \pi \times \text{Ⓑ} + \frac{2\pi^5}{5}$$
$$= 2\pi \left\{ \left(a - \frac{\pi^2}{3} \right)^2 - \frac{\pi^4}{9} \right\} + \pi \left\{ (b + 4)^2 - 16 \right\} + \frac{2\pi^5}{5}$$
$$= 2\pi \left(a - \frac{\pi^2}{3} \right)^2 - \frac{2\pi^5}{9} + \pi (b + 4)^2 - 16\pi + \frac{2\pi^5}{5}$$
$$= 2\pi \left(a - \frac{\pi^2}{3} \right)^2 + \pi (b + 4)^2 - \frac{2\pi^5}{9} + \frac{2\pi^5}{5} - 16\pi$$
$$= 2\pi \underline{\left(a - \frac{\pi^2}{3} \right)^2} + \pi \underline{(b + 4)^2} + \frac{8\pi^5}{45} - 16\pi$$

波線の部分はどちらも 0 以上なので、ここが共に 0 に等しくなれば、そのとき $I(a, b)$ は最小値を取る。すなわち、$a = \frac{\pi^2}{3}, b = -4$ のとき $I(a, b)$ は最小値を取り、その値は、

$$\frac{8\pi^5}{45} - 16\pi$$

になる。これが解答だ！

解答 9-2（パラメータを持つ定積分）

定積分 $I(a, b)$ は、$a = \frac{\pi^2}{3}, b = -4$ のとき最小値 $\frac{8\pi^5}{45} - 16\pi$ を取る。

解いてみると、腕力というほどではなかったな。

よし、次の問題だ——

9.3 式の形を見抜く

9.3.1 確率密度関数を読む

模試の翌日。

《合格判定模擬試験》は手応えがあった。数学だけじゃない。前回まずかった古文でも点数をかなり稼げたんじゃないだろうか。放課後、僕はそんなことを考えながら図書室に向かう。

「あ、先輩！ お久しぶりです！」テトラちゃんの元気な声が僕を迎える。彼女の笑顔は、どうしてこんなに心にしみるのだろう。

「テトラちゃんはいつも笑顔だよね」僕は彼女の隣に座った。

「そ、そうでしょうか……きっと、うれしいからだと思います」彼女はそう言って、さらに笑顔になる。

「いつもうれしいのはいいね。ところで、今日は何の勉強？」

「えっと……これです。正規分布の確率密度関数」

彼女は一枚の《カード》を見せた。

正規分布の確率密度関数

平均が $\overset{\text{ミュー}}{\mu}$ で、標準偏差が $\overset{\text{シグマ}}{\sigma}$ である正規分布の確率密度関数 $f(x)$ は、

$$f(x) = \frac{1}{\sqrt{2\pi\sigma^2}} \exp\left(-\frac{(x-\mu)^2}{2\sigma^2}\right)$$

である。

「へえ……統計の勉強をしてたんだ」

「というわけではないんです。村木先生に《文字が出てくる難しそうな式》を見たいとお話ししたら、この《カード》をくださったんです」

「何でまたそんなものを見たいと思ったの？」

「あのですね。文字が多いと目がくるくるしちゃうので、それを何とかしたくて、難しそうな式を見たら慣れるかしら……と」

「難しいと感じたときでも、落ち着いて式の形を見るのは確かに大事だよね」僕は昨日の模試を思い出しながら言った。「式の形をよく調べれば、いろんな手がかりが見つかるから。たとえ確率密度関数が何か知らなくても、式の形から関数 $f(x)$ をある程度は探っていける。まず大事なのは、$f(x)$ の x が右辺のどこに出てくるかだよね」

「はい。ここですっ！」とテトラちゃんが指さした。

$$f(x) = \frac{1}{\sqrt{2\pi\sigma^2}} \exp\left(-\frac{(\boxed{x}-\mu)^2}{2\sigma^2}\right)$$

「そうだね。他の文字に惑わされず、x がどこに出てくるか確かめるのは大事。x に与えた数が、$f(x)$ の値にどう影響するかを調べるためにね」

「はいはい。大丈夫です。あたしもそれを考えていたんです。たとえば、

$f(x)$ の中には $x - \mu$ という式が含まれています。この部分は、$x = \mu$ のとき0になりますよね！」

$$f(x) = \frac{1}{\sqrt{2\pi\sigma^2}} \exp\left(-\frac{(x - \mu)^2}{2\sigma^2}\right)$$

「そうだね。他に——」

「お待ちください。あたしに話させてください。ちょっと外側を見ますと、$(x - \mu)^2$ が見つかります。

$$f(x) = \frac{1}{\sqrt{2\pi\sigma^2}} \exp\left(-\frac{(x - \mu)^2}{2\sigma^2}\right)$$

x がどんな実数でもこの部分は 0 以上です。実数の 2 乗ですから！」

「……」僕はテトラちゃんの言葉に黙って頷く。

「ということはですよ。exp の中身……指数部分は必ず 0 以下です」

$$f(x) = \frac{1}{\sqrt{2\pi\sigma^2}} \exp\left(-\frac{(x - \mu)^2}{2\sigma^2}\right)$$

「そうだね。対称性も見つかる」

「対称性……」

「うん。$(x - \mu)^2$ は 2 乗の形をしているから。$y = f(x)$ のグラフは $x = \mu$ を対称軸にして左右対称になるはずで——」

「あっ、はい。そうです。先輩、もうちょっとお聞きください」

「はいはい。ごめんごめん」

「指数部分は、

$$-\frac{(x - \mu)^2}{2\sigma^2} = -\left(\frac{x - \mu}{\sqrt{2\sigma^2}}\right)^2$$

と変形できますよね。そこで、

$$\begin{cases} \heartsuit &= \dfrac{x - \mu}{\sqrt{2\sigma^2}} \\ \clubsuit &= \dfrac{1}{\sqrt{2\pi\sigma^2}} \end{cases}$$

と定義します！ すると f(x) 全体は、

$$f(x) = \clubsuit \exp\left(-\heartsuit^2\right)$$

と書き換えられることがわかります。つまり、

$$f(x) = \clubsuit\, e^{-\heartsuit^2}$$

ということです。あたしは、ここでほっとしました。だって、文字が少なくなって形がよくわかるからです！」

「なるほど。これはいいね！ ここから漸近的な振る舞いを考えることもできるよ。$x \to \pm\infty$ のとき、$-\heartsuit^2 \to -\infty$ になるから、$e^{-\heartsuit^2} \to 0$ になる。しかも、x がどんな実数でも $e^{-\heartsuit^2} > 0$ だから、$y = f(x)$ のグラフは x 軸を漸近線にしていることがわかるね。実際、正規分布の確率密度関数のグラフは $x = \mu$ を対称軸として、x 軸が漸近線で——」

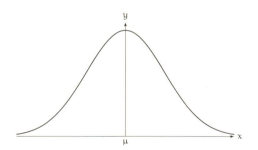

正規分布の確率密度関数 $y = f(x)$ のグラフ

「先輩！ 先回りしないでくださいよう……」

「ごめんね。グラフの概形はよく考えるから、つい……。増減の様子、対称性の有無、漸近線の有無、それから——」

「ともかくです。式のまとまりを使って ♡ や ♣ のような文字を定義していくと、式の形をとらえやすいと思ったんです。文字を新たに定義した方がわかりやすくなるなんて変な話ですけど」

「それは、テトラちゃんが文字を自分で定義したからじゃないかなあ。誰かから教えてもらうんじゃなく、式の形を自分が見抜いて文字にしたからわ

かりやすいんだよ、うん。文字を導入できたのは、式のまとまりを発見した証なんだね」

「な、なるほどです……確かにそうだと思いますっ！」

「テトラちゃんは《はっけん》が大好きだし」

「恐縮です。あ……でも、さっき ♣ と定義した、

$$\frac{1}{\sqrt{2\pi\sigma^2}}$$

の部分はよくわかっていません。分母の $\sqrt{2\pi\sigma^2}$ は何でしょう？」

「ああ、これは、f(x) が確率密度関数であることから来ている数だよ。確率密度関数は、実数全体から非負の実数全体への関数で、$-\infty$ から ∞ まで積分した値が 1 に等しいものだから」

「$-\infty$ から ∞ までの積分した値が 1 に等しい……というのは？」

「うん、それが定義だからといってしまえばそれまでなんだけど——あのね、確率密度関数は一般に、確率変数 x が $\alpha \leqq x \leqq \beta$ という値を取る確率 $\Pr(\alpha \leqq x \leqq \beta)$ を、こんな式で表すもの。

$$\Pr(\alpha \leqq x \leqq \beta) = \int_\alpha^\beta f(x)\,dx$$

確率密度関数のグラフを描いたとき、$\alpha \leqq x \leqq \beta$ でグラフが作る領域の面積が確率になるんだね」

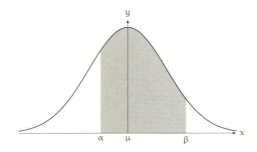

確率密度関数のグラフの面積は、確率 $\Pr(\alpha \leqq x \leqq \beta)$ を表す

「はあ……」

「だから、確率密度関数 f(x) を $-\infty$ から ∞ まで積分した値は 1 になる。x が何らかの値を取る確率は 1 だから。正規分布の場合でいえば、

$$\frac{1}{\sqrt{2\pi\sigma^2}} \int_{-\infty}^{\infty} \exp\left(-\frac{(x-\mu)^2}{2\sigma^2}\right) dx = 1$$

が成り立つということ。だから、テトラちゃんが気にしてる $\sqrt{2\pi\sigma^2}$ という謎の値は、関数 f(x) を確率分布関数にすることで定まる値なんだ」

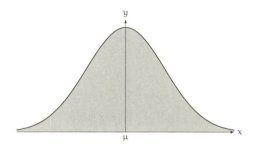

確率密度関数を $-\infty$ から ∞ まで積分した値は 1 になる

「……あっ、ということはですよ。ここの定積分を ♠ としますよね。

$$\frac{1}{\sqrt{2\pi\sigma^2}} \underbrace{\int_{-\infty}^{\infty} \exp\left(-\frac{(x-\mu)^2}{2\sigma^2}\right) dx}_{♠} = 1$$

このとき ♠ の値は、

$$\sqrt{2\pi\sigma^2}$$

になるわけですね!」

テトラちゃんはノートの新しいページに、式を一つ大きく書いた。

$$\int_{-\infty}^{\infty} \exp\left(-\frac{(x-\mu)^2}{2\sigma^2}\right) dx = \sqrt{2\pi\sigma^2} \qquad \cdots ♪$$

「そういうことだね」と僕は言った。「しかもこの♪は、任意の μ と任意の

$\sigma \neq 0$ について成り立つはず。$f(x)$ が確率密度関数であるとしたら、定積分の値はこの値になってなくちゃいけないから」

「それで、A 判定は出たのかな」

背後から声がして、僕はびっくりした。
もちろん、ミルカさんだ。

9.3.2 ラプラス積分を読む

「昨日の今日だから、そんなことはまだわからないよ」と僕はミルカさんに言う。彼女は、昨日の模試の合格判定のことを言ってるのだ。
「ふむ」
ミルカさんは、僕とテトラちゃんの向かいの席に座る。
「かなり手応えはあったけどね」と僕は言う。「パラメータ付きの定積分なんてのが出てきたけど、落ち着いて解けたし」
「パラメータ付きの定積分だと、有名なものでは**ラプラス積分**がある。実数 a をパラメータに持つ、こんな定積分だ」

ラプラス積分
a を実数とするとき、

$$\int_0^\infty e^{-x^2} \cos 2ax \, dx = \frac{\sqrt{\pi}}{2} e^{-a^2}$$

が成り立つ。

「部分積分で求めるの？」と僕は言った。
「そう。部分積分で求められる。ただし、a で微分してからだが」とミルカさんが言った。

◎   ◎   ◎

9.3 式の形を見抜く　317

部分積分で求められる。ただし、a で微分してからだが。

まず、この定積分を $I(a)$ と置く。

$$I(a) = \int_0^\infty e^{-x^2} \cos 2ax \, dx \qquad \cdots \bigstar$$

そして、$I(a)$ を a で微分する。

$$\frac{d}{da} I(a) = \frac{d}{da} \left(\int_0^\infty e^{-x^2} \cos 2ax \, dx \right) \qquad a \text{ で微分}$$

$$= \int_0^\infty \frac{\partial}{\partial a} \left(e^{-x^2} \cos 2ax \right) \, dx \qquad \text{微分と積分を交換}$$

$$= \int_0^\infty e^{-x^2} \frac{\partial}{\partial a} \left(\cos 2ax \right) \, dx \qquad a \text{ による微分で } e^{-x^2} \text{ は定数}$$

$$= \int_0^\infty e^{-x^2} \left(-2x \sin 2ax \right) \, dx \qquad \cos 2ax \text{ を } a \text{ で微分}$$

微分と積分を交換しているところは、きちんとした議論が必要だけれど、いまはそれを認めることにしよう。また、ここで偏微分 $\frac{\partial}{\partial a}$ を使っているが、これは微分対象が a と x の二変数関数だからだ。

ここで部分積分を使うと、$I(a)$ が出てくる。

$$\frac{d}{da} I(a) = \int_0^\infty e^{-x^2} \left(-2x \sin 2ax \right) \, dx \qquad \text{上の式から}$$

$$= \int_0^\infty (-2x e^{-x^2}) \sin 2ax \, dx$$

$$= \int_0^\infty (e^{-x^2})' \sin 2ax \, dx \qquad -2x e^{-x^2} = (e^{-x^2})' \text{ から}$$

$$= \left[e^{-x^2} \sin 2ax \right]_0^\infty - \int_0^\infty e^{-x^2} (\sin 2ax)' \, dx \qquad \text{部分積分}$$

$$= \left[e^{-x^2} \sin 2ax \right]_0^\infty - 2a \int_0^\infty e^{-x^2} \cos 2ax \, dx \qquad (\sin 2ax)' = 2a \cos 2ax \text{ から}$$

$$= -2a \underbrace{\int_0^\infty e^{-x^2} \cos 2ax \, dx}_{I(a)}$$

$$= -2a I(a)$$

結局、a で微分してから x で部分積分してこの式を得た。

$$\frac{d}{da}I(a) = -2aI(a)$$

これは $I(a)$ を a の関数と見なしたときの**微分方程式**といえる。この微分方程式を解こう。ここで、

$$y = I(a)$$

と置けば、微分方程式は、

$$\frac{dy}{da} = -2ay$$

という形になる。以下では $y > 0$ として話を進める。置換積分していこう。

$$\frac{dy}{da} = -2ay$$

$$\frac{1}{y}\frac{dy}{da} = -2a$$

$$\int \frac{1}{y}\frac{dy}{da}\,da = \int -2a\,da \qquad\text{a で積分}$$

$$\int \frac{1}{y}\,dy = -2\int a\,da \qquad\text{置換積分}$$

$$\log y = -a^2 + C_1 \qquad\text{C_1 は定数}$$

$$y = e^{-a^2 + C_1}$$

$$= e^{-a^2}e^{C_1}$$

$$= Ce^{-a^2} \qquad\text{$C = e^{C_1}$ と置いた}$$

$y = I(a)$ だから、$I(a)$ は、

$$I(a) = Ce^{-a^2}$$

と得られたことになる。テトラ、定数 C はどうすればわかる？

◎   ◎   ◎

「テトラ、定数 C はどうすればわかる？」とミルカさんが言った。

「$a = 0$ にする……でしょうか。そうすれば、$C = I(0)$ になります」

$$I(a) = Ce^{-a^2} \qquad \text{上の式から}$$
$$I(0) = Ce^{-0^2} \qquad a = 0 \text{ とした}$$
$$ = C$$

「それでいい。つまり、私たちが求めたい $I(a)$ は、

$$I(a) = I(0)e^{-a^2}$$

という形であることがわかった」

ミルカさんはそこで口を閉じ、僕とテトラちゃんの顔を交互に見る。

「ちょっと待って」と僕が言う。「もっと具体的に決まるんじゃない？ だって、もともと $I(a)$ は定積分だったんだよ。

$$I(a) = \int_0^\infty e^{-x^2} \cos 2ax \, dx \qquad \text{p.317 の★より}$$
$$I(0) = \int_0^\infty e^{-x^2} \, dx \qquad a = 0 \text{ のとき } \cos 2ax = 1 \text{ だから}$$

つまり、$I(0)$ の値は具体的にいうと――」

「ストップ」とミルカさんが言う。「$I(0)$ の値はテトラが答える」

「えっ、あたしですかっ？ あたしが、

$$I(0) = \int_0^\infty e^{-x^2} \, dx$$

の計算をするんですか？」

「……」

「……」

僕とミルカさんはテトラちゃんを見る。

テトラちゃんは式をにらんで大きく頷く。ノートのページをめくって、さっき書いた式を指さした。

「この式！ $I(0)$ は、この式からわかります！」

$$\int_{-\infty}^{\infty} \exp\left(-\frac{(x-\mu)^2}{2\sigma^2}\right) dx = \sqrt{2\pi\sigma^2} \qquad \text{p. 315 の♪}$$

これは、$\mu = 0, \sigma = \frac{1}{\sqrt{2}}$ でも成り立ちます。このとき、$2\sigma^2 = 1$ になりますよね。ということは……

$$\int_{-\infty}^{\infty} \exp\left(-x^2\right) dx = \sqrt{\pi} \qquad \mu = 0, \sigma = \frac{1}{\sqrt{2}} \text{ とした}$$

つまり、こうなります。

$$\int_{-\infty}^{\infty} e^{-x^2} dx = \sqrt{\pi}$$

これは $-\infty$ から ∞ までの積分です。対称性を考えると、0 から ∞ までの積分値はこの半分。つまり——

$$\int_{0}^{\infty} e^{-x^2} dx = \frac{\sqrt{\pi}}{2}$$

——になって、こうですねっ！」

$$I(0) = \int_{0}^{\infty} e^{-x^2} dx = \frac{\sqrt{\pi}}{2}$$

「それでいい」とミルカさんが言う。「それで、$I(0)$ から $I(a)$ が求められる。これがラプラス積分だ」

$$I(a) = \int_{0}^{\infty} e^{-x^2} \cos 2ax \, dx = I(0)e^{-a^2} = \frac{\sqrt{\pi}}{2}e^{-a^2}$$

ラプラス積分（再掲）

a を実数とするとき、

$$\int_{0}^{\infty} e^{-x^2} \cos 2ax \, dx = \frac{\sqrt{\pi}}{2}e^{-a^2}$$

が成り立つ。

「そして途中で出てきたこれは**ガウス積分**と呼ばれている」

ガウス積分

$$\int_{-\infty}^{\infty} e^{-x^2}\, dx = \sqrt{\pi}$$

「いまは $f(x)$ が正規分布の確率密度関数になっていることを既知としてガウス積分の値を求めた形になったが、通常は逆だ。ガウス積分の値を別途求めておき、それを使って $f(x)$ が確率密度関数になっていることを証明する」

「ラプラス積分、ガウス積分……いろんな積分があるんですね」

「ラプラスにしろ、ガウスにしろ、オイラー先生にしろ、その仕事は膨大だ。数学のあちこちにその名前が刻まれている」

「歴史、ですよね」とテトラちゃんが感慨深げに言う。「たくさんの数学者さんが積み重ねてきた歴史……」

9.4　フーリエ展開

9.4.1　ひらめき

「昨日の《合格判定模擬試験》でもパラメータが付いた定積分があったよ」と僕は言った。「少し腕力が必要だったけど、いまのラプラス積分みたいに難しくはなかったなあ」

「腕力……と言いますと？」テトラちゃんが握り拳を作り、かわいいパンチを繰り出しながら言った。

「うん、長めの計算をまちがえずにできる力だね。ひらめきは要らなかった。出てきた定積分は、こんな形。

$$I(a, b) = \int_{-\pi}^{\pi} \left(a + b\cos x - x^2\right)^2 \, dx$$

a, b は実数のパラメータで、$I(a, b)$ の最小値と、そのときの a, b の値を求める問題（p.305）」

「ふうん……」ミルカさんは、僕が書いた式を見て目を光らせた。

「先輩はいま、この問題をさらさらっとお書きになりましたけど、試験問題を記憶なさってるんですか?!」

「昨日の今日だし、ある程度はね。試験のときは集中して取り組んでいるから、印象に残っちゃうんだよ。ねえ、テトラちゃんだったら、$I(a, b)$ を計算する問題が出たらどうする？」

「そうですね……おそらく、$\left(a + b\cos x - x^2\right)^2$ を展開して、出てきた項を一つずつ根気よく積分していきます」

「そうだね。僕もその方針で進んだよ。展開して計算すると、$I(a, b)$ は a と b の二次式になるから、平方完成に持ち込めばいいんだ。ええと、a の値は確か……」

僕が思い出そうとしていると、ミルカさんがぽつりと言った。

「$a = \frac{\pi^2}{3}$ かな」

「え、いま何て？」

「$I(a, b)$ が最小値を取るのは、$a = \frac{\pi^2}{3}$ のときかなと言ったんだよ」

「はあああっ？」僕は思わず変な声を出した。

「b は、暗算じゃ難しいか……」ミルカさんは人差し指を唇に当てて言う。

「あ、暗算？」

僕は心の底から驚いた。確かにミルカさんは計算力があるだろう。でも、いま彼女は何も書いてなかったぞ。展開して定積分を求めて平方完成するところまで暗算で求めるのは無理だ。

「ミルカさん、暗算なさったんですか？」とテトラちゃんも驚く。

「あたりをつけただけだよ。出題者はどうやら x^2 のフーリエ展開を意識していたようだから」

「「フーリエ展開？」」僕とテトラちゃんは同時に声を上げる。

9.4.2 フーリエ展開

「フーリエ展開の前に……テイラー展開をテトラは知ってるだろう？」

「はい、もちろんです。一生忘れないです」とテトラちゃんが答える。「$\sin x$ のような関数を x の冪級数で表す方法ですよね」

$\sin x$ のテイラー展開（マクローリン展開）

$$\sin x = +\frac{x}{1!} - \frac{x^3}{3!} + \frac{x^5}{5!} - \frac{x^7}{7!} + \cdots$$

「一般に $f(x)$ のテイラー展開は、

$$f(x) = \sum_{k=0}^{\infty} \frac{f^{(k)}(a)}{k!}(x-a)^k$$

になる。ここで $a = 0$ としたものをマクローリン展開という。いまテトラが書いたのは、関数 $\sin x$ をマクローリン展開したものだ」

$f(x)$ のマクローリン展開（テイラー展開で $a = 0$ とした）

$$
\begin{aligned}
f(x) &= \frac{f(0)}{0!}x^0 + \frac{f'(0)}{1!}x^1 + \frac{f''(0)}{2!}x^2 + \cdots + \frac{f^{(k)}(0)}{k!}x^k + \cdots \\
&= \sum_{k=0}^{\infty} \frac{f^{(k)}(0)}{k!}x^k \\
&= \sum_{k=0}^{\infty} c_k x^k \qquad c_k = \tfrac{f^{(k)}(0)}{k!} \text{ とする}
\end{aligned}
$$

---

324 第9章 ひらめきと腕力

「はい。$f^{(k)}(0)$ というのは $f(x)$ を k 回微分して、$x = 0$ としたときの値ですね」とテトラちゃんは言った。

「このように、テイラー展開は、$f(x)$ を x の冪級数で表す。それに対してフーリエ展開では、$f(x)$ を三角関数の級数で表す」

$f(x)$ のフーリエ展開

$$
\begin{aligned}
f(x) = &(a_0 \cos 0x + b_0 \sin 0x) \\
&+ (a_1 \cos 1x + b_1 \sin 1x) \\
&+ (a_2 \cos 2x + b_2 \sin 2x) \\
&+ \cdots + (a_k \cos kx + b_k \sin kx) + \cdots \\
= &\sum_{k=0}^{\infty} (a_k \cos kx + b_k \sin kx)
\end{aligned}
$$

僕は、テイラー展開とフーリエ展開の式を見比べる。

$$f(x) = \sum_{k=0}^{\infty} c_k x^k \qquad\qquad f(x) \text{ のテイラー展開（マクローリン展開）}$$

$$f(x) = \sum_{k=0}^{\infty} \left(a_k \cos kx + b_k \sin kx\right) \quad f(x) \text{ のフーリエ展開}$$

なるほど、確かに。テイラー展開では x の冪乗を使って、フーリエ展開では三角関数を使っている。

「フーリエ展開って文字がいっぱい出てきますね……頭がくるくるします」

「テトラちゃん？」と僕がささやく。

「あっ、そうでした。文字を恐れてはまずいんでしたっ！　フーリエ展開の a_k や b_k は具体的にどんな数なんですか」

「テトラは、何だと思う？」ミルカさんがやさしい声で言う。

「うう……はい、考えます」テトラちゃんは素直に答える。「テイラー展開

での c_k は、$f(x)$ から作った数です。想像なんですが、フーリエ展開の a_k と b_k も $f(x)$ から作る数じゃないでしょうか」

「その通り」とミルカさんは言う。「今度は、微分ではなく積分を使う。フーリエ展開に出てくる a_k と b_k は、$f(x)$ から積分を使って作る数だ。それを、**フーリエ係数**と呼ぶ」

フーリエ係数とフーリエ展開

$f(x)$ はフーリエ展開が可能な関数とする。

数列 $\langle a_n \rangle$ と $\langle b_n \rangle$ を以下のように定める（**フーリエ係数**）。

$$
\begin{cases}
a_0 & = \dfrac{1}{2\pi} \displaystyle\int_{-\pi}^{\pi} f(x)\,dx \\[2mm]
b_0 & = 0 \\[2mm]
a_n & = \dfrac{1}{\pi} \displaystyle\int_{-\pi}^{\pi} f(x) \cos nx\,dx \\[2mm]
b_n & = \dfrac{1}{\pi} \displaystyle\int_{-\pi}^{\pi} f(x) \sin nx\,dx \qquad (n = 1, 2, 3, \ldots)
\end{cases}
$$

このとき、

$$
f(x) = \sum_{k=0}^{\infty} (a_k \cos kx + b_k \sin kx)
$$

が成り立つ（**フーリエ展開**）。

「テイラー展開は微分、フーリエ展開は積分を使うのか」と僕は言った。

「フーリエ係数は、$f(x)$ に $\cos nx$ や $\sin nx$ を掛け、$-\pi$ から π まで積分して求める」とミルカさん。「たとえば n を正整数として、$\sin nx$ を掛けた場合を考えてみよう。

$$
f(x) = \sum_{k=0}^{\infty} (a_k \cos kx + b_k \sin kx)
$$

この両辺に $\sin nx$ を掛けて積分すると、こうなる。

$$\int_{-\pi}^{\pi} f(x)\,\sin nx\,dx = \int_{-\pi}^{\pi} \left(\sum_{k=0}^{\infty} \left(a_k \cos kx\,\sin nx + b_k \sin kx\,\sin nx \right) \right)\,dx$$

次に積分と無限級数を交換する。この交換は厳密には条件が必要だ。

$$= \sum_{k=0}^{\infty} \left(\int_{-\pi}^{\pi} \left(a_k \cos kx\,\sin nx + b_k \sin kx\,\sin nx \right)\,dx \right)$$

積分を ⓒⓢ と ⓢⓢ の二つに分け、値が何になるかを考えよう。

$$= \sum_{k=0}^{\infty} \left(a_k \underbrace{\int_{-\pi}^{\pi} \cos kx\,\sin nx\,dx}_{\text{ⓒⓢ}} + b_k \underbrace{\int_{-\pi}^{\pi} \sin kx\,\sin nx\,dx}_{\text{ⓢⓢ}} \right)$$

k は非負整数の範囲を動くが、おもしろいことに、ⓒⓢ は 0 となって消える。ⓢⓢ は $k = n$ のときだけ π で残り、$k \neq n$ のときは 0 となって消える。

$$= b_n \underbrace{\int_{-\pi}^{\pi} \sin nx\,\sin nx\,dx}$$

$$= b_n \pi$$

つまり $\sin nx\,\sin nx$ の積分以外は、ばっさり消えるのだ」

「その積分は模試で計算した覚えがあるぞ……」と僕は言った（p.304）。

「ここまでの計算から b_n を得る。

$$b_n = \frac{1}{\pi} \int_{-\pi}^{\pi} f(x)\,\sin nx\,dx \qquad (n = 1, 2, 3, \ldots)$$

a_n も同様の計算で得られる。

$$a_n = \frac{1}{\pi} \int_{-\pi}^{\pi} f(x)\,\cos nx\,dx \qquad (n = 1, 2, 3, \ldots)$$

だいぶ駆け足だけれど、これで正整数 n について a_n, b_n が得られた」

「a_0 は特別扱いなんですよね？」とテトラちゃんが訊いた。

「そうだ。a_0 では $\cos 0x \cos 0x$ の積分が 1 の積分になることを使う」

$$\int_{-\pi}^{\pi} f(x)\,dx = \int_{-\pi}^{\pi} f(x)\cos 0x\,dx$$

$$= a_0 \int_{-\pi}^{\pi} \underline{\cos 0x \cos 0x}\,dx \qquad k = 0 \text{ の項のみが残る}$$

$$= a_0 \int_{-\pi}^{\pi} 1\,dx$$

$$= a_0 \left[\, x \,\right]_{-\pi}^{\pi}$$

$$= a_0 \left(\pi - (-\pi)\right)$$

$$= a_0 \cdot 2\pi$$

$$a_0 = \frac{1}{2\pi} \int_{-\pi}^{\pi} f(x)\,dx$$

「a_0 と b_0 も統一できたらいいんですが……」とテトラちゃんが言う。

「フーリエ係数を統一したいなら、フーリエ展開の方で $n = 0$ を特別扱いすればいい」

フーリエ係数とフーリエ展開（別表現）

フーリエ係数

$$\begin{cases} a_n' = \dfrac{1}{\pi} \displaystyle\int_{-\pi}^{\pi} f(x)\cos nx\,dx \\[2mm] b_n' = \dfrac{1}{\pi} \displaystyle\int_{-\pi}^{\pi} f(x)\sin nx\,dx \end{cases} \qquad (n = 0, 1, 2, \dots)$$

フーリエ展開

$$f(x) = \frac{a_0'}{2} + \sum_{k=1}^{\infty} \left(a_k' \cos kx + b_k' \sin kx\right)$$

9.4.3 腕力を越えて

「ねえ、ミルカさん。フーリエ展開が三角関数を使うのはわかったけど、僕が解いた問題がどうしてフーリエ展開と関係するんだろう」

「君が書いた定積分 $I(a, b)$ は、

$$I(a, b) = \int_{-\pi}^{\pi} \left(a + b \cos x - x^2 \right)^2 \, dx$$

という形。a を $a \cos 0x$ と見なし、さらに a, b を a_0, a_1 に書き換えると、

$$I(a_0, a_1) = \int_{-\pi}^{\pi} \left(a_0 \cos 0x + a_1 \cos 1x - x^2 \right)^2 \, dx$$

と書けることがわかる。ところで、x^2 という関数は偶関数だ。だから、関数 x^2 をフーリエ展開したときには偶関数の $\cos kx$ しか登場しない。具体的には関数 x^2 のフーリエ展開は、

$$x^2 = a_0 \cos 0x + a_1 \cos 1x + a_2 \cos 2x + \cdots$$

という形になる。最初の二項が一致しているね」

「本当だ……」と僕は言う。

「どういうことなんでしょう」とテトラちゃんが不思議そうに言う。

「定積分 $I(a_0, a_1)$ は何を求めているか」とミルカさんが続ける。「$I(a_0, a_1)$ は、

$a_0 \cos 0x + a_1 \cos 1x$ と x^2 との差を調べ、

それを 2 乗した関数の定積分を求めている……

ことがわかる。これは誤差評価の一種だ。定積分 $I(a_0, a_1)$ を最小にするような a_0, a_1 を求めよと言われているのだから、フーリエ係数の a_0, a_1 であたりをつけるのは妥当だろう」

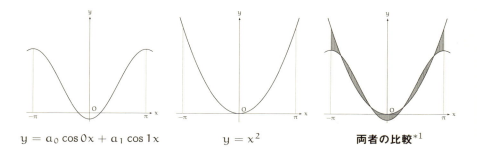

またこれだ。ミルカさんのそういうひらめきはどこから来るんだろう。

「ミルカさん……」とテトラちゃんが言う。「まだよくわかっていないのですが、x^2 をフーリエ展開して最初の二項を集めると、けっこう x^2 に近いというお話ですよね。でも、試験の途中でそれに気づくなんて無理だと思うんです。あたしには到底できません」

「もちろん、そんなことは出題者も意図していないだろう。問題9-2 (p. 305) は積分の計算練習だ。フーリエ展開に気づく必要などない。しかし、式の形を見抜くことができれば、もっと楽しくなる」

「ミルカさん、ちょっと待って。さっき暗算で $a = \frac{\pi^2}{3}$ を求めてたよね。それって、フーリエ係数 a_0 の積分を暗算でやってたってこと？」

$$a_0 = \frac{1}{2\pi} \int_{-\pi}^{\pi} f(x) \cos 0x \, dx$$

「$f(x) = x^2, \cos 0x = 1$ だから、暗算できるだろう？」

$$a_0 = \frac{1}{2\pi} \int_{-\pi}^{\pi} x^2 \, dx$$

「ああ……確かに。x^2 の定積分なのか。暗算できるね……」

[*1] ただし、2 乗してから積分しているので、この面積そのものが誤差ではない。

$$a_0 = \frac{1}{2\pi} \int_{-\pi}^{\pi} x^2 \, dx$$

$$= \frac{1}{2\pi} \cdot \frac{1}{3} \left[x^3 \right]_{-\pi}^{\pi}$$

$$= \frac{1}{6\pi} \left(\pi^3 - (-\pi)^3 \right)$$

$$= \frac{\pi^2}{3}$$

9.4.4 ひらめきを越えて

「基本的な質問ですみませんが」とテトラちゃんが言う。「もしかして、一つの式はいろんなことを表しているんでしょうか。たった一つの意味ではなく……」

「言うまでもない。式が表すことは無数にある。式を書いた人が意図することもあるし、意図しないこともあるだろう。書いた人すら気づいてなかった意味が何百年も後で見つかる場合もある」

「あっ、予言的発見……というものもありましたね」

「式から読み取れることを一つに制約するのは愚かだ。でたらめな意味を引き出すわけにはいかないが、ロジカルに導けることを拒む理由はない」

「なるほど……ところで、x^2 という関数はもう十分に簡単な形になっていますよね。それをわざわざ三角関数で表す意味はあるんでしょうか。テイラー展開はわかるんです。$\sin x$ という難しいものを、x^k というやさしい形で表すんですから。でも……」

「たとえば、x^2 のフーリエ展開から、テトラが言葉を失って椅子から立ち上がるような事実を導くこともできるが」我らが《饒舌才媛》は眼鏡に指を触れながら言った。

「ミルカさん……さすがにそれは大げさです。最近のあたしはそんなにバタバタしてません！」

テトラちゃんは手をぶんぶん振って否定する。

ミルカさんは手元の紙に少し計算してから顔を上げる。

「では、試してみよう」とミルカさんは言った。

いったい、何が始まるんだ？

◎　　◎　　◎

では、試してみよう。

x^2 をフーリエ展開すると、最終結果はこうなる。

$$x^2 = \frac{\pi^2}{3} + 4\left(\frac{-\cos 1x}{1^2} + \frac{+\cos 2x}{2^2} + \frac{-\cos 3x}{3^3} + \cdots + \frac{(-1)^k \cos kx}{k^2} + \cdots\right)$$

$$= \frac{\pi^2}{3} + 4\sum_{k=1}^{\infty} \frac{(-1)^k \cos kx}{k^2}$$

ここで $x = \pi$ としよう。$\cos k\pi = (-1)^k$ であることに注意して、

$$x^2 = \frac{\pi^2}{3} + 4\sum_{k=1}^{\infty} \frac{(-1)^k \cos kx}{k^2} \qquad \text{上の式から}$$

$$\pi^2 = \frac{\pi^2}{3} + 4\sum_{k=1}^{\infty} \frac{(-1)^k (-1)^k}{k^2} \qquad x = \pi \text{ とした}$$

$$= \frac{\pi^2}{3} + 4\sum_{k=1}^{\infty} \frac{(-1)^{2k}}{k^2}$$

$$= \frac{\pi^2}{3} + 4\sum_{k=1}^{\infty} \frac{1}{k^2} \qquad (-1)^{2k} = 1 \text{ より}$$

ここから、次の式が導ける。

$$\sum_{k=1}^{\infty} \frac{1}{k^2} = \frac{1}{4}\left(\pi^2 - \frac{\pi^2}{3}\right) = \frac{\pi^2}{6}$$

さあテトラ。これは何？

$$\sum_{k=1}^{\infty} \frac{1}{k^2} = \frac{\pi^2}{6}$$

◎　　◎　　◎

「さあテトラ。これは何？」

「！！！！！！！」

テトラちゃんは、声にならない声を上げ、いきなり立ち上がった。

「バーゼル問題！」と僕は言った。

「そうだ。バーゼル問題。オイラー先生が解くまで、誰一人正解に達することができなかった 18 世紀初頭の超難問。関数 x^2 をフーリエ展開すると、バーゼル問題の答え、

$$\sum_{k=1}^{\infty} \frac{1}{k^2} = \frac{\pi^2}{6}$$

が得られる。$\zeta(2)$ ともいえる。ゼータだ」

$$\zeta(2) = \frac{\pi^2}{6}$$

「……」

テトラちゃんは立ったまま大きな目を見開いて、式を見つめている。

「椅子から立ち上がりたくなるだろう？」とミルカさん。

「x^2 のフーリエ展開から、$\zeta(2)$ の値がわかるのか……」

オイラーが求めた $\zeta(2)$ の値が、こんなところに出てくるとは思わなかった。本当に思わなかった。

x の冪乗、三角関数、微分、積分——数学の概念は、何と精妙に絡み合っているんだろうか。

ひらめきと腕力。

ひらめきで解くのも、腕力で解くのも、どちらもすごい。でもそれは、数学のほんの一部分じゃないのか。

数学は、数学の世界は——ひらめきや腕力を越えている。数学は人間よりもはるかに大きく、広く、そして深いんじゃないだろうか。

大きな問題は、大きな発見が解く。
しかし、いかなる問題を解くときにも、
そこには一粒の発見がある。
——ジョージ・ポリヤ[2]

*2 George Pólya, "How to Solve It" より筆者が翻訳。

第 10 章
ポアンカレ予想

よって、ハミルトンのプログラムをインプリメントすれば、
3 次元閉多様体についての幾何化予想が導かれる。
——グリーシャ・ペレルマン[1]

10.1　オープンセミナー

10.1.1　講義を終えて

　十二月。僕たちは、近くの大学で毎年開催される《オープンセミナー》に
参加した。オープンセミナーは、大学の先生が一般向けに講義をしてくれる
イベントだ。今年の演目は《ポアンカレ予想》。昨年の演目は《フェルマーの
最終定理》だった[2]。あれからもう一年が経ったのか。

　ちょうどいま一時間あまりの講義が終わり、僕たち一同は、他の高校生ら
しきグループや一般の人々と共に講堂から出たところ。

---

[1] https://arxiv.org/abs/math/0211159
[2] 『数学ガール／フェルマーの最終定理』

「んー、よくわかんなかったにゃあ……」とユーリは両腕を上げて大きく伸びをしながら言った。吐く息が白く広がる。

「そうですねえ……動画はおもしろかったんですが、わかったような、わからなかったような。うわ、寒いですね」と言って、テトラちゃんはリップクリームを塗る。

「ランチタイム」と赤いリュックを背にしてリサが言う。

「賛成！……何食べよっかな！」とユーリが言う。

「ふむ」とミルカさんが言う。

僕たち五人は静かな大学構内を抜け、カフェテリアに向かった。

10.1.2　ランチタイム

「去年のテーマはフェルマーの最終定理だったよね」と僕はピラフを食べながら言った。

「そーだったね」とユーリはカルボナーラを食べながら言う。「フェルマーの最終定理って、問題は簡単だったじゃん？　でもポアンカレ予想は問題からすでにわかんない」

「去年の講演では難しい数式が盛りだくさんでわかりませんでした」とテトラちゃんがオムライスをつつきながら言う。「それに比べると今回は、ほとんど数式が出てきませんでしたね。でも、数式が出ないからといってわかりやすいわけでもなかったです……。宇宙とロケットの動画が流れましたけれど、宇宙というのはあたしたちのこの宇宙のことなんでしょうか。熱と温度の話が出てきて物理学の話になって……数学とどんな関係があるのか考えているうちに、よくわからなくなってしまいました」

「比喩？」とサンドイッチを食べていたリサが一言。

「あっ、それからね」とユーリが勢い込んで言う。「人の名前がいっぱい出てきて飽きちゃった。ポアンカレという人が考えた問題を、ペレルマンという人が証明したんだから、その二人の話かと思ったのに」

僕たちがてんでにおしゃべりを続ける中、ミルカさんだけは無言。彼女はチョコレートケーキをゆっくり食べ終えると、すっと目を閉じる。それが合図であるかのように、僕たちはみな会話を中断する。

沈黙。

やがて、ミルカさんはよく通る声で一言。

「形とは何か」

その瞬間、僕たちのいる空間が講義室に変わる。

10.2　ポアンカレ

10.2.1　形

形とは何か。

その問いに答えるのは難しい。形というものは、あまりにもありふれているから「形とは何か」と問われても、どう答えればいいかわからないのだ。

それはちょうど「数とは何か」と問われたときに感じる困惑と似ている。数とは何かと問われれば、$1, 2, 3, \ldots$ のように具体的な数を答えるかもしれない。でも、数を列挙するだけでは答えにならない。

具体的な数は大事だが、それだけで深く考えるのは難しい。代数学では群や環や体を考える。要素同士の演算を考え、そこに成り立つ公理を定め、何がいえるかを考える。

私たちは「数」という言葉に凝縮されているたくさんの性質をばらばらに分解し、組み立て直す。その研究を通して、数とは何かを探る。さらに、私たちが知っている数を越えた《何か》を手に入れる。

改めて「形とは何か」と問おう。長さ、大きさ、角度、向き、表裏、面積、体積、合同、相似、曲げる、ねじる、くっつける、貼り合わせる、離す、つなげる、切り取る……多くの概念が、「形」という言葉を支えている。

私たちは「形」という言葉に凝縮されているたくさんの性質をばらばらに分解し、組み立て直す。その研究を通して、形とは何かを探る。さらに、私たちが知っている形を越えた《何か》を手に入れる。

◎　　◎　　◎

「形を越えた《何か》を手に入れる」とミルカさんが言った。

「形を研究する……それは、幾何学ですよね？」とテトラちゃんが言う。

「そうだ」とミルカさんは答える。「今日のオープンセミナーで語られたトポロジーは幾何学の一分野で、やはり形を研究しているといえる」

「ミルカさま。数学ってひとつじゃないの？」とユーリが言う。「形のいろんな性質をばらばらに研究するの？」

「数学は広大だ」とミルカさんはユーリに顔を向ける。「数学者の関心もさまざまだ。形に対するアプローチも違えば、注目する性質も違う。集合に位相を入れて位相空間を定義すれば、連続性や連結性を考えることができる。位相空間をもとにして多様体を定義すれば、次元を考えることができる。さらに微分多様体を定義すれば、微分や接空間を考えることができる。そこにリーマン計量を入れてリーマン多様体を定義すれば、距離や角度や曲率を考えることができる。幾何学の研究対象はさまざまだけれど、そのすべてが何らかの意味で形を表している。そして、ある性質だけに注目し、別の性質は考えないこともある」

「《知らないふりゲーム》ですね」とテトラちゃん。

「ケーニヒスベルクの橋渡りみたいに？」とユーリ。「橋を動かしてもいいけれど、つながり方は変えちゃだめ」

「ユーリの言う通り」ミルカさんは即答して、すぐにやわらかい笑顔になる。「ケーニヒスベルクの橋渡りはグラフ理論の始まりで、トポロジーの起源と見なされている。オイラー先生の仕事だ。あの問題では、つながり方が同じ形を同一視する。 言い換えるなら、つながり方を変えない限り自由に変形してかまわない。これはグラフ同型の話だが、位相空間の場合には同相写像で変形しても不変な量——位相不変量——に注目する」

「《不変なものには名前を付ける価値がある》だね」と僕が言う。

「同一視する観点が定まったら、すべての形を分類したくなる。すべてを集めて、すべてを分類する。博物学的研究が始まる」とミルカさんが言う。

「蝶々を分類するみたいに」とテトラちゃんが言う。

「甲虫を分類するみたいに」と僕が言う。

「宝石を分類するみたいに」とユーリが言う。

「歯車を分類するみたいに」とリサが言う。

「形を研究するときには、すべての形を標本箱に集め、名前を付けて分類したくなる。分類は研究の第一歩だ」とミルカさんが続ける。「19 世紀には、2 次元閉曲面の分類が完成した。2 次元閉曲面は向き付け可能性と種数によって——すなわち、表裏の有無と穴の数によって分類できた。もちろんそこには多数の数学者が関わっている。また、2 次元閉多様体は三種類の幾何構造のいずれかを持つという別の視点での分類もわかっている」

ここでミルカさんは僕たちの顔を見回し、話を続ける。

「ポアンカレ予想は、3 次元閉多様体の分類に関わる基本的な問題だ。基本的で自然な問題だけれど、やさしい問題ではなかった。実際、ポアンカレ予想は百年もの間、多くの数学者を悩ませてきたのだ」

10.2.2　ポアンカレ予想

「あのー、ミルカさま。そもそもポアンカレ予想ってどーゆーものなの？」とユーリが言った。

「先ほどのオープンセミナーでいただいた資料にも、ポアンカレ予想の概略が書かれていましたよ」とテトラちゃんが大きなピンクのカバンを探りながら言う。「やはり、配付資料って大事ですね……あ、あれ？　あたしどこに入れましたっけ？」

リサが、パンフレットをテーブルにすっと置く。

「あ、ありがとうございます。……これによりますと、ポアンカレ予想は、数学者の**アンリ・ポアンカレ**が論文に書いた数学の問題。トポロジーという分野で重要な意味を持つこの論文が書かれたのは 1904 年のこと。20 世紀の初めですね。ポアンカレ予想というのは、具体的にこうです」

> **ポアンカレ予想**
> M を 3 次元の閉多様体とする。
> M の基本群が単位群に同型ならば、M は 3 次元球面に同相である。

「いやー……これで具体的と言われましても」とユーリが言う。

「そうですよね」とテトラちゃんが言った。「いくつかの用語はあたしも、少しならわかります。3 次元閉多様体というのは、局所的には 3 次元ユークリッド空間のように見えて、《有限で、果てがない》空間を想像すればいいんですよね。それから、基本群というのは、ループをもとに作った群です」

「3 次元球面というのは想像しにくいけど」と僕が補足のつもりで言った。「中身が詰まった地球儀を 2 個並べて、その表面同士を貼り合わせたような空間のことだね。有限だけど、果てはない」

「うーん……」とユーリ。

「一つ一つの用語も大事だが、ポアンカレ予想の論理的構造を理解しよう」とミルカさんが言う。「ポアンカレ予想をこんなふうに言い換えるなら、見通しがよくなる」

> **ポアンカレ予想（言い換え）**
> 3 次元閉多様体 M に関する条件 P(M) と Q(M) を、
>
> $$P(M) = 《M の基本群は単位群に同型である》$$
> $$Q(M) = 《M は 3 次元球面に同相である》$$
>
> とする。このとき 3 次元閉多様体 M に対して、
>
> $$P(M) \implies Q(M)$$
>
> が成り立つ。

「そうでしたそうでした」とテトラちゃんが言った。「この《逆》は基本群が位相不変量であることからいえるんですよね（p. 227 参照）」

「3 次元球面の基本群が単位群に同型であることと、基本群が位相不変量であることからいえる」とミルカさんが言った。

基本群は位相不変量
3 次元球面の基本群が単位群に同型で、
基本群が位相不変量であることから、

$$P(M) \Longleftarrow Q(M)$$

が成り立つ。

「さっぱり、わかんにゃい！」とユーリが叫ぶ。

「論理的構造だけの話をしているから、何も難しくはないよ、ユーリ」とミルカさんが言う。「いま話しているのはこの二つ。

- $P(M) \Longrightarrow Q(M)$（ポアンカレ予想の主張）
- $P(M) \Longleftarrow Q(M)$（成り立つことがわかっている主張）

ここで、ポアンカレ予想が証明できれば何がいえるか」

「えっと、$P(M)$ と $Q(M)$ が同じ？」とユーリ。

「そうだ。ポアンカレ予想が証明できれば、$P(M)$ と $Q(M)$ という二つの条件が同値であることがわかる。ポアンカレ予想が証明できれば、

$$\begin{array}{ccc} P(M) & \Longleftrightarrow & Q(M) \\ 《M の基本群は単位群に同型である》 & \Longleftrightarrow & 《M は 3 次元球面に同相である》 \end{array}$$

がいえる」

「それはわかった……けど？」とユーリはまだ困り顔だ。

「うん、だからね」と我慢できなくなって僕が話に割り込む。「ポアンカレ予想は、基本群という道具の力を知ろうとしてるんだよ。ポアンカレ予想が

成り立つとすると、《M が 3 次元球面と同相かを調べたいなら、M の基本群
が単位群になるかを調べればいい》から」

「基本群が力強い武器かどうかということですね！」とテトラちゃんが両
手を握りしめて言う。

「トポロジーを整備しようとしたポアンカレは、多様体の分類や判定のた
めにホモロジー群という道具を考えた」とミルカさんは言う。「2 次元 閉多
様体はホモロジー群で分類することができた。しかし、3 次元 閉多様体はホ
モロジー群で分類することはできなかった。ポアンカレ自身が正十二面体空
間という反例を見つけてしまったからだ」

僕たちはミルカさんの言葉に耳を傾ける。

「ポアンカレはさらに基本群という道具を考えた。基本群を使えば、すべ
ての 3 次元閉多様体は分類できるか。これは大きな問題だ。ポアンカレが論
文に書いたのは、3 次元球面と同相であることを基本群で判定できるかとい
う問題だった」

「分類と判定……って違うの？」とユーリが訊く。

「違う。M と N に対して、《M と N の基本群が同型》と《M と N が同
相》が同値なら、基本群で分類できるといえる。それに対して、《M の基本
群が単位群に同型》と《M は 3 次元球面と同相》が同値なら、基本群を使っ
て 3 次元球面との同相が判定できるといえる。ユーリ、わかった？」

「分類の方が……難しい？」とユーリが言う。

「そうだ。基本群で分類ができるなら、基本群を使って 3 次元球面と同相
か判定できる。実は 3 次元閉多様体を基本群で分類するのは不可能だと証明
されている。レンズ空間という反例がポアンカレの死後に見つかったのだ」

ここで、ミルカさんは一呼吸入れる。

「3 次元閉多様体の分類は、基本群では不可能。しかしせめて、最もシンプ
ルな 3 次元球面と同相であることの判定だけでも、基本群でできないか——
それが、ポアンカレ予想なのだ」

「基本群が何か、まだわからにゃい……」とユーリが言う。

僕は、ユーリに基本群の説明をする。

「基本群はループをもとにして作った群なんだよ。連続的に変形して重ね
られるループを同一視して、つなげる操作を群の演算と考えたもの。基本群

が単位群になる3次元閉多様体というのは、どんなループでも一点に潰れるまで連続的に変形できる空間のことなんだ。ひもを付けたロケットを空間に飛ばして、ぐるっと回ってもとの地点まで戻ってきたとする。そのひもをたぐってループを小さくしていったとき、どこにもひっかからずにたぐり寄せられるかどうか。ロケットをどんなふうに飛ばして M の中にループを作っても、必ずたぐり寄せられる——というのが P(M) の意味。ポアンカレ予想が成り立てば、《必ずたぐり寄せられるなら、M は3次元球面と同相で、途中でどこかに引っ掛かることがあるなら、同相じゃない》といえる」

「うーん……何となくわかってきたけど」とユーリ。「結局、ペレルマンは、基本群で判定できることを証明したの?」

「そうだ。しかし、ペレルマンが証明したのはそれだけじゃない」とミルカさんが言う。「ペレルマンが証明したのは**サーストン幾何化予想**だ。これは、ポアンカレ予想を含んでいる一般的な主張だ。ペレルマンはサーストン幾何化予想を証明し、その系としてポアンカレ予想を証明した」

「サーストンさん……」とテトラちゃん。

「また新しい名前が……」とユーリ。

10.2.3 サーストン幾何化予想

「サーストン幾何化予想は、ポアンカレ予想よりも大きな主張だ」

サーストン幾何化予想
すべての3次元閉多様体は、
8種類の幾何構造を持つピースに標準的に分解できる。

「3次元閉多様体 M が与えられたとしよう。M は3次元球面に同相か否か。ポアンカレ予想は、基本群でその判定ができるという予想だ」とミルカさんはゆっくり言う。「それに対してサーストン幾何化予想は、3次元閉多様体の分類についての予想だ。どんな3次元閉多様体 M が与えられても、そ

れは 8 種類のピースに標準的に分解できるという予想」

「素因数分解ですね！」とテトラちゃんが声を上げる。

「テトラさん、どゆこと？」とユーリ。

「すべての整数は、素因数分解できます。サーストンさんの幾何化予想も、そういう種類の主張なのかな、と思いましたっ！」

「ある意味では素因数分解に似ている」とミルカさんが言う。「3 次元閉多様体は、素な多様体の連結和として一意的に分解できる。ここでの連結和は二つの多様体から球体を取り除いて、境界面同士を貼り合わせる操作だ。その分解をさらに進めた標準的な分解と呼ばれる方法がある。それによって 3 次元閉多様体を分解したとき、各ピースは 8 種類の幾何構造のいずれかを持つ。それがサーストンの幾何化予想だ。素数によってすべての整数が特徴付けられるように、8 種類の幾何構造によってすべての 3 次元閉多様体が特徴付けられるという予想ともいえる。そして、サーストン幾何化予想が証明されれば、ポアンカレ予想が成り立つことはすでに証明されている」

「幾何構造というのは何ですか？」とテトラちゃん。

「ある空間の中で合同とは何を意味するか。それを群を使って表現するものを合同変換群という。空間と合同変換群を組にして考えたものが幾何構造だ。幾何構造は、クラインの『変換群における不変性を研究するのが幾何学である』というエルランゲンプログラムに端を発している。『幾何』という用語はいろんな意味で使われるから注意が必要だ」とミルカさんは言った。「たとえば、2 次元閉多様体は、球面幾何、ユークリッド幾何、そして双曲幾何という 3 種類の幾何構造のいずれかを持つことが 20 世紀初めにわかった。球面幾何は合同変換群 $SO(3)$ で、ユークリッド幾何はユークリッド合同変換群で、そして双曲幾何は双曲変換群 $SL_2(\mathbb{R})$ で定められる。群を使って幾何学を分類していると考えてもいい。サーストン幾何化予想はその 3 次元閉多様体バージョンといえる。ただし、サーストン幾何化予想ではピースに分解するけれど」

「時計を分解するように」リサがぽつりと言った。

10.2.4 ハミルトンのリッチフロー方程式

「ということは、こうだね」と僕が言った。「ポアンカレ予想は、3次元閉多様体が3次元球面と同相であるかを基本群で判定できるという予想。サーストン幾何化予想は、3次元閉多様体は8種類のピースに分解できるという予想。ペレルマンはサーストン幾何化予想を証明して、その結果、ポアンカレ予想も証明したことになるんだね」

「そうだ。しかし、ペレルマンの前にハミルトンについて話さなければならない」とミルカさん。

「また新しい名前が……」とユーリ。

「パンフレットの解説にはこうあります」とテトラちゃんが言う。「サーストン幾何化予想に挑戦すべく、数学者ハミルトンはリッチフロー方程式を考え、いくつかの成果を上げた。ハミルトンはリッチ正という条件付きでポアンカレ予想を証明できた。リッチ正ではないときにリッチフロー方程式に関する懸念点が見つかり、解決できないまま二十年が過ぎた。その懸念点を解決し、最後のギャップを埋めたのがペレルマンである。ペレルマンは、新しい手法を生み出してサーストン幾何化予想を証明した」

「ややこしー」とユーリが一言。

「ちょっと、ここまでのお話を整理させてください」とテトラちゃんが言って、ノートにメモし始めた。「こういうことですよね」

- **ポアンカレ**は、ポアンカレ予想という問題を考えました。でも、ポアンカレ自身は証明できませんでした。
- **サーストン**は、ポアンカレ予想を含むサーストン幾何化予想という問題を考えました。でも、サーストン自身は証明できませんでした。
- **ハミルトン**は、リッチフロー方程式を使って条件付きのポアンカレ予想を証明しました。でも、ハミルトン自身は条件抜きでは証明できませんでした。
- **ペレルマン**は、ハミルトンのリッチフロー方程式を使ってサーストン幾何化予想を証明し、合わせて条件抜きのポアンカレ予想も証明しました。

「なるほどー」とユーリ。

「まるで、これは、バトンリレーのようです！」とテトラちゃんが言う。「自分で考えた問題でも、自分で解決できるとは限りません。自分で解決できない問題は、他の人に委ねるしかありません。数学者はみんな協力しているんですね。リレーでバトンを渡すようにして！」

「同感」とリサが言う。

「えー、でも自分からバトン渡してるんじゃないよね。ほんとーは自分でゴールしたかったんじゃないかにゃぁ……」とユーリがつぶやく。

「テトラの要約はまちがいではない」とミルカさんは真面目な顔で言った。「しかし、ポアンカレ予想の解決にまるで四人しか関わっていないかのように描くのは要約しすぎだ。確かに、3 次元でのポアンカレ予想は長年証明されなかった。しかし、多数の数学者の研究によって高次元のポアンカレ予想は証明された。サーストン幾何化予想に関しても、多数の数学者が 8 種類の幾何構造を詳しく調べ、多くの場合についてサーストン幾何化予想が成り立つことを確かめている。もちろんそこにはサーストン自身も関わっている。数学者が手をこまねいていたわけではない」

「ややこしー」とユーリ。

「歴史は単純化できない」とミルカさん。「人は歴史を単純化したがるが」

10.3　数学者たち

10.3.1　年表

「リサ、年表は出る？」とミルカさんが言った。

「すでに」リサが僕たちにディスプレイをくるりと向けた。

僕たちは顔を寄せ合うようにして、画面をのぞきこむ。

西暦	できごと
紀元前 300 年頃	ユークリッドの『原論』が編纂される。
1736 年	オイラーがケーニヒスベルクの橋の論文を発表する。
18 世紀	サッケリ、ランベルト、ルジャンドル、ボヤイの父、 ダランベール、ティボーなど、 多数の数学者が平行線公理を証明しようとするが失敗する。
1807 年	フーリエが熱方程式に関連してフーリエ展開を考える。
1813 年	ガウスは非ユークリッド幾何学を発見していたらしいが発表しなかった。
1822 年	フーリエの『熱の解析的理論』が刊行される（フーリエ展開）。
1824 年	ボヤイが非ユークリッド幾何学を発見する。
1829 年	ロバチェフスキーが非ユークリッド幾何学に関する論文を発表する。
1830 年頃	ガロアの群論が生まれる。
1832 年	ボヤイの非ユークリッド幾何学に関する成果が刊行される。
1854 年	リーマンが就任講演で多様体について述べる。
1858 年	リスティングとメビウスが独立に「メビウスの帯」を発見する。
1861 年	リスティングが論文で「メビウスの帯」について発表する。
1865 年	メビウスが論文で「メビウスの帯」について発表する。
1860 年代	メビウスが 2 次元閉多様体を種数で分類する。
1872 年	クラインが就任講演でエルランゲンプログラムを提唱する。
1895 年	ポアンカレがトポロジーの最初の論文を書く。
19 世紀	クライン、ポアンカレ、ベルトラミらが非ユークリッド幾何学のモデルを構築する。
1904 年	ポアンカレが第 5 の補稿を書く（正十二面体空間とポアンカレ予想）。
1907 年	ポアンカレ、クライン、ケーベが 2 次元閉多様体を 3 種類の幾何構造で分類する。 （ユークリッド幾何、球面幾何、双曲幾何）
1961 年	スメールが 5 次元以上でのポアンカレ予想を証明した論文を発表する。
1966 年	スメールがフィールズ賞を受賞する。
1980 年	サーストンが幾何化予想を提示する。
1980 年	ハミルトンがリッチフロー方程式を導入する。
1980 年	ハミルトンがリッチ正でのポアンカレ予想を証明する。
1982 年	フリードマンが 4 次元でのポアンカレ予想を証明する。
1982 年	サーストンが幾何化予想の論文を書く。
1982 年	サーストンがフィールズ賞を受賞する。
1990 年代	ハミルトンがリッチフロー方程式を 2 次元多様体に適用する。
2000 年	クレイ数学研究所がポアンカレ予想を含むミレニアム問題を提示する。
2002 年	ペレルマンがハミルトンプログラムの実行を宣言する論文を発表する。
2003 年	ペレルマンが論文二つを発表する。
2006 年	国際数学者会議（ICM）がペレルマンの証明を確認する。
2006 年	ペレルマンがフィールズ賞を辞退する。
2007 年	モーガンとティエンがペレルマンの証明の解説書を出版する。
2010 年	クレイ数学研究所がペレルマンにポアンカレ予想解決の授賞を宣言する。
2010 年	ペレルマンがミレニアム問題の受賞を辞退する。

「もちろんこれでも歴史のごくごく一部にすぎない」とミルカさんが言った。「ポアンカレ予想に挑戦したものの証明に至らなかった人たちの名前が書かれていないから」

「スメールさんが5次元以上のポアンカレ予想を証明していますね」とテトラちゃん。「ポアンカレ予想にもいろいろあるということですか」

「ポアンカレ予想は3次元閉多様体についての主張だったから、この3をnに変えれば一般化ができる。この場合、基本群の方も一般化する必要があるけれど」

「スメールさんが5次元以上について証明して、その後になってフリードマンさんが4次元について証明しています。低い次元の方が後から証明されるというのは不思議です」

「3次元のポアンカレ予想が長い間証明されなかったのは、絶妙なバランスなのかもしれない」とミルカさんが言った。「ともかく、最後に残ったのは3次元でのポアンカレ予想だ。結果的に、ポアンカレが最初に提示した問題が最後まで生き残った」

「最初からラスボスが登場していたのですね」とテトラちゃんが言った。

10.3.2 フィールズ賞

「年表で見ると1980年代に大きな動きがあった感じがするなあ」と僕。「サーストン幾何化予想が出て、ハミルトンのリッチフロー方程式が出て」

「フィールズ賞って何?」とユーリ。「いっぱい出てくる」

「フィールズ賞というのは、数学のノーベル賞と言われている賞ですよね」とテトラちゃん。「数学で一番有名な賞です」

「フィールズ賞には40歳までという年齢制限があるんだ。でも、フェルマーの最終定理を証明したワイルズは40歳を過ぎて特別賞を受賞したんだよ」と僕が言った。

「あれ? ペレルマンはフィールズ賞を辞退って書いてあるよ!」とユーリが年表を指さして言った。「40歳を過ぎてたから?」

「辞退なんだから、そうじゃないよ。フィールズ賞を与えられたけれど、ペレルマンはもらわなかったんだ」

「えー、何で？　何で？」

「2006年、ペレルマンはフィールズ賞を受けたが、受賞を辞退した」とミルカさんが言う。「その確かな理由は不明だ。ハミルトンに適切な評価を与えるべきだと考えて辞退したという説もあるし、数学に直接関係のない喧噪が不愉快だったからという説もある」

「フィールズ賞の公式サイト」とリサが言って、Webページを表示する。

僕たちは、ペレルマンが受賞するはずだった2006年の欄を見る。そこには、同時に受賞した四人の名前がアルファベット順に掲げられていた。

2006

Andrei OKOUNKOV

Grigori PERELMAN*

Terence TAO

Wendelin WERNER

*Grigori PERELMAN declined to accept the Fields Medal.

「"Grigori PERELMAN declined to accept the Fields Medal." という注釈があります」とテトラちゃんが言った。「"decline" は『辞退する』や『お断りする』という意味ですから、この注釈は『グレゴリー・ペレルマンは、フィールズ賞を受け取ることを辞退した』という意味になります」

ペレルマンが辞退したフィールズ賞のメダル[*3]
（刻まれているのはアルキメデスの横顔）

10.3.3 ミレニアム問題

「お兄ちゃん、年表に載ってるミレニアム問題って何？」とユーリが言った。

「クレイ数学研究所というところが、2000年に賞金付きで発表した七つの未解決問題のことだよ」と僕が答えた。「七つのうちの一つがポアンカレ予想だけど、ペレルマンは受賞を辞退したんだね」

「賞金って、いくら？」

「百万ドルだよ。クレイ数学研究所は七問に総額七百万ドルを準備した」

「ひとつ解いたら百万ドル！ 審査員の責任重大じゃん！」

「賞金を受け取るためにはルールがあるよ」と僕はリサが出してくれたパンフレットを見ながら言う。「まず、ミレニアム問題を解決した内容を査読論文誌に出版すること。専門家が内容を確認できるようにするためだね。それから、数学者たちが受け入れるかどうか判断するため、二年間の期間を置くこと。そして、クレイ数学研究所が専門家の意見を求めて賞を決定するという流れになってる」

「それにしても百万ドル！」

「数学者と賞の関係は微妙だ」とミルカさんが言う。「大きな仕事をした人を賞賛するのは好ましい。数学の問題に対して賞が与えられるのは珍しくな

[*3] この写真は Stefan Zachow (ZIB) による。

い。高い賞金は一般人の注目を集める。しかし、数学者は賞のために研究するのではないし、賞金のために研究するのでもない。数学が魅力的だから研究するのだ。数学者は、数学そのものを大切にする」

「あ、あの……」とテトラちゃんが声を出す。「数学そのものを大切にする——ということに反論するわけではないのですが、人間と数学との関係はそんなに単純じゃないと思います。問題には個人で取り組むとしても、数学はたった一人でやっているわけではない……と先ほどの年表を見ていて感じるからです。たくさんの数学者が時空を越えて協力しているように、あたしには思えるんです」

「ふむ？」

「そもそも、ハミルトンさんが正しく評価されないことを理由にペレルマンさんが賞を辞退したのも——それが本当ならば——他の数学者の成果を大切にしている態度だと思います」

「もちろん」

「そして、そこには、他者の活動に対する敬意があると思います。それもまた、数学を大切にする態度ではないでしょうか。そもそも、問題を解いて終わりにせず、論文を残すというのも他者のためです。《数学は時を越える》と言いますが、時を越える数学を支えているのは、多くの数学者たちの協力にほかならないと思うんです」

「テトラの言う通りだ」とミルカさんは言った。「ペレルマンの論文でも、先人の歩みはアスタリスクが付いたセクションに丁寧に記録されている。数学に対する貢献は、ひとりひとり違う。大切なのは、数学の世界が豊かになるかどうかだ。フェルマーの最終定理が多くの数学者を生み出したように、ケーニヒスベルクの橋渡りがトポロジーの端緒になったように、何が数学の世界を豊かにするかを予見するのは難しい。結局、数学というのは大きなタペストリなのだ」

「たぺすとり？」とユーリが聞き返した。

「"tapestry" は、壁に掛ける大きくて複雑な織物ですね」とテトラちゃん。

「大きなタペストリなのだ」とミルカさんは繰り返す。「そこに小さな糸目を残すだけの人もいるし、図案だけを残す人もいる。しかし、タペストリの完成には全員が何らかの貢献をしている。その能力と関心に応じて」

「……ところで、数学者がそれぞれの関心を抱いて研究していくなら、数学はどんどん細分化されてしまうのでしょうか？」とテトラちゃんが言う。

「数学が細分化されていくともいえるが、個々の分野が深く整備されていき、重要な問題を解くための準備が進められていくともいえる」とミルカさんが言う。

「代数的位相幾何学だと、代数学的な手法で位相幾何学を研究しているわけだよね」と僕。

「代数学と幾何学が協力してポアンカレ予想を証明したんですね！」

「半分は正しいが、半分は正しくない」とミルカさんは右手を伸ばして何かを切る仕草をする。「確かに、ポアンカレ予想を解決すべくたくさんの数学者が数学を前進させた。代数的位相幾何学にせよ、微分位相幾何学にせよ。しかし、多数の数学者が挑戦した後、最終的にポアンカレ予想の証明で使われたのは、物理学に起源を持つ方法だったのだ」

ミルカさんが立ち上がる。長い髪がさっと広がる。

僕たちはみな彼女を見上げる。

「数学者は世界の間に橋を架ける。ある分野の問題を、その分野の技法で解かなければならないなんてルールはない。むしろ逆だ。他分野の技法を使って解くとき、数学の大きな展開がある」

「使える武器は何でも使うんですね」とテトラちゃんが言った。

「バキュン」とユーリが言う。

10.4　ハミルトン

10.4.1　リッチフロー方程式

僕たちは大学構内のカフェテリアでずっとおしゃべりしている。夢中だったので飲み物もすっかり冷めてしまった。しかし、ミルカさんの話は続く。

「サーストン幾何化予想とポアンカレ予想の証明で、最後のギャップを埋めたのは確かにペレルマンだった。しかし、ペレルマンの前に**ハミルトンの**

話をしなければならない。なぜなら、証明に必要となる決定的な道具を発見したのはハミルトンだったからだ。ハミルトンが発見して研究し、ペレルマンが証明に使った道具は**リッチフロー方程式**という」

そこでミルカさんはコーヒーを一口。その間隙を縫うようにテトラちゃんが質問を繰り出す。

「オープンセミナーでも、リッチフロー方程式という名前が出てきました。そのリッチフロー方程式が、物理学に起源を持つ手法なのですよね？　あたしは、そこがどうしてもわかりません。もちろん、リッチフロー方程式そのものは難解でしょうけれど、それ以前に物理学を数学の証明に使うという点が理解できないんです。あたしは数学のことを、物理法則に支配されない理論だと思っていました。なのに、物理法則で数学の証明をするなんて納得できません」

テトラちゃんの言葉をそっと受け止めるように、ミルカさんは答える。

「物理法則で数学の証明をするわけではない。ハミルトンのリッチフロー方程式は、熱の伝搬という物理学の研究で発見されたフーリエの熱方程式と似た形をしている。微分方程式の形が似ていて、解となる関数の振る舞いが似ているだけであって、物理法則で数学の証明をするわけではない」

「フーリエの熱方程式……」とテトラちゃんは復唱する。

「また新しい名前が……」とユーリ。

10.4.2　フーリエの熱方程式

「物理学では物理量に注目する」とミルカさんは静かな声で続ける。「物理量というのは、時刻、位置、速度、加速度、圧力、そして温度といったものだ。たとえば、物体中のある位置 x における時刻 t での温度 u を考える——というのは物理学の問題となる。そして物理法則を表現するときに微分方程式がしばしば登場する」

僕たちは黙ったまま頷く。

「フーリエの熱方程式では、位置と時刻の関数として物体の温度を考え、その関数を微分方程式として表現する。初期の温度分布が与えられると、時間が経つにしたがって温度が変化するのは想像がつくだろう」

「温かいコーヒーが次第に冷めるように？」とテトラちゃんが言う。

「ニュートンの冷却法則のように？」と僕が言う。

「ニュートンの冷却法則では時刻だけを考えている」とミルカさんが答える。「フーリエの熱方程式では、位置も考慮する」

「カップは冷たいけど、コーヒーは温かいみたいに？」とユーリが言う。

「熱伝導の実験か！」と僕が言う。「金属棒の一端を温めて、熱の伝わり方を研究する。材質によって熱の伝わる速度が違うんだ」

「たとえば、そういうこと」とミルカさんが頷く。

「だいぶわかってきました！」とテトラちゃんが声を上げた。「ニュートンの運動方程式やフックの法則は、位置を微分方程式で表しました。それと同じようにフーリエの熱方程式では、温度を微分方程式で表すのですね」

10.4.3 発想の逆転

一瞬うれしそうになったテトラちゃんは、しかしすぐ顔を曇らせた。

「えっと……理解が遅くてすみませんが、まだ疑問があります。フーリエの熱方程式が温度についての微分方程式というのはわかりました。でも、それに似ているというハミルトンのリッチフロー方程式は、温度についての微分方程式じゃないはずですよね。だって、数学的対象が温度を持つわけはありませんから」

「熱方程式における温度に対応するものは、リッチフロー方程式におけるリーマン計量だ」とミルカさんが答える。「リーマン計量は、多様体中の距離や曲率を定める情報で、**リーマン**が考えた」

「また新しい名前が……」とユーリ。

「うううう……」とテトラちゃんが両手で頭を抱えてうなる。「それは、おかしいです。時間の経過で温度が変化するというのは、この世の物理法則です。なのに、時間の経過でリーマン計量が——それが何かはわかりませんが、数学的対象が——変化するなんておかしくないですか。それじゃ、まるで、数学の世界が物理学に支配されているみたいですっ！」

僕は、テトラちゃんの言葉に心打たれる。彼女の疑問には理屈が通っている。リッチフロー方程式やリーマン計量がどんなものなのかはわからない。

しかし彼女は理解の整合性を保とうとしている。温度をリーマン計量に置き換えたとしても、その数学的対象が時刻に合わせて変化するなんてことがあるのか——と彼女は疑問を提示しているのだ。まったく、この《元気少女》は何者なのだろう。

「テトラの疑問は正当だ」とミルカさんは目を光らせて言う。「そこには発想の逆転がある。熱方程式は温度に関する微分方程式で、それを調べることで温度変化を知ることができる。それに対してリッチフロー方程式は違う。リッチフロー方程式では、リーマン計量を変化させることが目的だ。変化を発見することが目的なのではなく、変化を導入することが目的なのだ」

「わかりません」とテトラちゃんが言う。「だって時刻が——」

「そもそも、リッチフロー方程式における時刻 t というのは、物理的な時刻ではない。単なるパラメータだ。比喩として便利なので、「古代解」や「初期条件」のようにあたかも時刻のような表現が使われることもある。しかし、現実の時刻が数学の証明で使われているわけではない」

「なるほどです」テトラちゃんは小刻みに頷く。

「リッチフロー方程式では、パラメータ t を持つリーマン計量を考える。リーマン計量は曲率を定める。リーマン計量が変化すれば、曲率が変化する。曲率が変化すれば、多様体が変形する。リッチフロー方程式を使ってやりたいことは、リーマン計量をうまく変化させ、曲率をうまく変化させ、多様体をうまく変形させることなのだ」

「うまく……とは？」とテトラちゃんがすかさず訊く。

「《うまく》というのは、サーストン幾何化予想を証明するために《うまく》という意味だ。リーマン計量をどう変化させるかという選択肢は無数にある。ハミルトンは、リッチフロー方程式で変化の方向を表現した。パラメータ t を持ち、リッチフロー方程式を満たすリーマン計量のことをリッチフローと呼ぶ。ハミルトンは、リッチフローによって多様体の曲率が均一になることを期待した。それは、時間が経つと物体の温度が均一になるのに似ている。曲率を均一にすることで、多様体を数学的に扱いやすくしたいのだ。そもそも、曲率一定の多様体に関しては 20 世紀半ばに分類が済んでいる」

「時刻というのが実際の時刻ではないとお聞きして安心しました」とテトラちゃんが頷く。「そういえば、ループを考えるときも t というパラメータ

を動かしたのを思い出しました。t は時刻ではありませんが、時刻のように考えることもできますね」

「ループでの t と、リッチフローでの t は無関係だけれど、パラメータという意味では同じだ」とミルカさんは言った。「ともかく、ハミルトンはリッチフロー方程式を発見し、それを研究し、サーストン幾何化予想の証明に使おうと考えた。その研究方針を**ハミルトンプログラム**と呼ぶ」

10.4.4　ハミルトンプログラム

ハミルトンプログラム
リーマン計量をリッチフロー方程式で変化させることで 3 次元閉多様体を変形させ、サーストン幾何化予想の解決を導く。
変形の途中で生じる特異点は**手術**と呼ばれる手法で取り除く。

「ハミルトンはリッチフロー方程式において、パラメータ t を使ってリーマン計量を変化させる。それは 3 次元閉多様体の曲率を扱うためだった。曲率にはいろいろある。リーマンが導入した曲率テンソルは、リーマン多様体の曲がり方のあらゆる情報を含んでいるが繊細かつ複雑で扱いにくい。ハミルトンは曲率テンソル R_{ijkl} を縮約させ、リッチ曲率 R_{ij} という量を扱うことにした。リッチフロー方程式の解では、時刻が進んでいくと次第にリッチ曲率が平均化され、やがて均一になることが期待される。ただしその際に、曲率が無限大になる**特異点**が生まれてしまっては困る。そこでハミルトンは**手術付きリッチフロー**を考えた。それは、特異点が生じそうになったときにいったん時刻をストップし、特異点の部分を手術によって切り取り、再び時刻を動かすという方法だ」

「時刻……というのは、パラメータ t のことですね？」とテトラちゃん。

「そうだ。対応関係はこのようになる」とミルカさんが書く。

物理学の世界		数学の世界
熱方程式	←----→	リッチフロー方程式
熱伝導体	←----→	3 次元閉多様体
位置 x	←----→	位置 x
時刻 t	←----→	パラメータ t
温度	←----→	リーマン計量（から計算されるリッチ曲率）
温度の平均化	←----→	リッチ曲率の平均化

「これって何をやっていることになるんだろう。曲率を均一にすることと、サーストン幾何化予想の証明との関係がわからないよ」と僕が言った。

「どんなリーマン計量を持つ 3 次元閉多様体であっても、リッチフローに乗せて変形し、均一な曲率を持つ 3 次元閉多様体へ導くことができるのではないかと期待する。それは、無数にある 3 次元閉多様体を整理して分類するために有効となる」

「ミルカさま。でも、そんなふうにうまいこといくんでしょーか」とユーリ。「しゅじゅちゅ……手術付きリッチフロー？」

「ハミルトンはそこを研究し、多くのことを証明した。まず、与えられたリーマン計量を初期値に持つリッチフローが存在することを証明した。また、リッチ曲率が至るところ正であるという条件、すなわちリッチ正という条件付きならば、ポアンカレ予想が成り立つことを証明した。さらに、特異点が生じず断面曲率が一様に有界という条件付きならば、サーストン幾何化予想が成り立つことも証明した」

「条件付きならば……」とテトラちゃんがつぶやく。

「そうだ。ハミルトンは、条件付きならば、ポアンカレ予想もサーストン幾何化予想も証明できたのだ。ハミルトンプログラムの障害となる特異点を取り除くため、ハミルトンは手術付きリッチフロー方程式を考えた。有限回の手術で特異点をすべて取り除き、特異点を取り除いた残りの断面曲率が一様に有界であることを証明すればいい——のだけれど、葉巻型と呼ばれる特異点が生じてしまったら、それに対処することはできないとわかった。それが、ハミルトンプログラムの障害だった。そして、二十年の月日が流れることになる」

「二十年！」とユーリ。

「葉巻型特異点を取り除いたのがペレルマンなんだね」と僕が言った。

「ペレルマンは、葉巻型特異点が生じないことを証明した」

「生じない？」

「そうだ。ハミルトンも葉巻型特異点が生じないことを期待していたが、ペレルマンは非局所崩壊定理でそれを証明した。しかし、それですべてが解決したわけではなかった。ペレルマンはさらに伝搬型非局所崩壊定理と標準近傍定理という定理を証明して、ハミルトンプログラムを完成させ、サーストン幾何化予想を証明した。ペレルマンはリッチフロー方程式に関する三本の論文を発表した。この論文が、サーストン幾何化予想を証明し、ポアンカレ予想を証明し、リッチフロー方程式に力を与えたことになる」

「ペレルマンさんが最後のギャップを埋めた……」とテトラちゃん。

「最後のギャップを埋めたと表現することもできるけれど」とミルカさんが声を落として言う。「ただ、そのギャップがどれほどの大きさだったのかは、専門家でなければ正しく評価できないだろう。サーストン幾何化予想は《ペレルマンが証明した》というべきなのか、《ハミルトンとペレルマンが証明した》というべきなのか、それは難しい問題だ。ハミルトンのリッチフロー方程式がなければ、ペレルマンの手掛かりはなかっただろうし、ペレルマンが導入した手法と定理がなければ証明は完成できなかっただろう。大きな定理が証明されたとき、そこへ至る道を見つけ、途中まで進んだ人と、最後のギャップを埋めた人の貢献を比較することは難しい。ただし、数学の慣習では《最後のギャップを埋めた人》が証明した人として名前を残す──本人が望むと望まざるとにかかわらず」

「論文は、これ？」とリサが軽く咳をしながら言った。コンピュータのディスプレイを指さしている。

ミルカさんはそれを見て頷く。

「では、ペレルマンの論文を眺めてみよう」

10.5 ペレルマン

10.5.1 ペレルマンの論文

僕たちはまた顔を寄せるようにして、リサのコンピュータをのぞきこんだ。

- Grisha Perelman, The entropy formula for the Ricci flow and its geometric applications.[4]
- Grisha Perelman, Ricci flow with surgery on three-manifolds.[5]
- Grisha Perelman, Finite extinction time for the solutions to the Ricci flow on certain three-manifolds.[6]

「**グリーシャ・ペレルマン**」とミルカさんが言う。「ロシアの人だ」

「グリーシャさんというお名前なんですね」とテトラちゃん。

「本名は**グレゴリー・ペレルマン**」とミルカさん。「グリーシャは愛称だ」

「論文って……英語なんだ」とユーリ。

「そりゃそうだよ」と僕。「日本語じゃないさ」

「そーじゃなくて!」とユーリが怒る。「ペレルマンってロシアの人なんだから、ロシア語で書いたんだと思ったの!」

「現代では論文を英語で書く」とミルカさん。「世界の人に論文を読んでもらうために、世界の共通語である英語で書く」

「論文は人類への手紙だからですね!」とテトラちゃんが頷いた。

「ペレルマンの論文の脚注には、いくつかの研究機関で研究する機会が与えられたことへの感謝の言葉が書かれている。読んでみよう」

I was partially supported by personal savings accumulated during my visits to the Courant Institute in the Fall of 1992, to the SUNY

---

[4] https://arxiv.org/abs/math/0211159
[5] https://arxiv.org/abs/math/0303109
[6] https://arxiv.org/abs/math/0307245

at Stony Brook in the Spring of 1993, and to the UC at Berkeley as a Miller Fellow in 1993-95. I'd like to thank everyone who worked to make those opportunities available to me.

「『私は、1992 年秋のクーラント研究所での滞在、1993 年春のニューヨーク州立大学ストーニーブルック校での滞在、そして 1993 年から 1995 年のカリフォルニア大学バークレー校におけるミラーフェローとしての滞在、そこでの個人的な貯蓄によって支援の一部を受けた。これらの機会が私に与えられるよう尽力してくれたすべての人に感謝する』——そして、本文は、こんなふうに始まる」

The Ricci flow equation, introduced by Richard Hamilton [H 1], is the evolution equation $\frac{d}{dt} g_{ij}(t) = -2R_{ij}$ for a riemannian metric $g_{ij}(t)$.

「『リチャード・ハミルトンによって導入されたリッチフロー方程式は、リーマン計量 $g_{ij}(t)$ の発展方程式 $\frac{d}{dt} g_{ij}(t) = -2R_{ij}$ である[*7]』」
「ミルカさますごい!」
「いや、これは単に英語を読んでいるだけだよ、ユーリ。この論文自身を読み解く力はいまのところ私にはない。それでも、少し拾い読みすることはできる。たとえば、こんな部分がある」

Thus, the implementation of Hamilton program would imply the geometrization conjecture for closed three-manifolds.
In this paper we carry out some details of Hamilton program.

「『よって、ハミルトンのプログラムをインプリメントすれば、3 次元閉多様体についての幾何化予想が導かれる。この論文でわれわれはハミルトンプログラムの詳細を実行する』——というこの部分で、サーストン幾何化予想の証明のために、ハミルトンプログラムを実行するというペレルマンの方針が述べられている」
「われわれ?」とテトラちゃん。

[*7] ペレルマンはここで $\frac{d}{dt}$ と書いているので常微分方程式に見えるが、リッチ曲率 R_{ij} 中に位置による偏微分が含まれているので、実際には偏微分方程式になる。

「これは論文の書き方のスタイルの一つで "author's we" だ」とミルカさん。「一人で書いている場合でも "we" を使うことがある」

「グリーシャさん一人なのに複数形なんておもしろいですね」とテトラちゃん。

「書いたのはペレルマン一人だが、読むのは一人じゃない。"author's we" は "the author and the reader" という意味だ。この論文を読み解こうとする読者は、著者ペレルマンと共にハミルトンプログラムを実行することになるわけだ」

「なるほどです！」とテトラちゃん。「読者は一人じゃないんですね。読者は、著者の協力を得て問題に取り組む！」

「著者が読者に議論への参加を要請しているともいえる」とミルカさん。

「インプリメント？」とリサがミルカさんに疑問符を投げる。

「ハミルトンプログラムは、サーストン幾何化予想を証明するための道を指し示している。でもそれだけでは駄目で、実際に証明する必要がある。そのことを "implement" と表現しているのだろう」

「リサちゃんは、ペレルマンの論文を持ってたんだね」と僕。

「検索しただけ」とリサは答えた。「すぐに見つかる」

「ペレルマンは証明を論文として書いた」とミルカさんは言う。「インターネットには、arXivと呼ばれる論文公開 Web サイトがある。ペレルマンは論文を arXiv に投稿した。arXiv から PDF をダウンロードすれば誰でもすぐに読める。私たちがいまやっているように」

「でも、ユーリは読めない……」

「英語を読む力を身につければ、言葉としては読める。さらに、そこに書かれた数学を理解できる力を身につければ、ペレルマンの主張も読める。彼は arXiv だけに論文を投稿し、査読論文誌には投稿しなかった」

「ちょっと待って！ それって百万ドルの条件違反じゃないの？」とユーリが言う。「査読論文誌への投稿がミレニアム賞の条件だったもん！」

「その点は問題ない。ミレニアム問題の条件には付則があって、査読論文誌の投稿に代わるものがあれば大丈夫。モーガンとティエンが書いた解説書が査読論文誌の代わりになっている。もっとも、ペレルマンは、フィールズ賞もミレニアム問題の賞金も辞退したのだけれど」

「そーなんだ」

「ペレルマンが arXiv に投稿したことは、数学にとって、むしろ良かったのかもしれない。世界中の数学者が論文をすぐ読める状態になったからだ。ペレルマンの論文には、これまで使われたことのない最新技法がたくさん書かれている。ペレルマンはリッチフロー方程式という道具を整備して、数学の世界を広げた。リッチフロー方程式の新たな姿を論文を通して知った数学者たちは、数学の世界をさらに広げていくことができる」

「ペレルマンさんは論文を arXiv に残して、《ひと仕事おしまい》としたのですね……」とテトラちゃんが言った。

10.5.2　もう一歩踏み込んで

「ペレルマンが arXiv に論文を投稿して、サーストン幾何化予想とポアンカレ予想は解決した。そのことを、私たちは知識として知った。ただ——」

僕たちは、ミルカさんの淡々とした口調に耳を傾ける。

「ただ、私たちとしては、どうも物足りない。せめて、もう一歩、数学的に踏み込めないのかと思う……だろう？」とミルカさんは言った。

「ですね」とテトラちゃん。

「確かに」と僕。

「難しくないといいにゃあ」とユーリ。

「……」無言のリサ。

「とはいえ、リッチフロー方程式は曲率テンソルが出てくる偏微分方程式だ。そこに踏み込んだ議論を始めるわけにもいかない。私自身が理解していないからだ。さて、どうしようか……」

「はい！」とテトラちゃんが手を挙げる。「あたしは物理学的な手法についてもっと知りたいです。物理学の《生きた言葉》が出てくるんですよね？」

「では、それで行こう」とミルカさんが即答した。

「飲み物のお代わりしたいにゃ」とユーリ。「のど渇いちゃった」

「たくさんの紙もほしい」とミルカさん。

「大学の購買部で買って来ようか？」と僕。

「持ってる」

リサが、赤いリュックから白紙の束を取り出した。

10.6　フーリエ

10.6.1　フーリエの時代

「ねーお兄ちゃん。フーリエって人もフィールズ賞もらったの？」とユーリがメロンジュースを飲みながら訊く。

「いやいや、時代がぜんぜん違うよ」と僕は答える。

「ジョゼフ・フーリエ。フランスの数学者にして物理学者。1768 年から1830 年」リサはコンピュータを開き、軽く咳き込みながらそう言った。「ジョン・フィールズ。カナダの数学者。1863 年から 1932 年。フィールズ賞の設立は 1936 年」

「フーリエさんは 18 世紀終わりから 19 世紀の方なんですね」とテトラちゃんが言った。「フランス……フランス革命の時代？」

「フーリエは貧しい家に生まれ、しかも 8 歳で孤児になった」とミルカさんが言う。「どれほど苦労したかはわからないが、彼は数学の教授となったり、ナポレオンと共にエジプトに遠征したり、県知事になって手腕を生かしたりと波乱に満ちた生涯を送った。才能あふれる人だったのだろう。危うくギロチンに掛かりそうになることもあったらしい」

「ギロチン?!」とユーリが叫ぶ。

「1811 年に、パリの科学アカデミーが熱伝導に関する論文を募集した。フーリエは、以前から研究していた論文を投稿して受賞した」

よく晴れたのどかな冬の日。

僕は、温かいお茶を飲みながら、フーリエのことを思う。8 歳で孤児になった彼は、家族についてどんなことを思っていたんだろう。どんな気持ちで数学に取り組んでいたんだろう——まったく想像がつかない。

10.6.2 熱方程式

「熱方程式では温度を扱う」とミルカさんは言う。

「ニュートンの冷却法則なら、このあいだ解いたよ」と僕は言った。

「ニュートンの冷却法則では温度を時刻 t の関数 $u(t)$ として表す。それに対してフーリエの熱方程式では温度を位置 x と時刻 t の関数 $u(x,t)$ として表す。比較してみよう」とミルカさんが言った。「まず、ニュートンの冷却法則はこれだ。室温は 0 にしてある」

ニュートンの冷却法則
温度変化の速度は、温度差に比例する。

$$\frac{d}{dt}u(t) = Ku(t) \qquad K \text{ は定数}$$

「この $u(t)$ は時刻 t での物体の温度だ。室温が 0 である部屋に物体を置いたときの様子を表している微分方程式になる」

「なるほど」

「そして、フーリエの熱方程式はこれだ」

フーリエの熱方程式
温度 $u(x,t)$ は、次の偏微分方程式を満たす。

$$\frac{\partial}{\partial t}u(x,t) = K\frac{\partial^2}{\partial x^2}u(x,t) \qquad K \text{ は定数}$$

この式を**フーリエの熱方程式**という（一次元の場合）。

「熱方程式とは何かと問うならば、熱の伝導を表現した**偏微分方程式**であ

るという答えになる。あるいは、熱の伝導という物理現象を偏微分方程式としてモデル化したものだと答えてもいい」とミルカさんは言う。「これから、リッチフロー方程式の類似物として、フーリエの熱方程式で楽しもう。具体的には、$u(x, t)$ という関数の調査だ。まずは舞台を設定しよう」

◎　◎　◎

まずは舞台を設定しよう。

無限に長い直線状の針金があり、時刻 $t = 0$ における温度分布が与えられている。これが初期条件だ。温度分布が与えられているということは、針金中の位置 x ごとに温度がわかっているわけだ。ここで時刻 t が変化すれば、針金の温度は変化していく。すなわち、温度 u は位置 x と時刻 t の二変数関数 $u(x, t)$ として表現できるものとする。

時刻 $t = 0$ では位置 x ごとに温度差があるかもしれない。針金のこちらは熱いが、あちらは冷たいという状態だ。しかし、時刻 t が大きくなると次第に温度差は小さくなり、やがて針金全体が均一な温度になる——と予想できる。いまから私たちは、$u(x, t)$ という関数の姿をより詳しく調べていこう。

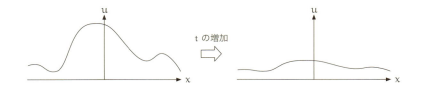

針金の温度分布と t の増加による変化

熱方程式は熱伝導方程式や熱拡散方程式とも呼ぶ。熱以外にも香りの拡散などで使える。ここでは比例定数を $K = 1$ と単純化して考えよう。

$$\frac{\partial}{\partial t} u(x, t) = \frac{\partial^2}{\partial x^2} u(x, t) \qquad K = 1 とした熱方程式$$

これを満たす関数 $u(x, t)$ を求めるのが、熱方程式を解くということだ。
左辺の $\frac{\partial}{\partial t} u(x, t)$ は、$u(x, t)$ を t で偏微分した関数を表している。
右辺の $\frac{\partial^2}{\partial x^2} u(x, t)$ は、$u(x, t)$ を x で2回偏微分した関数を表している。

366　第10章　ポアンカレ予想

◎　　◎　　◎

　「ちょ、ちょっとお待ちください。そもそも、偏微分とは何でしょうか」と
テトラちゃんがあわててミルカさんを止める。

　「関数 $u(x,t)$ は二変数関数だ。x を定数と考え、$u(x,t)$ を t で微分するこ
とを《$u(x,t)$ を t で偏微分する》といい、$\frac{\partial}{\partial t}u(x,t)$ と書く。また、t を定数
と考え、$u(x,t)$ を x で微分することを《$u(x,t)$ を x で偏微分する》といい、
$\frac{\partial}{\partial x}u(x,t)$ と書く。もう一度 x で偏微分したものを $\frac{\partial^2}{\partial x^2}u(x,t)$ と書く」とミ
ルカさんは言った。

　「こういうことだよね」と僕は言った。「たとえば、

$$u(x,t) = x^3 + t^2 + 1$$

という二変数関数があったら、こうなるんだろ？」

$$u(x,t) = x^3 + t^2 + 1 \qquad \text{二変数関数の例}$$

$$\frac{\partial}{\partial t}u(x,t) = 2t \qquad u(x,t) \text{ を } t \text{ で偏微分した}$$

$$\frac{\partial}{\partial x}u(x,t) = 3x^2 \qquad u(x,t) \text{ を } x \text{ で偏微分した}$$

$$\frac{\partial^2}{\partial x^2}u(x,t) = 6x \qquad u(x,t) \text{ を } x \text{ で } 2 \text{ 回偏微分した}$$

　「そう」とミルカさんは頷く。「t で偏微分するときには x を定数として考
える。x で偏微分するときには t を定数として考える。何を定数としている
かを添字で書くこともある。たとえば、熱方程式はこう書いてもいい。

$$\left(\frac{\partial}{\partial t}u(x,t) \right)_x = \left(\frac{\partial^2}{\partial x^2}u(x,t) \right)_t$$

あるいは、すでにわかっている (x,t) は書かず、

$$\frac{\partial u}{\partial t} = \frac{\partial^2 u}{\partial x^2}$$

のように熱方程式を書くこともある。書き方はさまざまだ」

　「ははあ……そこまで、わかりました。すみません、お話を中断してしまい

ました」とテトラちゃんは言う。

「さっぱりわかんない！」とユーリが言う。

「うーん、微分方程式はつらいかなあ」

「わかる部分はある」とミルカさん。「符号だけに絞って話そう。左辺の $\frac{\partial u}{\partial t}$ がプラスなら、時刻 t が増加したときにその位置 x の温度が上がることを意味する。右辺の $\frac{\partial^2 u}{\partial x^2}$ がプラスなら、ある位置 x の温度が左右の平均温度よりも低いことを意味する。熱方程式はその両者を等式で結ぶ。それが意味するのは、ある位置の温度が今後上がっていくのは、その位置の温度が左右の平均温度よりも低い温度のときということ。これは熱の性質として理解できるだろう。その性質を精密に述べているのがこの偏微分方程式なのだ——もう一度、与えられている熱方程式を見よう。

$$\frac{\partial}{\partial t} u(x, t) = \frac{\partial^2}{\partial x^2} u(x, t)$$

ここから、変数分離法で解を求め、それを重ね合わせて熱方程式を解く」

10.6.3 変数分離法

変数分離法を使う。つまり、x と t の二変数関数 $u(x, t)$ が、x の一変数関数 $f(x)$ と、t の一変数関数 $g(t)$ の積で表されると仮定する。

$$u(x, t) = f(x)g(t)$$

熱方程式の $u(x, t)$ を $f(x)g(t)$ に置き換えよう。

$$\frac{\partial}{\partial t} u(x, t) = \frac{\partial^2}{\partial x^2} u(x, t) \qquad \text{熱方程式}$$

$$\frac{\partial}{\partial t} f(x)g(t) = \frac{\partial^2}{\partial x^2} f(x)g(t) \qquad u(x, t) \text{ を } f(x)g(t) \text{ に置き換えた}$$

左辺を計算する。x を定数とするので、$f(x)$ も定数として扱える。

$$\frac{\partial}{\partial t}f(x)g(t) = f(x) \cdot \frac{\partial}{\partial t}g(t) \qquad f(x) \text{ は定数}$$

$$= f(x) \cdot \frac{d}{dt}g(t) \qquad g \text{ は一変数関数なので常微分}$$

$$= f(x)g'(t)$$

右辺を計算する。t を定数とするので、g(t) も定数として扱える。

$$\frac{\partial^2}{\partial x^2}f(x)g(t) = g(t) \cdot \frac{\partial^2}{\partial x^2}f(x) \qquad g(t) \text{ は定数}$$

$$= g(t) \cdot \frac{d^2}{dx^2}f(x) \qquad f \text{ は一変数関数なので常微分}$$

$$= f''(x)g(t)$$

よって、熱方程式はこうなった。

$$f(x)g'(t) = f''(x)g(t)$$

いまは $u \neq 0$ すなわち $f(x) \neq 0$ および $g(t) \neq 0$ で考えることにする。x に依存するものと t に依存するものを分離するため、両辺を $f(x)g(t)$ で割ると、次の式を得る。

$$\underbrace{\frac{g'(t)}{g(t)}}_{t \text{ のみに依存}} = \underbrace{\frac{f''(x)}{f(x)}}_{x \text{ のみに依存}}$$

この等式をよく見る。

左辺は t のみに依存する。ということは、t が変化しなければ x がいくら変化しても左辺は定数。

右辺は x のみに依存する。ということは、x が変化しなければ t がいくら変化しても右辺は定数。

ということは結局、この等式は x と t がいくら変化しても値が変わらないことになる。これが、変数分離法のうれしいところだ。

この定数を $-\omega^2$ と置く。

$$\frac{g'(t)}{g(t)} = \frac{f''(x)}{f(x)} = -\omega^2$$

すると、常微分方程式が二つ作られたことになる。

$$
\begin{cases}
f''(x) & = -\omega^2 f(x) \\
g'(t) & = -\omega^2 g(t)
\end{cases}
$$

変数分離法で、

　　二変数関数の偏微分方程式 1 個が、

　　一変数関数の常微分方程式 2 個になった

といえる。この 2 個の常微分方程式はどちらも親しみがある。f は三角関数を使い、g は指数関数を使って、それぞれ一般解を表すことができる。

$$
\begin{cases}
f(x) & = A \cos \omega x + B \sin \omega x \\
g(t) & = C e^{-\omega^2 t}
\end{cases}
$$

したがって、$u(x, t) = f(x)g(t)$ は熱方程式の解となる。

$$
\begin{aligned}
u(x, t) &= f(x)g(t) \\
&= (A \cos \omega x + B \sin \omega x) \cdot C e^{-\omega^2 t} \\
&= e^{-\omega^2 t} (AC \cos \omega x + BC \sin \omega x) \\
&= e^{-\omega^2 t} (a \cos \omega x + b \sin \omega x) \qquad a = AC, b = BC \text{ と置いた}
\end{aligned}
$$

これは熱方程式の解だ。これを $u_\omega(x, t)$ と書いておこう。

$$
u_\omega(x, t) = e^{-\omega^2 t} (a \cos \omega x + b \sin \omega x)
$$

10.6.4　積分による解の重ね合わせ

この解には、a, b, ω というパラメータが登場する。

$$
u_\omega(x, t) = e^{-\omega^2 t} (a \cos \omega x + b \sin \omega x)
$$

ω ごとに a, b を考えるため、$a(\omega), b(\omega)$ のように関数の形で表そう。

$$
u_\omega(x, t) = e^{-\omega^2 t} (a(\omega) \cos \omega x + b(\omega) \sin \omega x) \qquad \cdots ①
$$

ω は任意の 0 以上の実数でよく、ω ごとに決まる解をすべて重ね合わせたものも解となる。ω で積分して重ね合わせた解を作る。こうするのは、重ね合わせによって初期条件を表したいからだ。

$$u(x, t) = \int_0^\infty u_\omega(x, t) \, d\omega \qquad\qquad 積分で重ね合わせた$$

$$= \int_0^\infty e^{-\omega^2 t} (a(\omega) \cos \omega x + b(\omega) \sin \omega x) \, d\omega \quad ①より$$

特に $t = 0$ のとき $e^{-\omega^2 t} = e^{-\omega^2 \cdot 0} = 1$ になることに注意すると、$t = 0$ のときの温度分布——すなわち初期条件——は、以下の式で表される。

$$u(x, 0) = \int_0^\infty (a(\omega) \cos \omega x + b(\omega) \sin \omega x) \, d\omega \qquad 初期条件$$

この式を $u(x, 0)$ の**フーリエ積分表示**という。

10.6.5 フーリエ積分表示

フーリエ積分表示は、フーリエ展開の連続版だ。フーリエ展開での和を積分に変えた形になる。

$$f(x) = \sum_{k=0}^\infty (a_k \cos kx + b_k \sin kx) \qquad\qquad f(x) のフーリエ展開$$

$$u(x, 0) = \int_0^\infty (a(\omega) \cos \omega x + b(\omega) \sin \omega x) \, d\omega \quad u(x, 0) のフーリエ積分表示$$

フーリエ展開では、関数 $f(x)$ が与えられたときに、フーリエ係数 (a_n, b_n) を積分で求めた。

$$
\begin{cases}
a_0 & = \dfrac{1}{2\pi} \displaystyle\int_{-\pi}^{\pi} f(x)\,dx \\[3mm]
b_0 & = 0 \\[3mm]
a_n & = \dfrac{1}{\pi} \displaystyle\int_{-\pi}^{\pi} f(x)\cos nx\,dx \\[3mm]
b_n & = \dfrac{1}{\pi} \displaystyle\int_{-\pi}^{\pi} f(x)\sin nx\,dx
\end{cases}
$$

同じように、フーリエ積分表示では、$a(\omega), b(\omega)$ を積分で表すことができる。すでに文字 x を使っているから、積分変数には y を使うことにしよう。

$$
\begin{cases}
a(\omega) & = \dfrac{1}{\pi} \displaystyle\int_{-\infty}^{\infty} u(y,0)\cos \omega y\,dy \\[3mm]
b(\omega) & = \dfrac{1}{\pi} \displaystyle\int_{-\infty}^{\infty} u(y,0)\sin \omega y\,dy
\end{cases}
$$

フーリエ積分表示を使えば、初期条件を満たす解 $u(x,t)$ が得られることになる。

$u(x,t)$

$$
= \int_0^{\infty} e^{-\omega^2 t}\,\big(a(\omega)\cos \omega x + b(\omega)\sin \omega x\big)\,d\omega
$$

$$
= \int_0^{\infty} e^{-\omega^2 t}\left(\frac{1}{\pi}\int_{-\infty}^{\infty} u(y,0)\cos \omega y\,dy \cos \omega x + \frac{1}{\pi}\int_{-\infty}^{\infty} u(y,0)\sin \omega y\,dy \sin \omega x\right)d\omega
$$

$$
= \frac{1}{\pi}\int_0^{\infty} e^{-\omega^2 t}\int_{-\infty}^{\infty} u(y,0)\,(\cos \omega y \cos \omega x + \sin \omega y \sin \omega x)\,dy\,d\omega
$$

$$
= \frac{1}{\pi}\int_0^{\infty} e^{-\omega^2 t}\int_{-\infty}^{\infty} u(y,0)\cos \omega(x-y)\,dy\,d\omega
\qquad
\begin{array}{l}\text{加法定理と}\\ \cos \omega(y-x) = \cos \omega(x-y)\ \text{より}\end{array}
$$

ここで積分の順序を交換する。順序交換には条件の確認が必要だけれど、ここでは認めてもらおう。

$$
u(x,t) = \frac{1}{\pi}\int_{-\infty}^{\infty} u(y,0)\int_0^{\infty} e^{-\omega^2 t}\cos \omega(x-y)\,d\omega\,dy
$$

さあ、この式をどうする？

「さあ、この式をどうする？」とミルカさんは計算を止めた。

$$u(x, t) = \frac{1}{\pi} \int_{-\infty}^{\infty} u(y, 0) \int_0^{\infty} e^{-\omega^2 t} \cos \omega(x - y) \, d\omega \, dy \qquad \cdots \heartsuit$$

「わかんにゃい」とユーリが早々に離脱した。

「フーリエ展開が離散、フーリエ積分表示が連続——という話をもう少し聞きたかったんだけど」と僕は言った。「この二重になった積分をもっと簡単にするということ？」

「お友達に似てるような……」とテトラちゃんが言った。

「お友達って？」とユーリ。

「これって、あの……名前は忘れましたけど、式の形が似ていませんか？」

「式の形——なるほど、ラプラス積分か！」と僕は言った。

「それです、それです！」

ラプラス積分（p.316 参照）

a を実数とするとき、

$$\int_0^{\infty} e^{-x^2} \cos 2ax \, dx = \frac{\sqrt{\pi}}{2} e^{-a^2}$$

が成り立つ。

「ではここで、ラプラス積分を使おう」とミルカさんが話を継ぐ。

◎　　◎　　◎

ここで、ラプラス積分を使おう。

$$u(x, t) = \frac{1}{\pi} \int_{-\infty}^{\infty} u(y, 0) \int_0^{\infty} e^{-\omega^2 t} \cos \omega(x - y) \, d\omega \, dy$$

積分変数を ν にして並べれば、ラプラス積分との対応関係がわかりやすい。

$$\int_0^\infty e^{-\omega^2 t} \quad \cos\omega\,(x-y) \quad d\omega \quad = \quad ? \qquad\qquad \text{求めたい積分（積分変数は }\omega\text{）}$$

$$\int_0^\infty e^{-\nu^2} \quad \cos 2a\nu \qquad d\nu \quad = \quad \frac{\sqrt{\pi}}{2}e^{-a^2} \qquad \text{ラプラス積分（積分変数は }\nu\text{）}$$

ここで、$\omega = \dfrac{\nu}{\sqrt{t}}$ とし、$x - y = 2a\sqrt{t}$ という対応付けをすれば、ラプラス積分を当てはめられる。

$$
\begin{aligned}
\int_0^\infty e^{-\omega^2 t}\cos\omega\,(x-y)\,d\omega &= \int_0^\infty e^{-(\sqrt{t}\omega)^2}\cos\left(\frac{\nu}{\sqrt{t}}\cdot 2a\sqrt{t}\right)d\omega \\
&= \int_0^\infty e^{-\nu^2}\cos 2a\nu\,\frac{d\omega}{d\nu}\,d\nu \\
&= \frac{1}{\sqrt{t}}\int_0^\infty e^{-\nu^2}\cos 2a\nu\,d\nu \qquad \frac{d\omega}{d\nu}=\frac{1}{\sqrt{t}}\text{ から}\\
&= \frac{1}{\sqrt{t}}\frac{\sqrt{\pi}}{2}e^{-a^2} \qquad\qquad\qquad \text{ラプラス積分から}\\
&= \frac{1}{\sqrt{t}}\frac{\sqrt{\pi}}{2}\exp\left(-\frac{(x-y)^2}{4t}\right) \\
&= \frac{\sqrt{\pi}}{2\sqrt{t}}\exp\left(-\frac{(x-y)^2}{4t}\right) \qquad \cdots\cdots\clubsuit
\end{aligned}
$$

これを利用して、

$$
\begin{aligned}
u(x,t) &= \frac{1}{\pi}\int_{-\infty}^\infty u(y,0)\int_0^\infty e^{-\omega^2 t}\cos\omega(x-y)\,d\omega\,dy \quad \text{p. 372 の }\heartsuit\text{ より}\\
&= \frac{1}{\pi}\int_{-\infty}^\infty u(y,0)\frac{\sqrt{\pi}}{2\sqrt{t}}\exp\left(-\frac{(x-y)^2}{4t}\right)dy \qquad \clubsuit\text{ より}\\
&= \int_{-\infty}^\infty u(y,0)\frac{1}{2\sqrt{\pi t}}\exp\left(-\frac{(x-y)^2}{4t}\right)dy \\
&= \int_{-\infty}^\infty u(y,0)\,w(x,y,t)\,dy
\end{aligned}
$$

最後の式に出てきた $w(x, y, t)$ は以下の式だ。

$$w(x, y, t) = \frac{1}{2\sqrt{\pi t}} \exp\left(-\frac{(x-y)^2}{4t}\right)$$

ここまで考えてくると、私たちが求めようとしている解 $u(x, t)$ は、

$$
\begin{cases}
u(x, t) & = \displaystyle\int_{-\infty}^{\infty} u(y, 0)\, w(x, y, t)\, dy \\
w(x, y, t) & = \dfrac{1}{2\sqrt{\pi t}} \exp\left(-\dfrac{(x-y)^2}{4t}\right)
\end{cases}
$$

と整理できたことになる。

10.6.6　類似物の観察

得られた熱方程式の解 $u(x, t)$ を観察しよう。

$$u(x, t) = \int_{-\infty}^{\infty} u(y, 0)\, w(x, y, t)\, dy$$

$u(y, 0)$ というのは位置 y の初期温度を表す。

$$u(x, t) = \int_{-\infty}^{\infty} \underbrace{u(y, 0)}_{\text{位置 } y \text{ の初期温度}} w(x, y, t)\, dy$$

位置 y の初期温度 $u(y, 0)$ に対して、$w(x, y, t)$ を掛けるという重み付け
をした上で、y を動かし、針金全体での積分を取っている。つまり、重み付
け関数 $w(x, y, t)$ は温度分布の変化を制御している。

位置 x の時刻 t における温度には、針金全体の初期の温度が関わっている。
ただし、重み付けは異なる。重み付け関数 $w(x, y, t)$ を観察すると、

$$\exp\left(-\frac{(x-y)^2}{4t}\right)$$

という部分があるので、位置 x から遠い位置 y の温度ほど影響が弱いこと
がわかる。さらに $t \to \infty$ で、$w(x, y, t) \to 0$ もわかる。初期の温度分布

$u(x, 0)$ がどんな形でも、未来の果てでは平均化され、均一な温度分布を作り出せる様子がうかがえる。

初期の温度分布を $u(x, 0) = \delta(x)$ のようにディラックのデルタ関数を使って表すなら、熱源が一点の状態を表現できる。このときの $u(x, t)$ は、具体的に計算できる。

$$
\begin{aligned}
u(x, t) &= \int_{-\infty}^{\infty} u(y, 0)\, w(x, y, t)\, dy \\
&= \int_{-\infty}^{\infty} \delta(y)\, w(x, y, t)\, dy \\
&= \frac{1}{2\sqrt{\pi t}} \int_{-\infty}^{\infty} \delta(y) \exp\left(-\frac{(x-y)^2}{4t}\right) dy \\
&= \frac{1}{2\sqrt{\pi t}} \exp\left(-\frac{x^2}{4t}\right)
\end{aligned}
$$

この $u(x, t)$ で t の値を変化させれば、温度分布の変化を描くことができる。

いまさらっと使ってしまったが、ディラックのデルタ関数 $\delta(y)$ は通常の意味の関数ではなく、関数 $f(y)$ との積を取って $-\infty$ から ∞ まで y で積分したときに $f(0)$ の値を取り出せるものとして定義される超関数だ。

$$
\int_{-\infty}^{\infty} \underline{\delta(y)\, \underline{f(y)}}\, dy = \underline{f(0)} \qquad \text{ディラックのデルタ関数}
$$

10.6.7　リッチフロー方程式に戻って

「ハミルトンのリッチフロー方程式の非常に単純化された類似物としてフーリエの熱方程式を眺めてきた」とミルカさん。「私たちは、初期の温度分布関数 $u(x, 0)$ から始めて、時刻 t を制御することで連続関数の連続的変形を考えた。それは熱方程式を利用して、ゆがんでいる分布を均一にしたともいえる。ポアンカレ予想でハミルトンが考えたリッチフロー方程式も原理的には同じことを行う。どのような初期の温度分布からでも均一な温度になることは、3 次元閉多様体にどんなリーマン計量を与えてもリッチ曲率が均一になっていくことの類似になる」

ミルカさんは話のスピードを落とす。

「針金の場合には、温度が均一になってくれる。でも、3 次元閉多様体の場合にはリッチ曲率がいつも均一になってくれるとは限らない。そのままでは扱えない特異点が現れるからだ。ハミルトンは手術によって特異点の対処をした。リッチフロー方程式の類似物として、私たちはフーリエの熱方程式を見てきたが、違いは大きい。針金は 1 次元だし、扱っているのは温度という実数。リーマン計量も曲率テンソルもリッチ曲率も特異点も登場しない。残念ながら、そこまで踏み込んだ数学を追うことはいまの私たちにはできない。限られた類似物でがまんするしかない——いまのところは」

「そうですね。いまのところは……」とテトラちゃんも頷く。「でもいつか、アリアドネの糸をたぐっていきましょう！　いつか、いっしょに行きましょうね。無限の未来へ向けて！　インフィニティ！」

「恐れ入りますが、もう閉店です」

カフェの従業員の声に、僕たちは我に返る。

店内に残っているのは僕たち五人だけだった。

テーブルの上には、数式が書かれたたくさんの紙が散らばっている。

なんだか、デジャ・ヴだな。

「そろそろ、帰ろうか」と僕は言った。

10.7 僕たち

10.7.1 過去から未来へ

　カフェから出た僕たちは、大学構内を抜けて歩く。もう少しで夕暮れになる時刻……僕たちは何となく急ぎたくない気分で、ゆっくりと歩いていく。

　前を歩いていたミルカさんが僕の方を振り向いた。

　「そういえば、合格判定はどうなった？」

　「A 判定だったよ。ぎりぎりだけどね。というか、A 判定が出たから今日来たんだよ。ねえ、ミルカさん、いまごろその話を蒸し返すの？」

　「おっと、まあよかったな」

　長い黒髪の饒舌才媛は、そう言うと肩をすくめて小さく舌を出した。

　「あああああああっ！　もうすぐ、受験だなあ！」

　現実に引き戻された僕は衝動的に大声を上げてしまった。

　「もうすぐ……期末試験ですっ！」とテトラちゃんが言った。

　「ユーリも、　もうすぐ受験！」テトラちゃんの腕にユーリが抱きつく。

　テトラちゃんは、ユーリに顔を近付けて言った。「そういえば、うちの高校に来るの楽しみなんですよね。彼氏が……」

　「しーっ！　言っちゃだめっ！」

　なんだなんだ？　何の話だ？

　「もうすぐ、また US に行く」とミルカさんが空を見上げて言った。

　「次にミルカさまに会えるのは、いつ？」とユーリが言う。

　「さあ、いつかな」

　ミルカさんは、なぜか僕の方を見て微笑んだ。

10.7.2 冬来たりなば

　「あー寒っ！　ロシアの冬も寒かったのかにゃあ」とユーリが言う。

　「春の風、夏の風、秋の風。冬の風は冷たいだけだね」と僕が言う。

「それは違いますよ、先輩。冬の風の冷たさは、春の風を待つ喜びへつながります。寒いときほど、春を思う心が強くなるんですっ！」

「おお、前向きだ。さすがテトラちゃん」と僕は言う。「そういえば、あの同人誌——《オイレリアンズ》は順調？」

「『冬来たりなば、春遠からじ』」とテトラちゃんが言う。「リサちゃんとも、ずいぶん仲良くなったんです……よね？」

「《ちゃん》は不要」と並んで歩いていたリサが言う。

「今日のポアンカレ予想のこと、たくさんの数学者が関わったトポロジーのこと、これもしっかりまとめて《オイレリアンズ》に書きます！」

「無理」とリサが即座に言う。「分量超過」

「またまたそういうことを……」

「一人では無理。一回では無理」とリサが言う。「テトラ氏一人では無理。一人では無理だから人を集める。一回では書けないから複数回に分ける。ぜんぶを一人でやる必要はない。ぜんぶを一度にやる必要もない。分割統治」

リサは一息でそこまで言って、しばらく咳き込んだ。

「だ、大丈夫ですか……」とテトラちゃんがリサの背中をさする。「確かにそうですね。これもささやかながらバトンリレーなんですね……」

「《オイレリアンズ》は一冊で終わらせない」とリサが言う。

10.7.3　春遠からじ

「ねーねー、もう帰っちゃうの？　何だか、つまんないにゃぁ……こっからクリスマスパーティになだれ込む案はないの？」

「いや、少なくとも僕はもう帰るよ」

「ぶーぶー」とユーリが言う。

「もう一度、頬をつねろうか」とミルカさん。

「あそこ！」とテトラちゃんが指さす。「あの樹のところで、記念写真撮りましょうよ。暗くなる前に！」

大学の校門近くに、見上げるほど背の高い常緑樹が立っている。何の樹かはわからない。樹齢何年くらいだろう。僕たちはその前に並んだ。

リサがカメラをセットアップし、オートシャッターのスイッチを入れる。
そして——僕たちの現在が、カメラに収まる。
記念撮影、終了。

冬来たりなば、春遠からじ。

僕は、大学という場で力いっぱい学びたい。
新たな仲間との出会いはあるんだろうか。
誰かからバトンを受け取り、誰かへバトンを渡すこともあるんだろうか。

大学入試はすぐそこだ。

　予言なんて、僕にはできない。
　未来なんて、僕には見えない。

合格できるかどうかはわからない。
ただ、ひたすら真剣に、未来へ向かって歩んでいくしかない。

僕は、僕たちは——それぞれの未来へ向かう。

冬来たりなば、春遠からじ！

The trumpet of a prophecy! O Wind,
If Winter comes, can Spring be far behind?
——Percy Bysshe Shelley, "Ode to the West Wind"

エピローグ

「これ、先生じゃありませんか？」

職員室にやってきた少女は一枚の写真を手にしている。

「懐かしいな。どこにあった？」

「やっぱり先生だったんだ。古い部誌に挟まってましたよ。同好会室を掃除してたら出てきたの。先生すごく若い」

「これは高三、受験直前の頃だね」

「先生も受験生だったなんて、想像できませんね。先生はずっとここで先生してたと思ってた」

「そんなわけないさ」

「受験直前に女の子に囲まれて写真撮影なんて、もてもてっすね」

少女はそう言って、くふふふっと笑う。

「これでも、いろいろ悩んでたんだけどな」

「先生でも悩むんだ」

「そりゃ悩むさ。ぐるぐる悩んでいたよ」

「私もだわ……」

「成績優秀な数学同好会リーダーでも悩むんだ」

「教師はそういうこと言わない。受験・憂鬱・もう泣きたい」

「春は、もう少しじゃないか」

「今朝なんて、雪降りましたよ。春は遠いっす」

「"雪の降りけるを、よみける"――

　　冬ながら空より花の散りくるは雲のあなたは春にやあるらん

――清原深養父、古今和歌集だよ。こんな意味になる」

いまは冬なのに空から花が散ってくるのは、
　　雲の向こうはもう春なのだろうか。

　「花が散ってくる……これは雪が降っているということ？」
　「そうそう。冬の雪を春の桜に見立てているんだね。雪は花の類似物。冬に春を思う気持ちは、平安時代も現代も変わることがない——不変だね。寒いときほど、春を思う心は強くなる。春を思う心が温度差に比例するなら、微分方程式ができそうだなあ」
　「何言ってるんすか……私にもサクラサクの春は来るのかなあ」
　「たっぷり準備してきたんだ。あとは思い切って実力を発揮するだけじゃないか。これまでの模試と同じように」
　「過去問は解いてるんですけど、何だか不安で」
　「問題は解いたら終わりじゃないよ。解説を読んで自分の解き方が良かったかどうか自分にフィードバックしなくちゃ」
　「大丈夫です。そのくらいはやってます」
　「最先端の数学でも同じなんだよ。問題は解いたら終わりじゃない。どんなふうにして解いたか、そして、この問題の先にはどんな新しい問題があるのかを世界にフィードバックしなくちゃ」
　「世界にフィードバック？」
　「新しい問題を作り出すのは、問題を解いた人の責任。なぜなら、その問題について最も深く知っているのは問題を解いた本人だからね。最前線にいる人こそ、その先に見えている風景を語るのに最も適しているんだ。だから、責任が生まれる」
　「へえ……」
　「ところで、あそこにいるのは、リーダーが戻るのを待ってる数学同好会の面々じゃないかな？」
　職員室の入口には、中をちらちらうかがっている男女がいる。
　「ありゃ、ほんとだ。行かなくちゃ。先生、またね！」
　「うん、またね」

　少女は手を振って職員室から出て行き、数学同好会のみんなと合流する。そして、楽しげにおしゃべりしながら帰っていく。

彼女たちも、もうすぐ受験だ。

僕は、窓越しに冬空を見上げる。

確かに、寒いときほど、春を思う心が強くなる。

春は、もうすぐだ。

冬来たりなば、春遠からじ！

On seeing fallen snow.
still winter lingers
but from the heavens fall these
blossoms of purest
white it seems that spring must wait
on the far side of those clouds
——Kiyohara no Fukayabu[8]

---

[8] "Kokinshu: A Collection of Poems Ancient and Modern", Translated by Laurel Rasplica Rodd and Mary Catherine Henkenius, Cheng & Tsui Co, 1996.（古今和歌集 330）

あとがき

結城浩です。『数学ガール／ポアンカレ予想』をお届けします。

本書は、

- 『数学ガール』（2007 年）
- 『数学ガール／フェルマーの最終定理』（2008 年）
- 『数学ガール／ゲーデルの不完全性定理』（2009 年）
- 『数学ガール／乱択アルゴリズム』（2011 年）
- 『数学ガール／ガロア理論』（2012 年）

の続編で、「数学ガール」シリーズの六作目にあたります。主な登場人物は、「僕」、ミルカさん、テトラちゃん、ユーリ、そしてリサ。彼ら五人を中心に、数学と青春の物語が展開していきます。

五作目の『数学ガール／ガロア理論』が刊行されてから本書が完成するまで、六年も経ってしまいました。ポアンカレ予想の内容を私なりに理解するまで時間が掛かったことが最も大きな理由でしょう。

本書で扱っている主な数学的内容は、トポロジー（位相幾何学）、基本群、非ユークリッド幾何学、微分方程式、多様体、フーリエ展開、そしてポアンカレ予想です。これらについてさらに詳しく学びたい方は、「参考文献と読書案内」で紹介している書籍をご覧ください。

「数学ガール」シリーズと並行して、やさしい数学的内容を扱った「数学ガールの秘密ノート」シリーズも出版されています。

なお、「数学ガール」シリーズや『数学文章作法』などの著作活動に対して、日本数学会より 2014 年度出版賞を贈呈いただきました。感謝します。

本書は、これまでの「数学ガール」シリーズ同様、$\text{\LaTeX}\,2_\varepsilon$ と Euler フォント

(AMS Euler) を使って組版しました。組版では、奥村晴彦先生の『LaTeX 2_ε 美文書作成入門』に助けられました。感謝します。図版は、OmniGraffle, TikZ, TeX2img を使って作成しました。感謝します。

執筆途中の原稿を読み、貴重なコメントを送ってくださった、以下の方々と匿名の方々に感謝します。当然ながら、本書中に残っている誤りはすべて筆者によるものであり、以下の方々に責任はありません。

赤澤涼さん、井川悠祐さん、石井遥さん、石宇哲也さん、稲葉一浩さん、上原隆平さん、植松弥公さん、内田大暉さん、内田陽一さん、大西健登さん、鏡弘道さん、北川巧さん、菊池なつみさん、木村巖さん、桐島功希さん、工藤淳さん（@math_neko）、毛塚和宏さん、藤田博司さん、梵天ゆとりさん（メダカカレッジ）、前原正英さん、増田菜美さん、松浦篤史さん、松森至宏さん、三宅喜義さん、村井建さん、山田泰樹さん、米内貴志さん。

このシリーズを応援してくださっている読者のみなさんに感謝します。
執筆中の筆者を辛抱強く支えてくれた野沢喜美男編集長に感謝します。
最愛の妻と二人の息子に感謝します。
昨年天に召された義母に、本書を捧げます。
最後まで本書を読んでくださり、ありがとうございました。
またいつか、どこかでお会いしましょうね。

結城 浩
2018 年、降りしきる雪に時の流れを感じながら
http://www.hyuki.com/girl/

参考文献と読書案内

十三世紀の学者イブン・ジャマアは、
学生たちにできれば自分で本を買うように勧めたが、
本当に大切なのは「心のなかに持ち運ぶこと」であり、
ただ棚に置いておくだけではいけないといった。
——アルベルト・マングェル『図書館 愛書家の楽園』（野中邦子訳）

参考文献で学ぶ方へのアドバイス

『数学ガール／ポアンカレ予想』には基本群（1次ホモトピー群）が出てきました。トポロジーの本を読んでいると、「ホモトピー群」とよく似た名前の「ホモロジー群」という群が出てきますが、この二つは別のものです。

筆者がトポロジーの本を初めて読んだとき、ホモトピー群とホモロジー群を混同してしまい、「どうしてあの本とこの本でまったく違う話が書かれているのだろう」と困惑したのを覚えています。

参考文献でトポロジーを初めて学ぶ読者さんは、以上の点を心に留めておいてください。

388 参考文献と読書案内

読み物

[1] 根上生也, 『トポロジカル宇宙［完全版］——ポアンカレ予想解決への
道』, 日本評論社, ISBN978-4-535-78494-9, 2007 年.
　　　　トポロジーのやさしい読み物です。特に、多様体を理解するための
宇宙儀の考え方や、3 次元球面にナイフを入れて展開する様子など
がイメージしやすく書かれています。〔第 5 章で参考にしました〕

[2] 瀬山士郎, 『はじめてのトポロジー』, PHP 研究所, ISBN978-4-569-
77484-8, 2009 年.
　　　　トポロジーを概観できる楽しい読み物です。〔第 2 章で参考にしま
した〕

[3] ジョージ G. スピーロ, 永瀬輝男＋志摩亜希子（監修）, 鍛原多惠子＋坂
井星之＋塩原通緒＋松井信彦（訳）, 『ポアンカレ予想』, ハヤカワ文庫,
ISBN978-4-15-050373-4, 2011 年.
　　　　ポアンカレ予想に牽引された現代幾何学の発展と、ポアンカレ予想
に対する多数の数学者による挑戦が描かれている読み物です。

[4] ドナル・オシア, 糸川洋（訳）, 『ポアンカレ予想を解いた数学者』, 日
経 BP 社, ISBN978-4-8222-8322-3, 2007 年.
　　　　幾何学の発展、宇宙の形に対する認識の変化、そして数学を取り巻
く社会情勢の変化を踏まえ、数学者の群像と数学的内容をまとめた
読み物です。

[5] 春日真人, 『100 年の難問はなぜ解けたのか―天才数学者の光と影』, 新
潮文庫, ISBN978-4-10-135166-7, 2011 年.
　　　　同名の NHK スペシャル番組をもとにした、ポアンカレ予想を巡る
多くの数学者についての読み物です。

[6] マーシャ・ガッセン, 青木薫（訳）, 『完全なる証明』, 文藝春秋, ISBN978-
4-16-371950-4, 2009 年.
　　　　ペレルマンの生涯について、数学オリンピックのエピソードや社会
的状況も交えて詳しく書かれている読み物です。

[7] 阿原一志, 『パリコレで数学を』, 日本評論社, ISBN978-4-535-78814-5,

2017 年.

サーストン自身が描いた「八つの宇宙の絵」を巡る対話形式の読み物です。トポロジカルな図形をモチーフにした ISSEY MIYAKE の 2010 年秋冬コレクション「ポアンカレ・オデッセイ」の写真も多数掲載されています。

[8] 根上生也（編著）, 数学セミナー増刊『楽しもう！数学』, 日本評論社, 2011 年.

トポロジーとポアンカレ予想を含む、数学の楽しい話題が書かれた読み物です。

[9] 数学セミナー増刊『ミレニアム賞問題』, 日本評論社, 2010 年.

ミレニアム賞問題にまつわる記事を集めた読み物です。

ケーニヒスベルクの橋

[10] Leonhard Euler, "Solutio problematis ad geometriam situs pertinentis", *Commentarii academiae scientiarum Petropolitanae 8*, pp.128–140, 1736 年.

オイラーが書いた「ケーニヒスベルクの橋」についての原論文です（ラテン語）。〔第 1 章のエピグラフは、以下の英語訳から筆者が翻訳しました〕

- James R. Newman（編）, "The World of Mathematics", Volume 1, pp. 573–580, George Allen & Unwin, 1956 年.
- N. L. Biggs, E. K. Lloyd and R. J. Wilson, "Graph Theory 1736-1936", pp. 1–11 Clarendon Press, Oxford, 1976 年.

[11] Brian Hopkins, Robin Wilson, "The Truth about Königsberg", *The College Mathematics Journal*, Vol. 35, pp. 198–207, 2004 年.

オイラーの原論文を読み解いて、「ケーニヒスベルクの橋」の問題について、実際にオイラーが行ったことと行わなかったことを整理した論文です。

位相幾何学

[12] 松坂和夫,『集合・位相入門』, 岩波書店, ISBN978-4-00-005424-9, 1968 年.
集合と位相に関する教科書です。

[13] 志賀浩二,『位相への 30 講』, 朝倉書店, ISBN978-4-254-11479-9, 1988 年.
距離空間、位相空間、コンパクト空間、完備距離空間などについて、ステップ・バイ・ステップで学ぶ読みやすい数学書です。

[14] 小竹義朗＋瀬山士郎＋玉野研一＋根上生也＋深石博夫＋村上斉,『トポロジー万華鏡 I』, 朝倉書店, ISBN978-4-254-11063-0, 1996 年.
距離空間、ホモロジー理論、結び目理論、位相空間、ホモトピー理論、位相幾何学的グラフ理論という六個の視点からトポロジーという分野を描き出している読み物です。〔第 2 章で参考にしました〕

[15] 瀬山士郎,『トポロジー：柔らかい幾何学［増補版］』, 日本評論社, ISBN978-4-535-78405-5, 2003 年.
ケーニヒスベルクの橋、閉曲面の分類、ホモロジー理論とホモロジー群などについて書かれている柔らかめの数学書です。〔第 1 章の一筆書きの証明で参考にしました〕

[16] 一樂重雄,『位相幾何学 新数学講座 8』, 朝倉書店, ISBN978-4-254-11438-6, 1993 年.
位相空間、基本群、被覆空間、ジョルダンの閉曲線定理、閉曲面の分類、ホモロジー群などを扱った位相幾何学の教科書です。

[17] 田村一郎,『トポロジー』, 岩波書店, ISBN978-4-00-021413-1, 1972 年.
位相的図形、ホモロジー群、基本群などが書かれた位相幾何学の数学書です。レンズ空間、正十二面体空間についても書かれています。

[18] 小島定吉,『トポロジー入門』, 共立出版, ISBN978-4-320-01559-3, 1998 年.
ホモトピー、リーマン面、基本群、被覆空間、コホモロジー、ホモロジーについて書かれている教科書です。

[19] 阿原一志,『計算で身につくトポロジー』, 共立出版, ISBN978-4-320-

11039-7, 2013 年.

ホモロジー群と曲面の分類定理を扱う教科書です。〔第 2 章、展開図と連結和で参考にしました〕

[20] 大田春外,『楽しもう射影平面』, 日本評論社, ISBN978-4-535-78745-2, 2016 年.

「閉曲面の分類定理」と「デザルクの定理」を使って射影平面について解説している数学書です。〔第 2 章で参考にしました〕

曲面論と多様体

[21] H.S.M. コクセター, 銀林浩（訳）,『幾何学入門（下）』, 筑摩書房, ISBN978-4-480-09242-7, 2009 年.

射影幾何学、双曲幾何学、曲線および曲面の微分幾何学、ガウス・ボンネの定理、曲率などを扱っている数学書です。〔第 8 章で参考にしました〕

[22] 梅原雅顕＋山田光太郎,『曲線と曲面（改訂版)』, 裳華房, ISBN978-4-7853-1563-4, 2015 年.

曲線、曲面、多様体論的立場からの曲面論が書かれた教科書です。〔第 8 章の球面幾何学における三角形の面積を求める問題で参考にしました〕

[23] 『数理科学 特集・ガウス』, 2017 年 12 月号, サイエンス社, 2017 年.

非常に幅広い分野で活躍したガウスの特集号です。〔第 8 章で参考にしました〕

[24] 寺阪英孝＋静間良次,『19 世紀の数学 幾何学 II（数学の歴史 8-b)』, 共立出版, ISBN978-4-320-01279-0, 1982 年.

ガウスの『曲面論』が翻訳されています。〔第 8 章で参考にしました〕

[25] ベルンハルト・リーマン, 菅原正巳（訳）,『幾何学の基礎をなす仮説について』, 筑摩書房, ISBN978-4-480-09583-1, 2013 年.

392 参考文献と読書案内

1854 年にリーマンが行った就任講演です。

非ユークリッド幾何学

[26] 中村幸四郎＋寺阪英孝＋伊東俊太郎＋池田美恵（訳・解説），『ユークリッド原論［追補版］』，共立出版, ISBN978-4-320-01965-2, 2011 年.
　　　ユークリッドが編纂した『原論』の翻訳です。〔第 4 章で参考にしました〕

[27] 小林昭七，『ユークリッド幾何から現代幾何へ』，日本評論社, ISBN978-4-535-78176-4, 1990 年.
　　　ユークリッド幾何学、非ユークリッド幾何学（双曲幾何学のモデルとして上半平面モデルとクラインのモデル）、リーマン幾何学の観点からみた双曲幾何学などについて書かれた数学書です。

[28] 阿原一志,『作図で身につく双曲幾何学』，共立出版, ISBN978-4-320-11116-5, 2016 年.
　　　作図ソフト GeoGebra を用いて具体的な図を描きながら双曲幾何学を学ぶ数学書です。

[29] 深谷賢治, 『双曲幾何』，岩波書店, ISBN978-4-00-006882-6, 2004 年.
　　　非ユークリッド幾何学の一つである双曲幾何学について書かれた数学書です。

[30] 土橋宏康,『双曲平面上の幾何学』，内田老鶴圃, ISBN978-4-7536-0200-1, 2017 年.
　　　デザルグの定理やパスカルの定理が双曲平面上で成り立つかどうかを調べていく数学書です。ポアンカレの円板モデル上にたくさんの図形を描いています。

[31] H.S.M. コクセター, 銀林浩（訳），『幾何学入門（上）』，筑摩書房, ISBN978-4-480-09242-7, 2009 年.
　　　変換群を使って幾何学を描いている教科書です。I 部では、ユークリッド平面とユークリッド空間での等長変換と相似変換について書

かれており、その中でエッシャーの絵を群を使って考察しています。

[32] http://web1.kcn.jp/hp28ah77/japanese.htm, 伊藤忠夫, 双曲的非ユークリッドの世界と 8 字ノット.

たくさんの図とコンピュータグラフィクスを使って非ユークリッド幾何学を解説しているページです。

フーリエ展開・熱方程式・微分方程式

[33] 志賀浩二,『数学が育っていく物語 第 3 週 積分の世界（一様収束とフーリエ級数)』, 岩波書店, ISBN978-4-00-007913-6, 1994 年.

フーリエ解析をやさしく解説した数学書です。〔第 9 章で参考にしました〕

[34] 小暮陽三,『なっとくするフーリエ変換』, 講談社, ISBN978-4-06-154520-5, 1999 年.

フーリエ級数、フーリエ変換、フーリエ解析を具体的な計算を通して学ぶ参考書です。〔第 9 章と第 10 章で参考にしました〕

[35] ティモシー・ガワーズ＋ジューン・バロウ＝グリーン＋イムレ・リーダー（編）, 砂田利一＋石井仁司＋平田典子＋二木昭人＋森真（監訳）,『プリンストン数学大全』, 朝倉書店, ISBN978-4-254-11143-9, 2015 年.

数学をさまざまな角度からとらえてまとめた数学の総合事典です。〔第 10 章、リッチフロー方程式の類似物で参考にしました〕

[36] 前野昌弘,『ヴィジュアルガイド 物理数学 1 変数の微積分と常微分方程式』, 東京図書, ISBN978-4-489-02240-1, 2016 年.

微積分と常微分方程式について、多数の図版でわかりやすく解説した参考書です。

[37] 前野昌弘,『ヴィジュアルガイド 物理数学 多変数関数と偏微分』, 東京図書, ISBN978-4-489-02272-2, 2017 年.

多変数関数と偏微分について、多数の図版でわかりやすく解説した参考書です。

394 参考文献と読書案内

[38] http://www.gakushuin.ac.jp/~881791/mathbook/, 田崎晴明, 数学：物理を学び楽しむために.

　　　物理学と関連分野を学ぶ人向けに書かれた数学の教科書です。草稿がPDFで公開されています。〔主に微分方程式について参考にしました〕

ポアンカレ予想

[39] ポアンカレ, 齋藤利弥 (訳), 足立恒雄＋杉浦光夫＋長岡亮介 (編), 『ポアンカレ トポロジー』, 朝倉書店 (数学史叢書), ISBN978-4-254-11458-4, 1996年.

　　　ポアンカレ予想が書かれた論文4編の翻訳です。巻末付録として、松本幸夫によるトポロジーの基本予想・三角形分割問題・ポアンカレ予想についての解説があります。

[40] 数学セミナー増刊『解決！ポアンカレ予想』, 日本評論社, 2007年.

　　　雑誌『数学セミナー』のポアンカレ予想に関連した記事を集めたものです。ポアンカレ予想、サーストン幾何化予想、ハミルトンのリッチフロー方程式、ペレルマンが証明に用いた手法などについて多数の著者が書いています。

[41] マイケル・モナスティルスキー, 眞野元 (訳), 『フィールズ賞で見る現代数学』, 筑摩書房, ISBN978-4-480-09543-5, 2013年.

　　　フィールズ賞を軸にして、現代数学を解説した読み物です。ペレルマンの業績が簡潔にまとめられています。

[42] Stephen Smale, "Generalized Poincare's Conjecture in Dimensions Greater Than Four", The Annals of Mathematics, 2nd Ser., Vol. 74, No. 2. (1961), pp. 391–406.

　　　高次元ポアンカレ予想を証明したスメールの論文です。

[43] Michael Hartley Freedman, "The topology of four-dimensional manifolds", Journal of Differential Geometry, Vol. 17 (1982), No. 3,

pp. 357–453.

4次元ポアンカレ予想を証明したフリードマンの論文です。

[44] 小林亮一, 『リッチフローと幾何化予想』, 培風館, ISBN978-4-563-00665-5, 2011 年.

サーストン幾何化予想が、ハミルトンとペレルマンによってどのように解決されたかを詳細に解説した専門書です。

[45] https://www.mathunion.org/fileadmin/IMU/Prizes/Fields/2006/PerelmanENG.pdf

ペレルマンのフィールズ賞授賞理由を説明したプレスリリースです。

[46] http://claymath.org/sites/default/files/millenniumprizefull.pdf

ミレニアム問題を提示したクレイ研究所が出したプレスリリースで、ペレルマンのポアンカレ予想解決に関するものです。

[47] https://www.math.nagoya-u.ac.jp/ja/public/2012/download/homecoming2012_kobayashi.pdf, 小林亮一, ポアンカレ予想はいかにして解決されたか.

ガウスの内在的曲面論、リーマン幾何、クラインの幾何などから始まって、ポアンカレ予想とその解決について解説したスライドです。

ペレルマンの論文

[48] https://arxiv.org/abs/math/0211159, Grisha Perelman, The entropy formula for the Ricci flow and its geometric applications.

[49] https://arxiv.org/abs/math/0303109, Grisha Perelman, Ricci flow with surgery on three-manifolds.

[50] https://arxiv.org/abs/math/0307245, Grisha Perelman, Finite extinction time for the solutions to the Ricci flow on certain three-manifolds.

396　参考文献と読書案内

既刊の「数学ガール」シリーズ

[51] 結城浩,『数学ガール』, SB クリエイティブ, ISBN978-4-7973-4137-9,
2007 年.
　　「数学ガール」シリーズ一作目。「僕」、ミルカさん、それにテトラ
ちゃんの三人の出会いと活躍を描いた読み物です。扱っている話題
は、素数、絶対値、フィボナッチ数列、相加相乗平均の関係、コン
ボリューション（たたみ込み）、調和数、ゼータ関数、テイラー展
開、母関数、二項定理、カタラン数、分割数などです。

[52] 結城浩,『数学ガール／フェルマーの最終定理』, SB クリエイティブ,
ISBN978-4-7973-4526-1, 2008 年.
　　「数学ガール」シリーズ二作目。登場人物に中学生のユーリが加わ
り、整数の《ほんとうの姿》を探し求める読み物です。扱っている
話題は、互いに素、ピタゴラスの定理、ピタゴラス数、素因数分解、
最大公約数、最小公倍数、背理法、鳩の巣論法、群の定義、アーベ
ル群、整数の剰余、合同、オイラーの公式、フェルマーの最終定理
などです。

[53] 結城浩,『数学ガール／ゲーデルの不完全性定理』, SB クリエイティブ,
ISBN978-4-7973-5296-2, 2009 年.
　　「数学ガール」シリーズ三作目。いつもの登場人物が、形式的体系
を駆使して《数学を数学する》物語です。扱っている話題は、ペア
ノの公理、数学的帰納法、集合の基礎、ラッセルのパラドックス、
写像、極限、$0.999\cdots = 1$、数理論理学の基礎、ε-δ 論法、対角線
論法、同値関係、ラジアン、sin と cos、ヒルベルト計画、ゲーデル
の不完全性定理の証明などです。

[54] 結城浩,『数学ガール／乱択アルゴリズム』, SB クリエイティブ,
ISBN978-4-7973-6100-1, 2011 年.
　　「数学ガール」シリーズ四作目。登場人物にコンピュータ少女のリ
サが加わり、ランダムな選択を行う《乱択アルゴリズム》の可能性
を、確率論を使って探る物語です。扱っている話題は、モンティ・

ホールの問題、順列と組み合わせ、パスカルの三角形、確率の定義、標本空間、確率分布、確率変数、期待値、インディケータ確率変数、アルゴリズムの定量的解析、オーダー、O 記法、行列、線型変換、行列の対角化、ランダムウォーク、3-SAT 問題、P $\neq$ NP 予想、リニアサーチ、バイナリサーチ、バブルソート、クイックソート、乱択クイックソートなどです。

[55] 結城浩,『数学ガール／ガロア理論』, SB クリエイティブ, ISBN978-4-7973-6754-6, 2012 年.

「数学ガール」シリーズ五作目。いつもの登場人物が、夭逝した青年ガロアに端を発する群論と現代代数学の基本を学んでいく物語です。扱っている話題は、あみだくじ、方程式の解の公式、解と係数の関係、角の三等分問題、対称式、定規とコンパスによる作図問題、線型空間、ラグランジュ・リゾルベント、ケイリーグラフ、群と体、アーベル群、巡回群、対称群、可解群、正規部分群、ラグランジュの定理、最小多項式、既約多項式、拡大体、ガロア対応などです。

[56] http://www.hyuki.com/girl/, 結城浩,『数学ガール』.

数学と少女が出てくる読み物を集めたページです。『数学ガール』の最新情報はここにあります。

彼女がさまざまなことに詳しいのは、
学んでいるからだ。
当たり前じゃないか。
——『数学ガール／ポアンカレ予想』

索引

記号・数字

δ 近傍　98

ε-δ 論法　91

$\pi_1(X, p)$　219

1 次ホモトピー群　224

3 次元球面　184

欧文

Euler フォント　385

ア

《当たり前のことから始めるのは良いこと》
　　275

位数　203

緯線　126

位相　105

位相幾何学　17

位相空間　105

位相構造　105

位相不変量　119, 227, 341

一般解　236

インフィニティ・サイン　276

運動方程式　248

エィエィ　231

エッシャー　154

オイラー　1, 16, 35, 119, 191, 332, 338,
　　347, 386

オイレリアンズ　121, 191

カ

開近傍　108

開近傍全体の集合　109

開区間　97

外在的　287

開集合　99, 105

開集合の公理　106

開集合の性質　101

回転行列　200, 297

ガウス　287, 347

ガウス曲率　284

ガウス積分　321

ガウス・ボンネの定理　288

角速度　253

確率密度関数　311

可算集合　107

加法定理　298

ガロア　347

幾何学　17

奇点　18

基点　209

基本群　208

逆　19, 227, 341

球面　47

球面三角形　266

球面三角形の面積　268

驚異の定理　288
境界　47, 97, 184, 344
曲率テンソル　288, 356
空集合　45, 101, 102, 106
クライン　143, 347
クラインの壺　50
グラフ　6
群　200, 201
群の公理　200
経線　126
計量　151
ケーニヒスベルクの橋渡り　2
ケーベ　347
原論　134
公準　134
構成的証明　22
合同　83, 132, 344
合同変換群　344
公理　135
弧状連結　219

サ

サイコロ体　168
サイコロ面　168
サーストン　347
サーストン幾何化予想　343
サッケリ　138, 347
次数　16
実装　116
始点　8
射影平面　62
写像　86
終点　8
手術　356
手術付きリッチフロー　356
種数　68
《条件をすべて使ったか》　81

上半平面モデル　155
シリンダー　39, 53
スメール　347
正規分布　311
正方形　165
積和公式　299, 302
線素　147
素因数分解　75, 344
双曲幾何学　139
相似　84, 132
測地線　129

タ

大円　128
台集合　105
ダランベール　347
単位群　223
力　248
ティエン　347
定義　134
ティボー　347
ディラックのデルタ関数　375
テイラー展開　323
テトラちゃん　37
等質性　288
同相　88
同相写像　88, 118
等方性　288
特異点　356
特殊解　236
トポロジー　17
トーラス　48, 57

ナ

内在的　287
二面体群　205
ニュートン　248

ニュートンの冷却法則　254, 364

ハ

倍角公式　298

博物学的研究　45, 338

ハミルトン　347, 353

ハミルトンプログラム　356

半角公式　299

半減期　261

判定　34, 226, 342

非可算集合　107

ピタゴラスの定理　146

一筆書き　2

微分同相　119

微分方程式　233

微分方程式を解く　235

非ユークリッド幾何学　134

フィボナッチ・サイン　193

フィールズ賞　348

フックの法則　249

《不変なものには名前を付ける価値がある》
　　　119, 338

フーリエ　347

フーリエ係数　325, 370

フーリエ積分表示　370

フーリエ展開　324, 347, 370

フーリエの熱方程式　364

フリードマン　347

分類　45, 202, 205, 339, 342

平行線公理　136

ベルトラミ　143, 347

ペレルマン　347

偏微分方程式　365

ポアンカレ　17, 143, 347

ポアンカレ円板モデル　147

ポアンカレ予想　184, 224, 340

放射性物質　260

方程式を解く　235

ホモトピー　215

ホモトピー群　218

ホモトピック　212

ホモトピー類　215

ボヤイ　139

マ

マクローリン展開　323

ミルカさん　42

向き付け不可能性　46

メビウス　347

メビウスの帯　38, 54

モーガン　347

《文字の導入による一般化》　85

ヤ

ユークリッド　134, 347

ユーリ　1

予言的発見　138, 150, 286, 330

ラ

ライプニッツ　1, 17

ラプラス積分　316, 372

ランベルト　138, 286, 347

理解の最前線　246

リサ　145

リスティング　347

リッチ曲率　356

リッチフロー　355

リッチフロー方程式　353

立方体　164

リーマン　347, 354

リーマン幾何学　157

リーマン計量　158, 354

リーマン多様体　158

類別　45, 202, 284

ルジャンドル　347
ループ　209
ループとしてホモトピック　215
ルーン　280

《例示は理解の試金石》　18
連結和　65, 344
連続　89, 91, 110–112
ロバチェフスキー　139, 347

●結城浩の著作

『C 言語プログラミングのエッセンス』，ソフトバンク，1993（新版：1996）

『C 言語プログラミングレッスン　入門編』，ソフトバンク，1994（改訂第 2 版：1998）

『C 言語プログラミングレッスン　文法編』，ソフトバンク，1995

『Perl で作る CGI 入門　基礎編』，ソフトバンクパブリッシング，1998

『Perl で作る CGI 入門　応用編』，ソフトバンクパブリッシング，1998

『Java 言語プログラミングレッスン（上）（下）』，ソフトバンクパブリッシング，1999
　　（改訂版：2003）

『Perl 言語プログラミングレッスン　入門編』，ソフトバンクパブリッシング，2001

『Java 言語で学ぶデザインパターン入門』，ソフトバンクパブリッシング，2001
　　（増補改訂版：2004）

『Java 言語で学ぶデザインパターン入門　マルチスレッド編』，
　　ソフトバンクパブリッシング，2002

『結城浩の Perl クイズ』，ソフトバンクパブリッシング，2002

『暗号技術入門』，ソフトバンクパブリッシング，2003

『結城浩の Wiki 入門』，インプレス，2004

『プログラマの数学』，ソフトバンクパブリッシング，2005

『改訂第 2 版 Java 言語プログラミングレッスン（上）（下）』，
　　ソフトバンククリエイティブ，2005

『増補改訂版 Java 言語で学ぶデザインパターン入門　マルチスレッド編』，
　　ソフトバンククリエイティブ，2006

『新版 C 言語プログラミングレッスン　入門編』，ソフトバンククリエイティブ，2006

『新版 C 言語プログラミングレッスン　文法編』，ソフトバンククリエイティブ，2006

『新版 Perl 言語プログラミングレッスン　入門編』，ソフトバンククリエイティブ，2006

『Java 言語で学ぶリファクタリング入門』，ソフトバンククリエイティブ，2007

『数学ガール』，ソフトバンククリエイティブ，2007

『数学ガール／フェルマーの最終定理』，ソフトバンククリエイティブ，2008

『新版暗号技術入門』，ソフトバンククリエイティブ，2008

『数学ガール／ゲーデルの不完全性定理』，ソフトバンククリエイティブ，2009

『数学ガール／乱択アルゴリズム』，ソフトバンククリエイティブ，2011

『数学ガール／ガロア理論』，ソフトバンククリエイティブ，2012

『Java 言語プログラミングレッスン第 3 版（上）（下）』，ソフトバンククリエイティブ，
　　2012

『数学文章作法　基礎編』，筑摩書房，2013

『数学ガールの秘密ノート／式とグラフ』，ソフトバンククリエイティブ，2013

『数学ガールの誕生』，ソフトバンククリエイティブ，2013

『数学ガールの秘密ノート／整数で遊ぼう』，SB クリエイティブ，2013

『数学ガールの秘密ノート／丸い三角関数』，SB クリエイティブ，2014

『数学ガールの秘密ノート／数列の広場』，SB クリエイティブ，2014

『数学文章作法　推敲編』，筑摩書房，2014

『数学ガールの秘密ノート／微分を追いかけて』，SB クリエイティブ，2015

『暗号技術入門　第 3 版』，SB クリエイティブ，2015

『数学ガールの秘密ノート／ベクトルの真実』，SB クリエイティブ，2015

『数学ガールの秘密ノート／場合の数』，SB クリエイティブ，2016

『数学ガールの秘密ノート／やさしい統計』，SB クリエイティブ，2016

『数学ガールの秘密ノート／積分を見つめて』，SB クリエイティブ，2017

『プログラマの数学　第 2 版』，SB クリエイティブ，2018

数学ガール／ポアンカレ予想

2018 年 4 月 23 日　初版発行

著　者：結城　浩

発行者：小川　淳

発行所：SBクリエイティブ株式会社
　　　　〒106-0032　　東京都港区六本木 2-4-5
　　　　　　　　　　営業　03(5549)1201
　　　　　　　　　　編集　03(5549)1234

印　刷：株式会社リーブルテック

装　丁：米谷テツヤ

カバー・本文イラスト：たなか鮎子

落丁本，乱丁本は小社営業部にてお取り替え致します。
定価はカバーに記載されています。

Printed in Japan　　　　　　　　　　　　　　　ISBN978-4-7973-8478-9